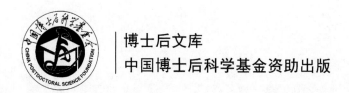

博士后文库
中国博士后科学基金资助出版

# 基于多尺度分析与人工神经网络的多源图像融合

金鑫 著

科学出版社
北京

## 内 容 简 介

本书介绍了多源图像融合技术的发展趋势和研究现状，在图像尺度分析、迁移学习、深度神经网络模型与算法研究的基础上，分别针对多聚焦图像融合、多模态医学图像融合、红外与可见光图像融合、遥感图像融合等不同应用领域，提出了具有可行的融合方法，在开展传统图像融合技术研究的同时，将一些新的技术和新方法引入到图像融合领域。本书可以帮助读者了解多源图像融合技术的基础知识、研究方法和具体实施方式，从而在此基础上开展相关领域的研究工作。

本书可作为信息科学、自动化等专业中机器学习、图像处理研究方向的研究生和教师的参考用书，也可供图像处理相关行业工程技术人员阅读。

图书在版编目（CIP）数据

基于多尺度分析与人工神经网络的多源图像融合 / 金鑫著. —北京：科学出版社，2024.5
(博士后文库)
ISBN 978-7-03-077881-9

Ⅰ. ①基⋯ Ⅱ. ①金⋯ Ⅲ. ①人工神经网络-研究 Ⅳ. ①TP183

中国国家版本馆 CIP 数据核字（2024）第 025327 号

责任编辑：任　静／责任校对：胡小洁
责任印制：师艳茹／封面设计：陈　敬

科学出版社　出版
北京东黄城根北街 16 号
邮政编码：100717
http://www.sciencep.com

北京九州迅驰传媒文化有限公司印刷
科学出版社发行　各地新华书店经销
\*

2024 年 5 月第　一　版　开本：720×1000　1/16
2024 年 5 月第一次印刷　印张：16 1/4
字数：328 000

**定价：138.00 元**
（如有印装质量问题，我社负责调换）

## "博士后文库"编委会

**主　任**　李静海

**副主任**　侯建国　李培林　夏文峰

**秘书长**　邱春雷

**编　委**(按姓氏笔画排序)

　　　　　王明政　王复明　王恩东　池　建
　　　　　吴　军　何基报　何雅玲　沈大立
　　　　　沈建忠　张　学　张建云　邵　峰
　　　　　罗文光　房建成　袁亚湘　聂建国
　　　　　高会军　龚旗煌　谢建新　魏后凯

# "博士后文库"序言

1985年,在李政道先生的倡议和邓小平同志的亲自关怀下,我国建立了博士后制度,同时设立了博士后科学基金。30多年来,在党和国家的高度重视下,在社会各方面的关心和支持下,博士后制度为我国培养了一大批青年高层次创新人才。在这一过程中,博士后科学基金发挥了不可替代的独特作用。

博士后科学基金是中国特色博士后制度的重要组成部分,专门用于资助博士后研究人员开展创新探索。博士后科学基金的资助,对正处于独立科研生涯起步阶段的博士后研究人员来说,适逢其时,有利于培养他们独立的科研人格、在选题方面的竞争意识以及负责的精神,是他们独立从事科研工作的"第一桶金"。尽管博士后科学基金资助金额不大,但对博士后青年创新人才的培养和激励作用不可估量。四两拨千斤,博士后科学基金有效地推动了博士后研究人员迅速成长为高水平的研究人才,"小基金发挥了大作用"。

在博士后科学基金的资助下,博士后研究人员的优秀学术成果不断涌现。2013年,为提高博士后科学基金的资助效益,中国博士后科学基金会联合科学出版社开展了博士后优秀学术专著出版资助工作,通过专家评审遴选出优秀的博士后学术著作,收入"博士后文库",由博士后科学基金资助、科学出版社出版。我们希望,借此打造专属于博士后学术创新的旗舰图书品牌,激励博士后研究人员潜心科研,扎实治学,提升博士后优秀学术成果的社会影响力。

2015年,国务院办公厅印发了《关于改革完善博士后制度的意见》(国办发〔2015〕87号),将"实施自然科学、人文社会科学优秀博士后论著出版支持计划"作为"十三五"期间博士后工作的重要内容和提升博士后研究人员培养质量的重要手段,这更加凸显了出版资助工作的意义。我相信,我们提供的这个出版资助平台将对博士后研究人员激发创新智慧、凝聚创新力量发挥独特的作用,促使博士后研究人员的创新成果更好地服务于创新驱动发展战略和创新型国家的建设。

祝愿广大博士后研究人员在博士后科学基金的资助下早日成长为栋梁之才,为实现中华民族伟大复兴的中国梦做出更大的贡献。

中国博士后科学基金会理事长

# 前　言

　　图像融合技术可将多源图像的互补特征进行综合，以得到更加完整和准确的场景描述，从而弥补单一传感器单幅图像的不足，是一种广泛应用的图像预处理技术，其在多摄像头拍照、微光夜视、医学诊断、遥感等应用领域都有很好的应用。近年，图像融合技术得到较为广泛的关注，学者们已经提出了诸多面向实际应用的融合技术与方案。但传统图像融合技术很难满足不断升级的应用需求，随着先进计算理论技术的迅速发展，学者们不断尝试探索新的图像融合技术。

　　本书在以多源图像融合技术为主要内容，在研究图像尺度分析、迁移学习、深度学习算法与模型的基础上，针对不同图像融合领域领域开展了深入研究，分别提出了具有针对性的融合方法。首先，介绍了多源图像融合的意义、多源图像融合技术的关键阶段、图像融合技术的现有方法分类、常用融合质量评价指标等基础知识，然后，进行了多聚焦图像融合技术的研究现状综述、医学图像融合技术的研究现状综述、遥感图像融合技术研究综述、红外与可见光图像融合技术综述、其他图像融合研究领域综述。从第 3 章到第 11 章，分别针对不同应用需求介绍了八种图像融合方法，包括：基于静态小波与离散余弦变换的红外与可见光图像融合、基于经验小波分析的医学图像融合、基于非下采样剪切波与简化脉冲耦合神经网络的医学图像融合、基于拉普拉斯金字塔与脉冲耦合神经网络的多聚焦图像融合、结合密集跳层与多尺度卷积的无监督多聚焦图像融合、一种基于非下采样剪切波变换域子带系数统计的彩色图像融合、基于深度迁移学习的彩色多聚焦图像融合、基于双判别器生成对抗网络的多聚焦图像融合方法、基于多用途自适应感受野注意力机制和复合多输入重构网络的遥感图像融合、基于条件生成对抗网络的半监督遥感图像融合。最后，总结了本书在红外与可见光图像、多聚焦、医学图像、遥感图像等方面开展的研究工作，针对迁移学习、新型图像多分析方法、彩色空间分析与色彩损失、对抗攻击与防御、Transformer 在图像融合方面的应用进行了未来工作展望。

　　本书是作者和课题组成员在多源图像融合领域多年研究工作的系统性归纳与总结。对参与本书研究和撰写工作的周鼎(第 7 章)、王云(第 9 章)、陈施宇(第 10 章)、章平凡(第 11 章)、黄珊珊(第 12 章)表示感谢，对参与材料整理、校稿等做出贡献的王全力、冯雨婷、何有维、习修良等同学表示感谢。

　　本书内容的研究工作受到多个项目的资助，包括国家自然科学基金青年项目、中国博士后科学基金特别资助项目、中国博士后科学基金面上资助项目、云南省博士后定向资助项目、云南省软件工程重点实验室开放基金青年项目等，对以上基金会和委员会表示衷心的感谢。

由于作者水平有限，书中难免存在疏漏与不足之处，敬请读者批评指正。

# 目　　录

"博士后文库"序言
前言
第1章　绪论 ······················································································ 1
　1.1　多源图像融合技术的研究背景 ······················································ 1
　1.2　多源图像融合技术的发展阶段 ······················································ 3
　1.3　多源图像融合技术的分类 ···························································· 4
　1.4　多源图像融合中常用的性能评价方法 ············································· 5
　　参考文献 ······················································································ 8
第2章　多源图像融合技术分类与应用 ··················································· 12
　2.1　多源图像融合技术分类 ······························································ 12
　　2.1.1　空间域图像融合方法 ···························································· 12
　　2.1.2　变换域图像融合方法 ···························································· 13
　　2.1.3　基于压缩感知和稀疏表示的图像融合方法 ································· 17
　　2.1.4　基于深度学习的图像融合方法 ················································ 19
　　2.1.5　其他的图像融合方法 ···························································· 22
　2.2　多源图像融合技术的应用 ···························································· 24
　　2.2.1　多聚焦图像融合 ································································· 24
　　2.2.2　医学图像融合 ··································································· 25
　　2.2.3　遥感图像融合 ··································································· 25
　　2.2.4　红外与可见光图像融合 ························································ 26
　　2.2.5　图像融合技术在其他领域的应用 ············································· 27
　　参考文献 ···················································································· 28
第3章　基于静态小波与离散余弦变换的红外与可见光图像融合 ················· 37
　3.1　概况 ······················································································ 37
　3.2　离散静态小波与离散余弦变换理论 ··············································· 38
　　3.2.1　离散静态小波算法 ······························································ 38
　　3.2.2　离散余弦变换算法 ······························································ 40
　3.3　变换域红外与可见光图像融合方案 ··············································· 41
　　3.3.1　DCT系数的局部空间频率 ······················································ 41
　　3.3.2　融合规则 ·········································································· 41

3.4 图像融合算法步骤与参数设置 ················································ 42
3.5 实验与分析 ·········································································· 43
3.6 小结 ···················································································· 49
参考文献 ····················································································· 50

## 第4章 基于经验小波分析的医学图像融合 ············································ 53
4.1 概况 ···················································································· 53
4.2 LITTLEWOOD-PALEY 经验小波分解 ······································ 54
4.3 基于经验小波分析的医学图像特征提取与融合方案 ················· 58
  4.3.1 基于二范数的残余分量特征表示与融合 ··························· 58
  4.3.2 固有模态分量的特征表示与融合 ······································ 60
  4.3.3 滤波器的整合 ···································································· 62
  4.3.4 融合步骤 ············································································ 63
4.4 实验与分析 ·········································································· 64
4.5 小结 ···················································································· 73
参考文献 ····················································································· 73

## 第5章 基于非下采样剪切波与简化脉冲耦合神经网络的医学图像融合 ······ 76
5.1 概况 ···················································································· 76
5.2 相关理论模型 ······································································ 78
  5.2.1 非下采样的剪切波变换 ···················································· 78
  5.2.2 PCNN 模型介绍 ································································· 79
  5.2.3 彩色空间 ············································································ 83
5.3 三模态医学图像融合方案 ···················································· 84
  5.3.1 低频子图像融合 ································································ 84
  5.3.2 高频子图像融合 ································································ 86
  5.3.3 融合步骤及时间复杂度分析 ············································ 88
5.4 实验与分析 ·········································································· 89
  5.4.1 评估指标 ············································································ 90
  5.4.2 实验结果与分析 ································································ 90
5.5 小结 ···················································································· 98
参考文献 ····················································································· 99

## 第6章 基于拉普拉斯金字塔与脉冲耦合神经网络的多聚焦图像融合 ········ 102
6.1 概况 ···················································································· 102
6.2 图像的拉普拉斯金塔分解 ···················································· 104
  6.2.1 高斯金字塔分解 ································································ 104
  6.2.2 拉普拉斯金塔分解 ···························································· 104

  6.2.3 拉普拉斯金字塔图像重构 · 105
 6.3 灰度多聚焦图像融合方案 · 106
  6.3.1 基于 PCNN 的图像特征提取 · 106
  6.3.2 基于 PCNN 输出的图像局部特征强化 · 108
  6.3.3 融合决策与优化 · 109
  6.3.4 彩色图像融合方案 · 111
  6.3.5 融合步骤 · 111
 6.4 实验与分析 · 112
  6.4.1 灰度图像融合实验与分析 · 113
  6.4.2 彩色图像融合实验与分析 · 116
 6.5 小结 · 120
 参考文献 · 120

## 第 7 章 结合密集跳层与多尺度卷积的无监督多聚焦图像融合 · 123
 7.1 概况 · 123
 7.2 无监督彩色多聚焦图像融合模型 · 124
  7.2.1 方法概述 · 124
  7.2.2 MCRD-Net 结构 · 125
  7.2.3 损失函数 · 127
  7.2.4 融合策略 · 128
  7.2.5 模型训练策略 · 129
 7.3 实验分析 · 129
  7.3.1 实验设置 · 129
  7.3.2 消融实验 · 130
  7.3.3 主观分析 · 131
  7.3.4 客观分析 · 135
 7.4 小结 · 137
 参考文献 · 138

## 第 8 章 基于非下采样剪切波变换域子带系数统计的彩色图像融合方法 · 140
 8.1 概况 · 140
 8.2 相关理论介绍 · 141
 8.3 基于子带系数统计的彩色图像融合方法 · 142
  8.3.1 彩色空间转换特征图像 · 143
  8.3.2 投票规则 · 143
  8.3.3 融合规则 · 145
  8.3.4 融合步骤 · 146
 8.4 实验和分析 · 146

8.5 小结 ································································································ 152
参考文献 ···································································································· 153

## 第 9 章 基于深度迁移学习的彩色多聚焦图像融合 ·········································· 155
9.1 概况 ································································································ 155
9.2 相关技术原理 ····················································································· 156
    9.2.1 迁移学习 ···················································································· 156
    9.2.2 VGG-19 网络模型 ········································································· 157
9.3 基于迁移学习的多聚焦图像融合模型结构 ················································· 158
    9.3.1 总体流程与模型架构 ······································································ 158
    9.3.2 特征提取模块网络架构与迁移学习实现 ············································· 159
    9.3.3 特征重构模块网络架构 ·································································· 160
    9.3.4 桥接模块 ···················································································· 161
    9.3.5 跳层连接结构 ·············································································· 161
    9.3.6 损失函数 ···················································································· 162
9.4 后处理和融合策略 ·············································································· 162
9.5 实验结果与分析 ················································································· 164
    9.5.1 数据集的制作 ·············································································· 164
    9.5.2 相关参数设置 ·············································································· 165
    9.5.3 评价指标与实验结果分析 ······························································ 165
9.6 小结 ································································································ 172
参考文献 ···································································································· 173

## 第 10 章 基于双判别器生成对抗网络的多聚焦图像融合方法 ···························· 175
10.1 概况 ······························································································· 175
10.2 相关技术原理 ··················································································· 178
    10.2.1 深度相似性学习 ·········································································· 178
    10.2.2 GAN 及其衍生技术 ···································································· 178
10.3 基于生成对抗网络的多聚焦图像融合模型结构与目标函数 ······················· 179
    10.3.1 网络结构 ··················································································· 181
    10.3.2 目标函数 ··················································································· 184
10.4 实验与讨论 ······················································································ 186
    10.4.1 数据集、训练详情与评价指标 ······················································ 186
    10.4.2 现有方法比较 ············································································ 188
    10.4.3 消融实验 ··················································································· 192
10.5 小结 ······························································································· 193
参考文献 ···································································································· 193

## 第 11 章 F-UNet++:基于多用途自适应感受野注意力机制和复合多输入重构网络的遥感图像融合 ... 196

- 11.1 概况 ... 196
- 11.2 注意力机制原理 ... 197
- 11.3 基于条件生成对抗网络的遥感图像融合模型结构 ... 198
  - 11.3.1 总体结构 ... 198
  - 11.3.2 特征提取模块 ... 199
  - 11.3.3 特征融合模块 ... 201
  - 11.3.4 CMI-UNet++图像重建模块 ... 202
  - 11.3.5 注意力机制模块 ... 203
  - 11.3.6 损失函数与训练细节 ... 205
- 11.4 实验结果与分析 ... 206
  - 11.4.1 对比实验结果与分析 ... 209
  - 11.4.2 消融实验结果与分析 ... 211
- 11.5 小结 ... 219
- 参考文献 ... 219

## 第 12 章 基于条件生成对抗网络的半监督遥感图像融合 ... 222

- 12.1 概况 ... 222
- 12.2 生成对抗网络相关理论 ... 223
  - 12.2.1 生成对抗网络 ... 223
  - 12.2.2 条件生成对抗网络 ... 224
- 12.3 基于条件生成对抗网络的遥感图像融合模型结构 ... 224
  - 12.3.1 总体结构 ... 224
  - 12.3.2 生成器的网络结构 ... 225
  - 12.3.3 判别器的网络结构 ... 225
  - 12.3.4 双胞胎结构与跳层连接方式 ... 226
  - 12.3.5 损失函数设计 ... 226
- 12.4 实验结果与分析 ... 228
  - 12.4.1 数据集、模型参数与评价指标 ... 228
  - 12.4.2 网络跳层结构的实验验证 ... 228
  - 12.4.3 损失函数和彩色空间的实验验证 ... 230
  - 12.4.4 与现有方法的实验对比 ... 232
- 12.5 小结 ... 237
- 参考文献 ... 237

## 缩略词表 ... 240

## 编后记 ... 243

# 第 1 章　绪　　论

## 1.1　多源图像融合技术的研究背景

视觉是人们接受外界信息的主要方式，约占据人类获取外界信息量的一半以上。随着计算机和信息技术的发展，数字图像逐渐成为人眼视觉信息感知的重要载体之一，并逐渐成为人们生产生活中密不可分的信息来源。如：数码相机用来记录生活场景，医学图像为医生提供人体组织信息，遥感图像用来表示地理信息；除此之外，还有显微图像、红外图像等技术为人们提供不同类型的视觉信息[1]。计算与传感等相关技术的迅速发展，让人们可以以极为廉价的成本快速获取大量数字图像；这些不同来源的图像中包含大量的互补信息，同时存在相当数量的冗余信息，如图 1.1 所示。如果直接对这些图像进行特征分类或模式识别等高层次处理，势必会对模型的决策结果产生较大负面影响。因此，如何更有效地获取多源图像的有价值信息，成为研究人员关注的焦点之一[2]。

图 1.1　多源图像的融合示意图

目前，人们可以同时借助多种多样的电子设备和传感器获取目标场景的多种图像，这些图像表征了现实世界中的复杂信息。数字图像处理技术是处理和理解这些信息的重要方法，新技术的发展使得图像获取的成本越来越低，且手段也变得极为丰富。不同运行机制的传感器所获得的图像通常具有一定互补性，如何将这些互补信息综合起来用于目标识别或场景理解，对于数字图像处理极为重要。因此，图像融合技术应运而生，其可将多源图像的互补信息综合到一幅图像中，从而提高场景描述的完整性和准确性[3]，如多聚焦图像融合技术可以拓展图像的聚焦区域，红外与可见光图像融合技术可以提高夜视装备性能，遥感图像融合可以提供更为完整的地学信息。因此，图像融合技术被广泛应用于医疗诊断[4]、遥感测绘[5]、农业自动化[6]、军事侦察[7]、生物识别[8]等多个领域，如图1.2所示。

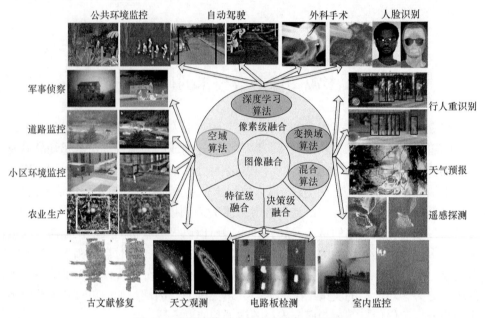

图1.2 多源图像融合技术分类与应用领域

图像融合技术发展的驱动力主要可分为四点：一是成像设备和成像机理的制约，使得单一传感器无法同时获得目标场景的完整信息；因此，需要多个同源或异源传感器对同一目标场景进行图像采集，以获取具有互补性的多个图像，进而将其融合为一幅综合的图像。二是传感器技术的进步，使人们可以快速、廉价地采集大量多源图像；因此，如何快速、高效、准确地将其融合，对于图像识别、分类等后续处理尤为重要。三是先进计算技术的发展，使得新型图像分析理论和技术被不断提出，为图像特征提取与融合提供了更多可能和挑战；因此，如何使用这些新技术提高融合质量也是研究的驱动力之一。四是新型应用的驱动(如生物识别、安防监控、灾害监测等)，使得传统图像融合技术难以满足日益发展的应用需求；因此，针对具体应用场景探索相适应的图像融合技术具有极为重要的现实意义。基于以上原因，图像融合技术得到了许多研究者的关注。

近些年，多尺度分析技术和人工神经网络在图像融合中得到广泛应用，并逐渐成为最具代表性的两类方法。其中，多尺度分析是一种广泛应用的图像分析技术，它可通过不同方向、不同尺度的滤波器，实现图像多尺度特征的提取与表示[9]。这类方法与人类视觉的多尺度特点较为相似，在图像处理中具有较为明显的优势[10]。许多先进的多尺度分析技术被不断提出，为图像特征提取与融合带来了新的挑战和机遇。近些年,深度学习技术在图像处理领域取得了众多突破,由于其强大的特征提取和学习能力,学者们也将其引入到图像融合领域。自深度神经网络技术被引入图像融合领域以来,就受到学者们的广泛关注。深度学习模型可以从大量数据集中学习到与任务相关的知识,从而获得针对性的图像特征提取与表示能力,在图像融合中的性能逐步赶超了多数传统融合方法,正逐渐成为图像融合领域的研究热点。

## 1.2 多源图像融合技术的发展阶段

1979 年,Daily 等人[11]首次利用图像融合技术实现雷达图像与多谱段扫描图像的综合。此后,图像融合技术的多源信息综合能力使其逐渐得到重视和发展。从早期的加权融合[11],到后来的子空间分析技术应用[12],再到多尺度分析技术的引入[13],以及近期深度学习技术的加入,使得图像融合的质量逐渐提高,并从遥感图像融合逐渐延伸到各个领域。结合已有研究,图像融合可定义为将两幅或多幅来自同一场景的多源图像互补综合为一幅完整图像的技术。因此图像融合技术需要解决两个问题:

(1) 如何有效地提取多源图像中的特征信息;
(2) 如何通过融合策略融合图像的互补特征。

为了解决这两个问题,图像融合技术应该具有以下三个基本能力:

(1) 特征提取方法应该能够有效表示不同图像的互补信息;
(2) 融合策略应该准确地将这些互补信息融合进结果图像;
(3) 在融合过程中不能产生或引入任何误差[9]。

在拉普拉斯金字塔变换(Laplacian pyramid transformation,LPT)被提出后[13],Burt 等人较早开始探索变换域多尺度分析技术在图像融合领域中的应用,并分别于 1989 年与 1992 年发表了基于金字塔变换(pyramid transform,PT)的图像融合方法[13]。小波变换(wavelet transform,WT)由 Morlet 首次提出[14],再由 Meyer 和 Mallat 等人进一步发展[15,16],并逐渐成熟。由于 WT 在图像处理中较强的多尺度与多分辨率分析能力,使其被广泛应用于图像融合领域[17]。随后,众多基于 WT 或类小波的新型多尺度分析技术被提出。1998 年,Candes 提出脊波变换方法(ridgelet transform,RT)[18],随后 Candes 与 Donoho 基于 RT,又提出曲波变换(curvelet transform,CVT)[19]。2002 年,Do 和 Vetterli 提出了轮廓波变换(contourlet transform,CNT)[20]。Cunha 和 Easley 分别于 2006 年和 2008 年提出了非下采样的轮廓波变换(non-subsampled contourlet transform,NSCT)与非下采样的剪切波变换(non-subsampled shearlet transform,NSST)方法[21]。这些新型方法都先后被应用于图像融合领域,并取得了良好的融合效果[22]。此外,Huang 等人[23]于 1998 年提出了经验模态分解(empirical mode decomposition，EMD)算法，该方法是依据数据自身的时间或空间尺度特征来进行信号分解。在 2003 年，Nunes 等人提出了 EMD 的二维版本[24]，Tian 等人基于此提出了一种采用 EMD 的图像融合方法[25]，Gilles[26]于 2013 年构造了一种类 EMD 的信号分析方法，称为经验小波变换(empirical wavelet transform，EWT)，Jin 等人[27]基于该方法提出了医学图像融合技术，取得了具有竞争力的结果。

深度学习于 2015 年前后被应用到图像融合领域。早期的研究是由 Huang 等人[28]在遥感图像融合领域开展的。随后，Liu 等人[29]将基于卷积神经网络(convolutional neural networks，CNN)的稀疏表示(sparse representation，SR)模型用于多聚焦图像融合方面。此后，众多深度学习模型被提出，并逐渐从遥感与多聚焦图像融合，延伸至高动态范围成像、多模态医学图像融合、红外与可见光图像融合等领域[30]。Goodfellow 等人[31]于 2014 年提出生成对抗网络(generative adversarial network，GAN)模型，该模型基于零和博弈理论，利用生成器网络与判别器网络之间的对抗学习实现模型训练。GAN 在图像生成领域取得了前所未有的优异效果，逐渐成为近年研究的热点。2019 年，Ma 等人[32]首先将 GAN 用于红外与可见光图像融合；后来，Guo 等人[33]将 GAN 应用于多聚焦图像融合。随后 GAN 逐步进入医学图像融合、遥感图像融合、多曝光图像融合等领域[34]。近些年，在图像融合中有两个较为显著的趋势：第一，基于变换域分析的图像分解方法依旧是研究的热点；第二，基于深度学习的图像融合技术不断被探索。

## 1.3 多源图像融合技术的分类

根据应用领域，图像融合技术可分为：多聚焦图像融合、遥感图像融合、红外与可见光图像融合、多模态医学图像融合等；此外，还有一些研究相对较少的领域，如：水下图像融合、显微图像融合、多模态红外图像融合[35]。这些应用领域涉及的融合方法又可按照图像融合的特征层次分为决策级、特征级、像素级三个层次[8]。决策级融合方法一般通过从源图像中获取的决策变量或结论信息实现图像高层信息的融合，可直接用于图像识别或分类。特征级图像融合方法一般在图像提取的基础上进行融合操作，如图像的区域、轮廓边缘等特征信息。像素级图像融合方法主要在空域或变换域对图像的像素或子图像系数进行融合操作。在这三个层次中，像素级融合方法在图像数据的最低物理层级实施，因此对配准精度要求较高，但可以获得原始的源图像信息和特征，是图像融合领域中最基础也最为丰富的研究方向。

根据算法的实施方式，图像融合技术又可分为两大类：空域算法和变换域算法。空域融合算法可采用特定方法在空间域对多源图像像素进行融合操作。如加权平均法、主成分分析法(principal component analysis，PCA)[36]、独立成分分析法(independent component analysis，ICA)[37]、基于分块的图像融合算法[38]、基于感兴趣区域的图像融合算法[39]、基于深度学习的融合决策方法[40]等。变换域图像融合方法是最为流行的技术，此类方法一般利用多尺度分析技术实现源图像的分解，然后采用融合策略实现相应子图像的融合，最后通过逆变换实现融合图像的重建。经典的变换域算法有：PT[13]、WT[41]、CNT[42]、剪切波变换(shearlet transform，ST)[21]、NSCT[10]、NSST[22]等；此外，还有许多新型变换域算法被应用于图像融合，如 SR[29]、EMD[25]、基于滤波的二尺度分析[43]。需要指出的是，在图像融合领域中多种图像分析技术的结合成为一种趋势，技术类别之间的界限也越来越模糊[44]。

在传统图像融合技术中，多数方法利用决策图的方式实现多源图像的融合。随着深度神经网络技术的迅速发展与成熟，学者们利用相关技术并基于图像生成思想开展了图像融合方法的研究，取得了许多有意义的进展。因此，按照融合图像的生成方式可分为：基于图像生成的方法和非图像生成的方法。图像生成的方法一般利用深度神经网络提取图像潜在特征，而后根据这些特征进行图像生成或重建，因此最终的融合图像是由模型根据图像特征生成的。非图像生成的方法则是利用模型提取的图像特征，产生用于标记源图像像素保留或舍去的决策，因此该决策图可以在像素级对图像进行融合。

从图像的色彩方面又可分为：灰度与灰度图像融合、彩色与彩色图像融合，以及灰度与彩色图像融合。由于人眼对彩色信息的分辨能力远高于灰度图像，且彩色图像所体现的场景信息也远比灰度图像丰富[45]。因此，彩色图像融合是图像融合中最具有应用价值的研究领域之一。不同彩色空间往往具有其相应的特点，各个通道一般具有一定差异性和不同视觉重要性，结合应用场景分析利用符合人眼特性的彩色空间进行图像融合，是提高彩色图像融合质量的研究方向之一。在灰度图像与彩色图像的融合方面，所处理的图像通道数不同，如何将其进行有效融合是一项极具挑战的研究内容，如全色图像与多光谱图像融合、红外图像与彩色可见光图像融合等[45]。灰度与彩色图像融合的关键问题是彩色图像中色彩信息的有效提取和融合，以及两种图像中细节特征的提取与融合，且在融合图像中不能出现明显的色彩失真和细节丢失现象。目前，针对彩色图像融合方面的研究相对较少，且受到的重视不够，但在实际应用中前景广阔，值得深入研究。

## 1.4 多源图像融合中常用的性能评价方法

图像融合的质量评估可分为两种：主观视觉质量评估和客观理论质量评估。

主观评价方法是按照人类的视觉感知对融合图像质量进行评估，对图像的重要内容(包括边缘、纹理、色彩、对比度、亮度、伪影等信息)进行综合判断[9]。主观评价的优点是由人类视觉主导、简单、直接，缺点是主观性强、一致性差、耗时、重复困难等。客观评价指标一般依赖于数学表示，通过理论计算与分析衡量融合图像的质量。常用客观评价指标如：信息熵(information entropy，EN)、标准差(standard deviation，SD)、平均梯度(average gradient，AG)、空间频率(spatial frequency，SF)[46]、互信息(mutual information，MI)[47]、边缘特征相似度($Q^{abf}$)[48]、整体信息损失($L^{abf}$)[48]等。除了$L^{abf}$的指标值越小越好，而其他的指标值越大表示融合质量越好。客观指标评价方法的缺点是需要多指标混用、缺乏人类视觉机制，优点是客观、可重复。由此可知，主观和客观评价各具优缺点。因此学者们常将其同时使用，以全面地评价融合图像质量。几种最为常用且基础的评价指标如下。

(1) 信息熵

$$EN = -\sum_{i=0}^{L-1} P_i \log_2 P_i \tag{1-1}$$

其中，$P_i$表示灰度级$i$在图像中出现的概率；$L$表示图像中0到255的灰度级。

根据香农的信息论，EN能够反映图像的平均信息和纹理丰富程度。一般认为EN越大，图像的信息就越为丰富。EN是图像融合中最为常用和基础的评价指标。然而，它也存在一定的局限，如计算误差、融合过程中产生的噪声会导致熵增大，但是融合图像的质量并没有提高[8]。

(2) 标准差

$$SD = \sqrt{\frac{1}{M \times N} \sum_{i=1}^{M} \sum_{j=1}^{N} (F(i,j) - \mu)^2} \tag{1-2}$$

其中，$M$和$N$为图像的尺寸，分别表示图像的行和列；$(i,j)$表示图像像素的位置，$F(i,j)$表示融合图像在$(i,j)$位置的灰度值；$\mu$为图像的均值，可表示为：

$$\mu = \frac{1}{M \times N} \sum_{i=1}^{M} \sum_{j=1}^{N} F(i,j) \tag{1-3}$$

均值(mean value，MV)可以描述图像的全局亮度信息，是较为基础的质量评价指标。SD可以表示融合图像像素的统计分布情况和对比度特点；SD越大表示图像灰度值的分散程度越大，对比度也越大[49]。

(3) 平均梯度

$$AG = \frac{1}{M \times N} \sum_{i=1}^{M} \sum_{j=1}^{N} \sqrt{\frac{1}{2}((F(i,j) - F(i+1,j))^2 + (F(i,j) - F(i,j+1))^2)} \tag{1-4}$$

AG 可以表示融合图像的细节和纹理丰富程度。一般而言，AG 值越大意味着图像越清晰、信息越丰富。该指标也是图像融合中较为常用和基础的质量评价指标[50]。

(4) 空间频率

$$SF = \sqrt{RF^2 + CF^2} \tag{1-5}$$

$$RF = \sqrt{\frac{1}{M \times N} \sum_{i=1}^{M} \sum_{j=2}^{N} [F(i,j) - F(i,j-1)]^2} \tag{1-6}$$

$$CF = \sqrt{\frac{1}{M \times N} \sum_{j=1}^{N} \sum_{i=2}^{M} [F(i,j) - F(i-1,j)]^2} \tag{1-7}$$

其中，RF 及 CF 分别为行频率和列频率。SF 即由 RF 及 CF 构成，它可以表示图像在空间的整体动态水平，表现图像空间细节信息的清晰程度。SF 的优点是其计算不依赖源图像；但它的缺点是融合图像的误差和伪影可能导致 SF 值较大，而此时图像质量并没有明显提高[46]。

(5) 互信息

$$MI = \sum_{i=0}^{L-1} \sum_{j=0}^{L-1} \sum_{k=0}^{L-1} P_{ABF}(i,j,k) \log_2 \frac{P_{ABF}(i,j,k)}{P_{AB}(i,j) P_F(k)} \tag{1-8}$$

其中，$(i,j,k)$ 表示源图像 $A$、$B$ 和融合图像 $F$ 的灰度值，$P_{ABF}(i,j,k)$ 表示图像 $A$、$B$ 和 $F$ 归一化的联合直方图，$P_{AB}(i,j)$ 表示图像 $A$、$B$ 归一化的联合直方图，$P_F(k)$ 表示图像 $F$ 归一化的联合直方图。

MI 从信息论的角度反映了两个变量的统计相关性，同时量化了对应图像灰度值分布的相似性[51]。它描述了融合图像从源图像中获取信息量的大小，MI 越大表示融合图像从源图像中获取的信息越多，该指标可以较为有效地表示融合图像的质量。MI 是图像融合领域最为常用的客观指标之一。

(6) 边缘强度系数

$$Q^{abf} = \left( \sum_{i=1}^{M} \sum_{j=1}^{N} (Q^{AF}(i,j) \times \omega_A(i,j) + Q^{BF}(i,j) \times \omega_B(i,j)) \right) \times \left( \sum_{i=1}^{M} \sum_{j=1}^{N} (\omega_A(i,j) + \omega_B(i,j)) \right)^{-1} \tag{1-9}$$

其中，$Q^{AF}(i,j) = Q^{AF}_\beta(i,j) Q^{AF}_\alpha(i,j)$；$Q^{AF}(i,j)$ 和 $Q^{BF}(i,j)$ 分别表示边缘强度、方向保持度；$\omega_A(i,j)$ 和 $\omega_B(i,j)$ 是分别用来量化 $Q^{AF}(i,j)$ 和 $Q^{BF}(i,j)$ 重要性的权重。$Q^{abf}$ 的动态范围是 [0,1]。

$Q^{abf}$ 量化了边缘信息保持量的总和，表示融合图像从源图像获取边缘信息的多少。若 $Q^{abf}$ 越靠近 1，说明源图像边缘信息被保持的越多，融合图像的质量越好；若该值越靠近 0，说明源图像边缘信息被保持的越少，融合图像的质量越差。和互信息类似，$Q^{abf}$ 的计算也需要源图像[52]。

(7) 整体信息损失

$$L^{abf} = \left( \sum_{i=1}^{M} \sum_{j=1}^{N} r(i,j) \times \left[ (1-Q^{AF}(i,j)) \times \omega_A(i,j) + (1-Q^{BF}(i,j)) \times \omega_B(i,j) \right] \right) \times \left( \sum_{i=1}^{M} \sum_{j=1}^{N} (\omega_A(i,j) + \omega_B(i,j)) \right)^{-1} \quad (1\text{-}10)$$

其中，$r(i,j) = \begin{cases} 1, & \text{if } g^F(i,j) < g^A(i,j) \text{ 或 } g^F(i,j) < g^B(i,j) \\ 0, & \text{otherwise} \end{cases}$，$g^F(i,j)$ 表示索贝尔 (Sobel) 边缘算子所得的边缘强度。

$L^{abf}$ 用来计算融合过程中的融合损失，可以量化源图像中具有而融合图像中不具有的信息。因此，$L^{abf}$ 越小，则融合图像的信息损失越小，即包含源图像的信息越多，图像质量越高；反之，则图像质量越差[46]。

## 参 考 文 献

[1] Das S, Kundu M K. A neuro-fuzzy approach for medical image fusion[J]. IEEE Transactions on Biomedical Engineering, 2013, 60(12): 3347-3353.

[2] He K, Wang Q. Infrared and visible image fusion based on target extraction in the nonsubsampled contourlet transform domain[J]. Journal of Applied Remote Sensing, 2017, 11(1): 015011.

[3] Jiang Q, Jin X, Lee S J, et al. A novel multi-focus image fusion method based on stationary wavelet transform and local features of fuzzy sets[J]. IEEE Access, 2017, 5: 20286-20302.

[4] Hanna B V, Gorbach A M, Gage F A, et al. Intraoperative assessment of critical biliary structures with visible range/infrared image fusion[J]. Journal of the American College of Surgeon, 2008, 206(6): 1227-1231.

[5] Du P, Zhang H, Pan C, et al. Applications of multi-source remote sensing information to urban environment monitoring in mining industrial cities[C]. Urban Remote Sensing Joint Event, Paris, APR 11-13, IEEE, 2007: 1-12.

[6] Mendoza F, Lu R, Cen H. Comparison and fusion of four nondestructive sensors for predicting apple fruit firmness and soluble solids content[J]. Postharvest Biology & Technology, 2012, 73: 89-98.

[7] Muller A C, Narayanan S. Cognitively-engineered multisensor image fusion for military applications[J]. Information Fusion, 2009, 10(2): 137-149.

[8] Jin X, Jiang Q, Yao S, et al. A survey of infrared and visual image fusion methods[J]. Infrared

Physics & Technology, 2017, 85: 478-501.

[9] Piella G. A general framework for multiresolution image fusion: From pixels to regions[J]. Information Fusion, 2003, 4(4): 259-280.

[10] Xu Q, Zhou Y, Wang S, et al. An algorithm of remote sensing image fusion based on nonsubsampled contourlet transform[C]. International Congress on Image and Signal Processing, Chongqing, OCT 16-18, IEEE, 2012: 1005-1009.

[11] Daily M I, Farr T, Elachi C, et al. Geologic interpretation from composited radar and Landsat imagery[J]. Photogrammetric Engineering and Remote Sensing, 1979, 45(8): 1109-1116.

[12] Kwarteng P, Chavez A. Extracting spectral contrast in Landsat thematic mapper image data using selective principal component analysis[J]. Photogrammetric Engineering and Remote Sensing, 1989, 55(1): 339-348.

[13] Burt P J, Adelson E H. The Laplacian pyramid as a compact image code[J]. IEEE Transactions on Communications, 1983, 31(4): 532-540.

[14] Morlet J. Sampling Theory and Wave Propagation[M]. Heidelberg: Springer, 1983.

[15] Meyer Y. Principe d'incertitude, bases hilbertiennes et algèbres d'opérateurs[J]. Seminaire Bourbaki Paris, 1985, 662: 1985-1986.

[16] Mallat S. A Wavelet Tour of Signal Processing: The Sparse Way[M]. Pittsburgh: Academic Press, 1998.

[17] Zhang Z, Blum R S. A categorization of multiscale-decomposition-based image fusion schemes with a performance study for a digital camera application[J]. Proceedings of the IEEE, 1999, 87(8): 1315-1326.

[18] Candes E J. Monoscale ridgelets for the representation of images with edges[R]. California: Department of Statistics, Stanford University, 1999: 1-26.

[19] Candes E J, Donoho D L. Curvelets: A surprisingly effective nonadaptive representation for objects with edges[R]. California: Department of Statistics, Stanford University, 1999: 1-10.

[20] Do M N, Vetterli M. Contourlets[M]. Amsterdam: Elsevier, 2003.

[21] Easley G, Labate D, Lim W Q. Sparse directional image representations using the discrete shearlet transform[J]. Applied and Computational Harmonic Analysis, 2008, 25(1): 25-46.

[22] Jin X, Chen G, Hou J, et al. Multimodal sensor medical image fusion based on nonsubsampled shearlet transform and S-PCNNs in HSV space[J]. Signal Processing Signal Processing, 2018, 153: 379-395.

[23] Huang N E, Shen Z, Long S R, et al. The empirical mode decomposition and the Hilbert spectrum for nonlinear and non-stationary time series analysis[J]. Proceedings Mathematical Physical and Engineering Sciences, 1998, 454(1971): 903-995.

[24] Nunes J C, Niang O, Bouaoune Y, et al. Bidimensional empirical mode decomposition modified for texture analysis[C]. Image Analysis: 13th Scandinavian Conference, Halmstad, JUN 29-JUL 2, Springer, 2003: 171-177.

[25] Tian Y, Xie Y, Zhang C, et al. Image fusion method based on EMD method[C]. International Conference on Space Information Technology, Wuhan, SPIE, 2006, 5985: 909-913.

[26] Gilles J. Empirical wavelet transform[J]. IEEE Transactions on Signal Processing, 2013, 61(16):

3999-4010.

[27] Jin X, Jiang Q, Chu X, et al. Brain medical image fusion using L2-Norm-based features and fuzzy-weighted measurements in 2D littlewood-paley EWT domain[J]. IEEE Transactions on Instrumentation and Measurement, 2019, 69 (8): 5900-5913.

[28] Huang W, Xiao L, Wei Z, et al. A new pan-sharpening method with deep neural networks[J]. IEEE Geoscience and Remote Sensing Letters, 2015, 12(5): 1037-1041.

[29] Liu Y, Chen X, Ward R, et al. Image fusion with convolutional sparse representation[J]. IEEE Signal Processing Letters, 2016, 23(12):1882-1886.

[30] Liu Y, Chen X, Cheng J, et al. A medical image fusion method based on convolutional neural networks[C]. Proceedings of 20th International Conference on Information Fusion, Chengdu, IEEE, 2017: 1-7.

[31] Goodfellow I, Pouget-Abadie J, Mirza M, et al. Generative adversarial nets[J]. Advances in Neural Information Processing Systems, 2014: 2672-2680.

[32] Ma J, Yu W, Liang P, et al. FusionGAN: A generative adversarial network for infrared and visible image fusion[J]. Information Fusion, 2019, 48: 11-26.

[33] Guo X, Nie R, Cao J, et al. FuseGAN: Learning to fuse multi-focus image via conditional generative adversarial network[J]. IEEE Transactions on Multimedia, 2019, 21(8): 1982-1996.

[34] Ma J, Yu W, Chen C, et al. Pan-GAN: An unsupervised pan-sharpening method for remote sensing image fusion[J]. Information Fusion, 2020, 62: 110-120.

[35] Yang X, Wang J, Zhu R. Random walks for synthetic aperture radar image fusion in framelet domain[J]. IEEE Transactions on Image Processing, 2017, 27(2): 851-865.

[36] Wn T, Zhu C, Qin Z. Multifocus image fusion based on robust principal component analysis[J]. Pattern Recognition Letters, 2013, 34(9): 1001-1008.

[37] Mitianoudis N, Stathaki T. Pixel-based and region-based image fusion schemes using ICA bases[J]. Information Fusion, 2007, 8(2): 131-142.

[38] Kong J, Zheng K, Zhang J, et al. Multi-focus image fusion using spatial frequency and genetic algorithm[J]. International Journal of Computer Science and Network Security, 2008, 8(2): 220-224.

[39] Huang W, Jing Z. Evaluation of focus measures in multi-focus image fusion[J]. Pattern Recognition Letters, 2007, 28(4): 493-500.

[40] Liu Y, Chen X, Wang Z, et al. Deep learning for pixel-level image fusion: Recent advances and future prospects[J]. Information Fusion, 2018, 42: 158-173.

[41] Nencini F, Garzelli A, Baronti S, et al. Remote sensing image fusion using the curvelet transform[J]. Information Fusion, 2007, 8(2): 143-156.

[42] Yang S, Wang M, Jiao L, et al. Image fusion based on a new contourlet packet[J]. Information Fusion, 2010, 11(2): 78-84.

[43] Bavirisetti D P, Dhuli R. Two-scale image fusion of visible and infrared images using saliency detection[J]. Infrared Physics & Technology, 2016, 76: 52-64.

[44] 刘羽. 像素级多源图像融合方法研究[D]. 合肥: 中国科学技术大学, 2016.

[45] Du J, Li W, Xiao B. Fusion of anatomical and functional images using parallel saliency

features[J]. Information Sciences, 2018, 430: 567-576.

[46] Eskicioglu A M, Fisher P S. Image quality measures and their performance[J]. IEEE Transactions on Communications, 1995, 43(12): 2959-2965.

[47] Tran T T, Pham V T, Lin C, et al. Empirical mode decomposition and monogenic signal-based approach for quantification of myocardial infarction from mr images[J]. IEEE Journal of Biomedical and Health Informatics, 2018, 23(2): 731-743.

[48] Xydeas C S, Petrovic V. Objective image fusion performance measure[J]. Electronics Letters, 2000, 36(4): 308-309.

[49] Li H, Liu L, Huang W, et al. An improved fusion algorithm for infrared and visible images based on multi-scale transform[J]. Infrared Physics & Technology, 2016, 74: 28-37.

[50] Cui G, Feng H, Xu Z, et al. Detail preserved fusion of visible and infrared images using regional saliency extraction and multi-scale image decomposition[J]. Optics Communications, 2015, 341: 199-209.

[51] Li S, Yang B, Hu J. Performance comparison of different multi-resolution transforms for image fusion[J]. Information Fusion, 2011, 12(2): 74-84.

[52] Qu G, Zhang D, Yan P. Information measure for performance of image fusion[J]. Electronics Letters, 2002, 38(7): 313-315.

# 第 2 章　多源图像融合技术分类与应用

## 2.1　多源图像融合技术分类

目前，图像融合方法可以被分为传统方法和基于深度学习的方法，其中传统方法根据不同的图像融合处理领域，大致可以分为空间域和变换域两类。融合方法的重点任务是从源图像中提取关键特征信息，并将其进行融合。根据源图像不同的特性，采用传统的人工设计的融合规则来表示融合后的图像，会导致提取的特征缺乏多样性，从而给融合后的图像带来信息损失。此外，对于多源图像融合，人工融合规则可能会使融合方法变得越来越复杂。而且人工设计的特征活动水平测量和融合规则无法对语义信息进行很好的整合，会限制融合图像完整性。然而，基于深度学习的图像融合方法可以通过自适应机制对像素融合进行权重分配。与传统方法的设计规则相比，深度学习的方法自动化程度较高，但基于深度学习的图像融合方法所存在的挑战主要是如何设计合适的网络模型并进行参数训练。

### 2.1.1　空间域图像融合方法

空间域方法通常直接利用源图像的空间特征进行像素融合。通常情况下，空间域方法的目标是为每一幅源图像生成一幅对应的权重图，将所有源图像加权平均，即可得到融合图像。空间域方法主要用于多聚焦图像融合，一般可分为三类：基于像素的融合方法、基于块的融合方法以及基于区域的融合方法。

相较于基于块和基于区域的方法，基于像素的空间域融合方法可以获取源图像的原始像素，因此具有较好的像素保存能力，并逐渐成为图像融合领域中较为活跃的研究方向。大部分基于像素的融合方法都是以获取源图像像素的权值为核心目标，然后只需将所有源图像加权求和即可获得最终的融合图像。此类方法首先采用特征活动水平测量来评估源图像中像素的显著性，然后将从不同输入源图像中得到的聚焦测度特征进行比较，进而生成各个像素的融合权重图(又被称为决策图)。因为源图像中每个像素的质量属性只能是高质量与低质量其中之一，故多聚焦图像融合可以被看作一种二分类问题。部分多聚焦图像融合方法直接使用初步获取的权值图来获得融合图像；另一些方法为了获得更精确的权值或分类结果，往往会通过增加后处理的方式进一步优化所得到的决策图，如一致性校验、形态学处理等；此外，也有一些基于像素的方法通过设计更为复杂的融合规则来提高融合性能。

基于块的图像融合方法将源图像分割为多块，分别对每个划分出的块进行特征活动水平测量。2001年，Li等人[1]提出了基于块分割的多聚焦图像融合方法，该方法首先将每幅源图像分割成多个固定尺寸的块，然后计算机每个子块的空间频率作为其特征度量，进而采用基于阈值的自适应融合规则获得融合块，最后通过一致性校验得到融合图像。在该方法提出之后，基于块的方法逐渐被研究者们所关注，基于Li等人[1]的研究，学者们针对特征活动水平测量、融合规则以及块分割策略等方面进行了诸多改良。如，Jin等人[2]提出了一种基于分块的图像融合方法，该方法利用脉冲耦合神经网络(pulse coupled neural network，PCNN)对图像块的特征因子进行处理，同时将粒子群优化算法用于PCNN的参数优化，最后利用块权重和分块方法实现图像融合。此外，Huang等人[3]提出的一种基于PCNN的多聚焦图像融合技术，这种方法在基于块思想上使用PCNN与特征活动水平测量相结合，为空间域图像融合方法提供了一种新的思路。

为了在基于块的融合方法上进一步提高源图像分割的灵活性，研究人员提出了基于区域的图像分割技术，并将其运用于空间域融合方法中。基于区域的方法与基于块的方法相似，区别在于基于区域的方法通常是在尺寸不定的分割区域中进行融合操作。He和Gong等人[4]提出了一种聚焦像素估计的图像融合方法，通过计算聚焦区域的边界实现聚焦区域的融合。He和Zhou等人[5]提出一种结合NSCT与PCNN的聚焦区域划分方法，通过聚焦区域的划分和优化实现了较好的图像融合效果。

## 2.1.2 变换域图像融合方法

变换域分析方法的基本思想是对每幅源图像进行多尺度分解，然后将这些分解后的系数进行融合以得到图像的综合特征表示，最后通过逆变换获取融合图像。因此，此类方法一般包括三个阶段：图像域变换阶段、系数融合阶段和逆域变换阶段(图像重建阶段)。图像域变换指利用图像分解理论或方法将源图像分解为一定数量的子带系数；子带系数融合指通过预先设计的策略对变换域中的系数进行合并；融合策略通常包括特征提取与描述、融合规则和一致性校验等三个步骤；逆域变换指对融合后的系数进行与图像域变换相对应的反(逆)向转换用以重建融合图像。多尺度变换以多尺度的方式对图像特征进行描述，而真实世界的物体通常也具有不同尺度的特征，人眼对自然场景的感知也具有多尺度特性。因此，多尺度变换非常符合人类视觉特点，并且在过去的几十年间得到了深入研究。在图像融合领域，常用的变换方法有PT、WT、非下采样的多尺度分析方法等。

#### 2.1.2.1 基于金字塔的图像融合方法

金字塔分解以多分辨率的方式来解释图像的结构信息。PT 通过一系列的滤波和下采样操作得到一组带通和低通子图像,这些子图像可以表征图像的主要特征,将其按照分辨率由低到高从上到下排列,因其形似金字塔而得名。随着相关理论的发展,各种改进的金字塔变换被相继提出,并有学者将这些模型用于图像融合,如 LPT[6]、梯度金字塔[7]、对比度金字塔[8]等。

LPT 最初是由 Burt 等人[9]提出的一种图像编码技术,与高斯金字塔不同的是,LPT 体现的是经过下采样和上采样后的每一级图像与源图像的差异。Burt 和 Adelson[10]提出了基于 LPT[9]的图像融合方法之后一段时间,基于金字塔分解的图像融合方法逐渐成为变换域方法中的主流方法之一。Aiazzi 等人[11]提出基于广义 LPT 结构的融合网络,该方法计算复杂度较低并且不受图像真实尺度的限制。在此基础上,Aiazzi 等人[12]又创新性地引入调制传递函数,通过不断调节调制传递函数使其与滤波器的频率响应相匹配,这样能够更好地提取图像的空间信息,使图像融合结果具有更好的空间质量。Wang 等人[13]将拉普拉斯金字塔与生成对抗网络结合开展了红外与可见光的图像融合研究,该方法首先将源图像分解为基础层和细节层,针对基础层利用基于 LPT 的方法进行融合,针对细节层采用基于 GAN 的方法实现融合,最终通过各层融合子图像获得融合图像。1993 年,Burt 与 Kolcznski[14]提出了一种基于定向滤波的梯度金字塔(gradient pyramid,GAP)模型用于多聚焦图像融合,值得注意的是,该文章提出了一种自适应局部相似度的系数融合规则,该融合规则在此后的图像融合研究中常被借鉴与使用。Petrovic 和 Xydeas[15]提出基于梯度的金字塔分解理论,并基于该方法实现了多聚焦图像融合。杨九章等人[16]将对比度金字塔与双边滤波开展了类似的研究工作,该方法采用最大值法实现高频子图像的融合,利用基于双边滤波的方法实现低频子图的融合。汪荣贵等人[17]、Jin 等人[18]、Sharma 等人[19]也开展了基于金字塔变换的图像融合研究。

基于金字塔变换的图像融合方法具有较低的计算复杂度和较小的存储空间需求;然而,多数金字塔变换未能将空间信息引入分解过程,因此会平滑一些图像细节且可能会产生块效应。此外,不同的金字塔变换方法还会存在不同的缺陷,如:对比金字塔往往不能有效描述图像的显著性信息,形态金字塔的边缘表示效率不高,梯度金字塔有可能会导致伪影。一般而言,金字塔变换需要与其他方法相结合使用,以克服其缺点。

#### 2.1.2.2 基于小波变换图像融合方法

与金字塔变换不同,小波变换使用短时傅里叶变换的局部化思想,可以自动适应时(空)频信号分析的要求,使其能够专注于任意信号细节。小波变换可以提供图像的频率以及与这些频率相关的空间,这使其成为一个很好的频率分析工具。与傅里叶变换不同,小波变换克服了其尺度不变的问题,建立了一种随频率改变的"空间-频率"窗口,从而具备了局部化分析能力,进而实现信号的多尺度分析。之后,学者们开发了许多基于小波的改进方法(例如提升小波和谱图小波等),这些方法具有良好的方向性和非冗余性。

DWT 将原始图像分解为四个分量,分别是:低频分量、水平方向分量、垂直方向分量和对角线方向分量;之后低频分量会被逐级分解,最终得到具有多级结构的小波分解结构图。Li 等人[20]于 1995 年将离散小波变换(discrete wavelet transform, DWT)[21]引入到图像融合领域,其提出了由特征活动水平测量、融合规则和一致性校验组成的融合策略框架,对后续研究产生了深远影响。该方法采用局部窗口的最大绝对值作为小波系数的特征描述,并保留其最大值对应的小波系数,最后根据相邻系数的值对融合系数进行调整,进而对获得的二值决策图进行优化。Bhavana 等人[22]基于离散小波变换提出了 PET 和 MRI 图像融合方法,该方法首先通过空域滤波对 MRI 与 PET 图像进行预处理以增强其质量,然后利用离散余弦变换进行图像特征表示,最后进行融合与重建操作获得结果图像。Zheng 等人[23]将空间频率指标与离散余弦变换结合提出了一种 MRI 和 CT 融合方法。

通常,位移不变性是图像融合的重要特性之一,是设计有效的融合策略、避免噪声和误配区域的不良视觉效应的主要保证,而此类方法的缺陷就在于 DWT 并不具有位移不变性。以 Li 等人[20]的方法为基础,随后的相关研究主要是从改进小波表示和探究有效的融合策略这两个方向进行发展。Du 等人[24]讨论了小波变换的方向性及其局限性,并总结了基于小波的图像编码方法。其中部分文献着重围绕移位不变性改良小波分析方法的性能[25],而另有一部分研究[26]为追求更好的融合结果探究如何改良融合策略。在融合策略方面,Talbi 等人[27]将双树复离散小波变换方法(dual-tree complex discrete wavelet transform,DTDWT)与粒子群优化方法结合提出了一种多模态医学图像融合方法。Ravichandran 等人[28]将 DTDWT 与改进的狮群优化方法相结合提出了多模态医学图像融合方法。在改进思路方面,学者们基于小波变换提出了不同的改进版本。其中,DTDWT 使得小波变换在减少误差的同时具备了一定程度的位移不变性,该方法将传统小波分析的三个方向拓展为六个方向,提高了其对图像方向特征表示能力。Zou 等人[29]利用提升小波变换对源图像进行分解,然后利用基于信息熵的权重法实现低频子图像的融合,同时利用局部熵最大法实现高频子图融合,最后通过逆变换获得融合图像。此外,还有基于多小波[30]、平移不变小波[31]的方法。这些方法具有一定的方向性和非冗余性,但小波变换不能有效地表示和处理更多维的信息。而且大多数小波分析方法都是基于图像本身的结构信息,而没有考虑到人类的视觉特点。因此,学者们基于小波分析,开发更多基于几何分析的方法(如 CVT、CNT 等),这些方法一般属于高维的各向异性分析工具。

### 2.1.2.3 基于非下采样的多尺度分析图像融合方法

小波变换虽然在众多图像处理领域取得了良好的效果。然而,当一维信号处理时,点形状信息的特征不能简单地扩展到二维图像。由于一维小波理论生成的可分离小波框架结构的方向信息的限制,无法利用点的形状信息来捕捉最优线或平面的特征,如奇异的高维函数。考虑到小波变换在二维图像处理中的缺点[32],学者们在二维空间中引入了多尺度几何分析。基本思想是利用几何正则函数和系数表达式来逼近奇异曲线,这类方法具有更好的时(空)频特征分析能力,如 ST[33]、CNT[34]、CVT[35],并进一步发展出非下采样的变换理论。

为了克服二维小波变换不能捕捉图像丰富的方向信息缺点,Minh 和 Martin 提出了一种高效的多方向多尺度图像表示方法,即为 CNT[34]。CNT 基于拉普拉斯金字塔和方向滤波器组实现图像分解,它对捕捉图像边缘的几何结构具有很好的效果。但由于下采样和上采样以及金字塔滤波器组结构造成的冗余,CNT 存在移位方差问题,在奇点周围存在伪吉布斯现象。NSCT[36]是一种由非下采样金字塔滤波器组和非下采样扇形滤波器组的全移位不变模型,可以被当作 CNT 的平移不变版本。与常见的多尺度分析相比,NSCT 在主观和客观评估方面具有更好的融合性能。因其优异的图像表示能力,NSCT 也得到迅速的发展并被应用于图像去噪及融合领域。Qu 等人[37]提出了一种基于 PCNN 的融合策略,并将其与 NSCT 相结合实现图像融合;此后,基于 Qu 等人研究的基础上,相继提出多项改进的融合策略。Fu 等人[38]利用鲁棒主成分分析(robust principal component analysis,RPCA)对红外与可见光图像进行分解得到系数矩阵,然后利用 NSCT 将源图像分解为低频子带系数和高频子带系数,最后利用稀疏矩阵指导 NSCT 的低频子带系数和高频子带系数融合。Yang 等人[39]基于二型模糊集理论与 NSCT 提出了一种多传感医学图像融合方法,该方法利用 NSCT 将源图像分解为一系列子图像,然后利用二型模糊逻辑对高频子图像进行处理,通过融合规则实现高频和低频子图像的融合,最后利用逆 NSCT 变换实现图像重建。

Miao 等人[40]将 ST 引入到图像融合中,但 ST 不具有位移不变性;同时为了避免 NSCT 的高计算复杂度问题,同时保持 ST 的非下采样特点,另一种优异的 NSST[41]方法也被学者们用于图像融合领域。葛雯等人[42]在 NSST 域,利用模糊理论获得低频子带系数的融合权重,利用能量匹配度和视觉敏感度实现高频子图像融合,然后通过逆变换得到融合图像。李威等人[43]在 NSST 域,利用脉冲耦合神经网络实现高频图像融合,利用基于滤波的方法实现低频子图像融合。此外,学者们也将 NSST 引入遥感图像融合领域，如 Wan 等人[44]利用 NSST 实现遥感图像分解，并利用导向滤波实现低频子图像融合，同时通过改进拉普拉斯能量和实现高频子图像融合，最后通过逆 NSST 重建源图像。

#### 2.1.2.4　基于其他变化域的图像融合方法

除此之外，还有一些变换域方法也被应用于图像融合，如离散余弦变换和张量分解等。离散余弦变换(discrete cosine transform，DCT)是与傅里叶变换相关的一种变换方法，它近似于离散傅里叶变换但仅使用实数。DCT 将源图像的有用信息集中在少数低频分量上，可能导致融合结果的边界特征质量相对较低。Zafar 等人[45]于 2006 年提出了一种基于 DCT 的多聚焦和多曝光图像融合方法。随后，Haghighat 等人[46]先后提出了两种基于 DCT 的多聚焦图像融合方法，这两种方法通过离散余弦变换计算聚焦信息实现图像融合。Piella 等人[47]提出了一种基于结构张量的梯度域图像融合的变分方法，该方法将源图像堆叠成一个多值图像，并根据每个源图像的梯度图计算其对应的结构张量，通过这种方式使得结构张量包含所有源图像的组合梯度信息，而目标梯度则使用结构张量的特征值和特征向量来进行表示。Sun 等人[48]提出了一种基于马尔可夫随机场的多聚焦图像融合方法，并利用泊松方程重建融合图像。Zhou 等人[49]提出了一种基于多尺度的方法用于计算加权结构张量中的权重图，该方法着重表示角结构和边缘的显著性，消除了传统基于结构张量的梯度域方法所产生的伪影。

### 2.1.3　基于压缩感知和稀疏表示的图像融合方法

#### 2.1.3.1　基于稀疏表示的图像融合

SR[50]基于一种假设：自然信号可以用字典中"少数"原子的线性组合进行表示或近似表示。一般来说，有两种离线获取词典的方法：一种是直接使用离散余弦变换 DCT 和 CVT 等分析模型；另一种是应用机器学习技术从大量的训练图像块中获取字典。在图像处理领域，图像信号可以表示为来自过完备字典的"几个"原子的线性组合，稀疏系数被视为源图像的显著特征。需要指出的是，该理论需要一种近似技术来找到稀疏向量，例如匹配追踪、正交匹配追踪、动态组稀疏恢复或同步 OMP 算法。

图像的低频系数一般不具有稀疏性，且不能有效体现图像的细节信息。因此，学者们首先将低频子图像分解为图像块，进而利用字典序列将图像块转换成矢量矩阵，最后通过适当的算法获得低频系数的稀疏字典，从而得到相应稀疏系数。低频系数采用 SR 后能很好地保留图像的某些特征信息并去除干扰噪声，但也存在无法保留一些详细信息的问题。2010 年，Yang 等[51]将 SR 应用到多聚焦图像融合，该方法利用滑动窗口技术将源图像分割成若干重叠块，并利用正交匹配追踪算法对每个图像块进行独立的稀疏分解。进而，利用稀疏系数向量的 L1 范数作为特征活动测量，使用最大选择融合规则获取融合稀疏系数向量，并利用融合稀疏向量重构得到融合块。最后，将所有融合块置于对应位置，通过重叠部分除以重叠次数获得平均像素值，从而得到最终的融合图像。随后，Yin 等人[52]利用子带系数参与稀疏向量的特征表示，同时基于 NSML 与 S 形函数相结合的方法实现源图像的细节信息融合。刘先红等人[53]将引导滤波和高斯滤波结合实现图像的分解，并将 CSR 用于处理高强度边缘；此外，还有 Wu 等人[54]开展的相关研究。面对传统 SR 方法不能有效地处理图像纹理和结构信息问题，学者们针对高频系数融合问题提出了改进的 SR，使得基于 SR 的融合方法也可以融合近似稀疏的高频系数。Rajalingam 等人[55]在 Tetrolet 域中采用了 SR 方法，把需要融合图像中的系数由稀疏非混合的分类器通过变量拆分和增强拉格朗日进行选择。

虽然基于 SR 的方法取得了较好的图像融合质量，但其也存在一些缺点，如：计算复杂度比基于多尺度分析的方法更高，原子数对融合结果有很大影响。此外，引入 SR 的目的是使用尽可能少的信息分量来表示基于过完备字典的源信号，因此过完备字典的质量决定了稀疏编码的信号表示能力，进而影响图像融合的质量，如：学习字典一般可以实现比固定基础字典更好的融合性能。

#### 2.1.3.2 基于压缩感知的图像融合

压缩感知的概念最初由 Candès 等人[56]于 21 世纪初提出，并很快被 Lustig[57]等人应用于 MRI 图像处理，它是一种通过利用图像冗余来提高 MRI 成像速度的有效方法。压缩感知在已知信号稀疏性的情况下，可以使用比采样定理(如奈奎斯特定理、香农采样定理)所需更少的样本来重建信号。其不连贯性是一个关键组成部分，旨在打破采样模式中通常的规律性，并能够使用基于稀疏性的信息进行原始信号重建。计算机学科的理论证明，稀疏或可压缩的信号可以从少量的非自适应线性投影中精确地重建，如果以奈奎斯特或香农定理采样信号，则信号的数量远远少于样本数量。压缩感知理论被提出后受到了广泛关注。在一定的变换操作下，基于稀疏性的低信号采样和压缩方法可以有效地降低计算复杂度，并提高图像处理方案的运算速度。当它应用于图像融合场时，只需要融合一部分稀疏系数，即可同时实现图像融合与质量增强。陈柘等人[58]开展了基于压缩感知的医学图像融合研究，并取得了较好的效果。王昕等人[59]提出了一种基于压缩感知的红外与可见光图像融合方法，该方法首先通过显著度测量实现目标提取并将其保留至融合图像，然后利用 NSST 实现图像分解，再利用压缩感知和奇异值分解实现背景区域的融合，最后重建重合图像。张佳丽等人[60]利用 NSCT 实现源图像的分解，针对低频系数利用自适应区域平均能量进行融合，针对高频系数利用基于压缩感知进行融合。Liu 等人[61]将鲁棒主成分分析与压缩感知结合，实现红外与可见光图像融合。

压缩感知可以在一些条件下降低计算复杂度并提高处理速度。需要指出的是，这种图像融合方法的性能很大程度上取决于压缩采样匹配追踪算法和过完整的字典构造。因此，压缩感知经常与其他图像表示方法相结合以克服其缺点。

**2.1.4 基于深度学习的图像融合方法**

伴随着深度学习的提出与发展，基于深度学习的图像融合方法已成为本领域最为活跃的研究方向之一。特征活动水平测量和融合规则是图像融合中的两个关键任务。传统基于空间域和变换域的方法在处理这两个任务时往往存在一些局限。首先，传统方法中特征活动水平测量和融合规则都是研究者人为设计的，然而真实的图像内容相当复杂，一些主观的设计往往很难考虑到所有因素。因此，这类手工设计的特征活动水平测量和融合规则可能会存在局限性使其无法对所有源图像都起到理想的效果。其次，基于变换域方法通常涉及正向和反向变换，相同变换方法在不同的源图像上提取的特征具有一定差异，加上变换方法对源图像表示能力的限制，使得这类方法一般缺少良好的鲁棒性[62]。基于深度学习的方法可以借助深度学习强大的特征学习与表示能力克服上述问题，通过训练过程使得模型同时实现自动学习特征活动水平测量和融合规则，从而实现图像融合。到目前为止，包括 CNN[63]和 GAN[64]在内的主要深度学习模型都已成功被应用到本领域当中。

**2.1.4.1 基于卷积神经网络的融合方法**

CNN 是 Krizhevsky 等人[65]提出的典型深度学习模型，其由卷积层、池化层和全连接层组成，该模型具有强大的特征提取能力和学习能力，是一种专门用于图像处理的神经网络，并在计算机视觉领域取得了不俗的成就。基于深度学习的图像融合方法可以通过自适应机制分配图像融合权重，从而避免传统算法中使用人工融合规则所带来的问题。现有基于深度学习的图像融合技术通常依赖于 CNN 模型的训练，但在这种情况下，需要为模型提供大量的训练标签数据集。

Liu 等人[66]提出了一种基于 CNN 的融合方法。该方法通过具有不同特征的源图像集合训练模型，使其能够自动生成决策图，然后利用该决策图和源图像得到最终的融合图像。Prabhakar 等人[67]提出的方法由：编码器、融合层和解码器等三部分组成，该方法不需要在输入变化时调整参数即可完成图像融合。Peña 等人[68]提出一种名为沙漏深度神经网络的图像融合方法。Wang 等人[69]提出一种基于孔洞卷积的有监督图模型融合模型。由于有监督的方法需要制作标签图像用于模型训练，而理想的训练标签通常难以获得。因此，Ma 等人[70]提出了一种无监督的多聚焦图像融合模型，Hu 等人[71]提出了一种基于零学习的图像融合方法，从而降低模型对于训练集的需求。值得注意的是，在借助深度学习来生成决策图从而完成融合任务的方法中，深度学习只是作为此类方法的一部分来使用，初步生成决策图后往往仍需要进行一系列的后处理，从而生成最终的决策图来完成融合任务。

在医学图像融合方面，Liu 等人[72]提出了一种基于 CNN 的医学图像融合方法，该方法使用深度神经网络生成权重图。Hermessi 等人[73]提出了一种 CNN 与 shearlet 相结合的医学图像融合方法，该方法使用全卷积连体架构，其训练框架是著名的 MatConvNet，以有效地保留源图像特征；但该方法也存在训练耗时、模型复杂等问题。此外，为了解决了医学图像融合过程中的语义丢失问题，Fan 等人[74]提出了一种基于语义的医学图像融合方法；该算法继承了 U-Net 的经典结构，同时使用两个 U-Net 来构建 FW-Net 网络模型；融合后的图像不存在语义冲突，在视觉效果上优于其他方法。此外，Wu 等人[75]也开展了 U-Net 的医学图像融合研究。

CNN 也被研究人员引入遥感图像融合领域。Masi 等人[76]提出了由三层卷积组成的 PNN 模型实现遥感图像融合。虽然融合图像的质量较传统方法有了很大的提高，但是 PNN 模型结构简单，不能充分提取输入样本的特征信息。受到残差网络[77]的启发，之后的研究通过加深网络层数以及引入更多模块来提高模型的特征表达与提取能力。Yang 等人[78]在研究中提出的 PanNet 结构，能够在高频频域上学习图像的细节纹理特征，该模型第一阶段利用 SRCNN[79]增强 MS 图像的空间分辨率同时保留其光谱信息，然后在第二阶段利用高斯变换融合增强后的多光谱(MS)和全色(PAN)图像，以得到高空间分辨率的 MS 图像。Yuan 等人[80]提出具有两个并行分支的多尺度密集连接 CNN 模型，其中一个分支包含三层卷积，另一个分支采用多尺度卷积来提取图像丰富的特征。Liu 等人[81]提出的经典结构 TFNet 是一个双分支的遥感图像融合网络，该方法利用 UNet 的变体结构分别从 PAN 和 MS 中提取图像信息，将特征图拼接后再经过一系列卷积和上采样等操作得到最终结果。

### 2.1.4.2 基于多尺度卷积与注意力机制神经网络的融合方法

在计算机视觉中，卷积层在特征提取中发挥着重要作用，通常能比传统的人工特征提取方法提供更多的信息。随着网络深度的加深，特征丢失的情况可能会变得更严重，进而导致融合效果恶化。为了提高图像融合性能，一些新的深度学习模型也被引入该领域，如：基于多尺度卷积和基于注意力机制的模型。

CNN 一般选择固定大小的卷积核来提取特征，感受野较小且固定，这会导致网络不能充分学习图像的上下文信息。因此，研究者们将多尺度模块引入模型中，使网络具有丰富的感受野。由 Chi 等人提出的 PAMF-Net[82]是一种基于金字塔注意力机制的多尺度特征融合网络，该网络通过多尺度的深度网络结构提取丰富的光谱信息和空间结构信息，金字塔注意力机制和特征融合模块不仅可以聚合多尺度特征，还使融合结果更加准确。由 Peng 等人提出的 PSMD-Net[83]模型中引入大量多尺度密集连接块，其采用三个卷积核自适应地学习不同尺度的图像特征，以提高提取特征的丰富性。在 Wang 等人[84]的研究中提出的 DPFN 模型分别通过全局子块和局部子块学习全局和局部特征信息，同时又引入改造的高通模块来增强 MS 图像中每个波段的高频空间信息，将 MS 每个波段和 PAN 图像拼接分别进行特征提取和特征图校正，这在很大程度上避免了光谱失真的问题。Li 等人[85]提出了基于多尺度感知的密集编码卷积神经网络(MDECNN)，该结构中应用两种类型的多尺度模块分别进行特征提取和特征增强；受到 GoogLeNet[86]结构的启发，作者设计了多尺度特征提取模块；其次，该网络引入了包含四个并行分支的混合空洞卷积模块，这样既能提高复杂遥感图像中特征的鲁棒性，也能减少融合过程的特征损失。此外，Guo 等人[63]利用多尺度卷积提出了多聚焦图像融合模型。

受到注意力机制应用于图像分类的启发[87]，研究人员尝试将注意力机制引入图像融合，结果显示注意力机制对融合效果有一定提升。Tri-UNet[88]是一种端到端的遥感图像融合网络结构，该模型借鉴了 UNet 层级之间连接的思想以尽可能保留源图像特征，同时特征融合和图像重建块之间引入通道注意力模块，使得网络更关注重要信息。MRFNet[89]利用多级结构重建出高分辨率的 MS 图像，其中将通道注意力模块和监督注意力模块进行结合，使网络能够学习重要的空间信息和光谱信息，提高网络保留信息的能力。MC-JAFN[90]网络是一种基于注意力机制的多层次结合遥感图像融合模型，该模型在多层级间引入的 JAF 模块，不仅有效地提高了网络结构的表达能力，而且有效减少了光谱失真。Yuan 等人[80]根据 PAN 和 MS 图像内在特征的不同，基于注意力机制分别提出了残差多尺度空间注意力模块[91]和残差光谱注意力模块；同时，考虑到二维卷积不能有效提取 MS 图像的内在特征，并且三维卷积会消耗大量计算资源，因此 Yuan 在残差光谱注意力模块中引入一维卷积获得通道注意力图，更好地捕获相邻区域的光谱特征信息。

### 2.1.4.3 基于生成式对抗网络的融合方法

经典 GAN[92]是生成器和判别器相互对抗博弈的架构，其中生成器用来生成新的伪造图像，判别器用来判断输入的图像是真实或生成的虚假图像。基于反向传播的训练方式提高了 GAN 区分真实数据和生成新数据的能力。由于 GAN 强大的特征学习和图像生成能力，其也被引入图像融合领域。GAN 可以通过学习输入和输出的映射关系，生成最终的融合图像。

PSGAN[93]是首次使用 GAN 来生成高质量的高空间分辨率 MS 图像。Luo 等人[94]设计的一种基于 GAN 的遥感图像融合模型 FusGAN，它先采用降尺度的多分辨率图像在生成器中训练，然后将生成器用于原始分辨率的融合，使生成器准确学习到低分辨率图像到高分辨率图像的变换关系。该方法的最大优势是能够适用于分辨率不同的 MS 图像，具有较强的通用性。考虑到空间和光谱不同的特性，Ma 等人[95]提出一种无监督的遥感图像融合方法 Pan-GAN，该模型分别设置空间判别器和光谱判别器对生成的高分辨率 MS 图像进行约束。PGMAN 是由 Zhou 等人[96]提出的一个无监督结构，该结构也包含一个生成器、一个光谱判别器和一个空间判别器。之后在 PGMAN 结构的基础上，Zhou 等人[97]又提出了一种基于循环生成网络的无监督结构 UCGAN，它使用了一种基于循环一致性损失、对抗性损失、图像重构损失和无参考质量指标的混合损失函数来约束模型提高融合图像质量。

Ma 等人[98]提出了一种被称为 Fusion-GAN 的融合模型，该模型是基于 GAN 的红外和可见图像融合方法；Tang 等人[94]提出一种基于 GAN 的图像融合方法，其通过生成器和判别器的对抗实现整个融合过程；生成器用于生成融合图像，判别器进一步增强了融合图像和对比图像之间的相似性，使得融合结果更优异。在文献[99]中，马等人提出了一种基于 GAN 的红外和可见光图像融合方法，其中生成器用于红外和可见光图像的融合，而判别器用来驱使生成器提高融合后的图像细节，从而提高融合图像质量。因此，红外热辐射信息和可见光纹理信息可以同时保存在融合图像中。Li 等人[100]也开展了基于 GAN 的红外与可见光图像融合研究。

Nair 等人[101]提出了名为损失最小化融合 GAN 和三重 ConvNet 的深度学习框架，并基于此实现了医学图像融合。文献[102]中提出了组织感知的条件 GAN 来融合 PET/MRI 图像，其融合操作被认为是 PET 颜色保存和 MRI 解剖信息保存之间的对抗过程，其中对生成器和判别器的最小-最大优化问题进行建模。在医学图像融合领域，GAN 虽然受到了一些的关注并得到成功应用[103]，但它仍然面临一些训练挑战，包括训练不稳定、梯度消失、训练时间长等问题。

### 2.1.5 其他的图像融合方法

#### 2.1.5.1 基于组件替换的图像融合方法

基于组件替换的方法一般应用于遥感图像融合。其先将多光谱图像转换到适当的域(空间)，以得到多个不相关的特征空间分量，然后用全色图像代替其中一个多光谱图像的分量，最后通过相应的逆转换得到高空间分辨率的多光谱图像。虽然基于组件替换的方法通常运行速度较快，但是其融合结果常常伴随有明显的光谱失真。基于 IHS(intensity hue saturation)彩色空间的方法首先被用于测绘数据的融合[104]，之后 Thormodsgard 等人将该方法用于 SPOT-1 卫星的 MS 图像和 PAN

图像融合[105]。IHS 彩色空间中 I 分量是亮度分量，主要反映地物的空间特征，而 H 和 S 分量分别表示色度和饱和度，能够反映出光谱信息。由于 IHS 彩色空间的三种成分相关性较低，因此能够分别对三种分量进行处理。基于 IHS 彩色空间的图像融合方法一般是将 MS 图像从 RGB 彩色空间转换到 IHS 彩色空间，并用 PAN 图像替换 MS 图像中表示空间分辨率的 I 分量，之后通过逆变换转换回到 RGB 彩色空间，即可得到高空间分辨率的 MS 图像。虽然传统的 IHS 图像融合方法可以提高融合图像的地物纹理特性，突出空间细节信息，但是由于逆变换会改变原始 MS 的 RGB 色彩，因此融合结果会产生较大的光谱失真。但与其他基于组件替换的方法相比，基于 IHS 彩色空间的图像融合方法具有更快的计算速度，这也使基于 IHS 彩色空间的图像融合方法流行。但是基于 IHS 彩色空间的图像融合方法一般只能适用于 3 波段的 MS 图像[106]。为了弥补该方法的缺陷，Tu[107]在此基础上设计了 GIHS 方法将融合图像的波段数进行拓展，并且一定程度上减少了光谱失真的情况。此外，HSV 彩色空间也能够实现类似 IHS 彩色空间的光谱和空间信息分离，因此也有学者尝试将其应用于遥感图像融合任务中[108]。

此外，PCA 在遥感图像融合领域也得到广泛应用，其主要通过线性变换将 MS 图像映射成不相关的多个分量；之后，将 PAN 图像和第一主成分进行直方图匹配，最后进行 PCA 逆变换得到高空间分辨率的 MS 图像[109]。具体来说，经过 PCA 变换后，各个通道的空间信息会主要集中于第一主成分，而光谱信息会存在于其他分量中。然而，由于 MS 图像的第一主成分和 PAN 图像相关性较低。因此，融合图像也会出现光谱失真的情况。为了解决这个问题，Zebhi 等人[110]提出了基于 PCA 和 NSCT 的自适应融合方法。该方法在进行 PCA 变换的基础上，将 PAN 图像进行 NSCT 变换后再注入到第一主成分中。轮廓波的引入使得 PAN 图像中细节信息更容易被融合到 MS 图像中，同时有助于保留光谱信息。在 Yang 等人[111]的方法中，他们提出了一种基于自适应 PCA 和支持向量变换的多尺度模型，自适应 PCA 能够计算 MS 和 PAN 图像的相关性，并自适应地选择被替换的主成分。与基于 IHS 的方法相比，基于 PCA 的融合方法不限制图像的波段数量。虽然上述方法都能有效改善遥感图像融合结果，但是计算成本会大大增加。

#### 2.1.5.2 基于滤波器和显著性检测的图像融合方法

基于滤波器的融合方法，通过特定滤波器操作将源图像分解为基础部分和细节部分，然后利用针对性的融合规则实现基础和细节部分融合，从而重建融合图像[112]。基础部分通常是通过在源图像上使用边缘保留滤波器所获得的。细节层由一系列源图和滤波图的差异图像组成，这些差异图像能够以各种逐渐精细的比例保存细节。基于滤波的红外与可见光图像融合方法一般较为容易实现，且具有计算复杂度低和存储空间需求小的优点，因此滤波器方法在该领域得到了广泛的应用，如均值滤波器[113]和各向异性扩散[114]等。但这些技术有一个共同的问题，即固定的滤波器参数会导致其灵活性差，而且融合图像的质量严重依赖于滤镜的效果，且有可能导致图像的空间结构信息损失和伪影问题。此外，由于不同滤波器的局限性，很难保证算法对所有红外和可见光图像的有效性。

根据人类视觉机制，基于显著性检测的红外与可见光融合方法可以提取并保留显著性目标区域。近年来，学者们主要采用两类基于显著性的融合策略，即权重计算和显著目标提取[115]。第一类权重计算方法一般采用显著性指标和特征参与融合图像的重建。首先，通过变换域方法将源图像分解为基础层和细节层，并在这些基础层或细节层上应用显著性提取方法来获得显著性图；然后，通过显著性映射获得融合权重，并以此得到融合后的基础图像或细节图像；最后，通过融合后的基础图像和细节图像构建融合后的图像。第二类方法则通过特定的显著性检测方法将源图像中的显著目标从背景中提取出来，然后将这些显著目标直接保留至融合图像，再对背景部分进行融合处理，最后将显著目标和背景部分进行合并，从而得到融合后的图像。

## 2.2 多源图像融合技术的应用

随着应用需要的不断产生与研究的持续深入，图像融合技术逐渐发展出了若干研究领域，这些研究领域具有一些共性，同时具有相对独立的特点。目前，研究较为广泛的应用领域有多聚焦图像融合、医学图像融合、遥感图像融合、红外与可见光图像融合等；此外，还有一些研究相对较少的领域，如：水下图像融合、显微图像融合、多波段红外图像融合等。

### 2.2.1 多聚焦图像融合

由于光学成像原理的限制，常规数码相机仅能对场景的部分目标进行聚焦，因此无法获得所有目标都清晰的全聚焦图像[116]。通常来讲，人们利用摄像设备对特定场景进行拍摄时，往往希望得到场景内所有对象都清晰的图像。但普通相机受到光学透镜景深的影响无法同时聚焦所有对象，因此只有聚焦区域的对象清晰而其他对象则相对模糊。多聚焦图像融合技术可将同一场景中不同图像的聚焦区域提取并融合成一张新的全聚焦融合图像。融合后的图像可以最大限度地提取并保留源图像中清晰的聚焦区域，同时去除模糊的散焦区域，从而获得更完整的信息表达和更好的视觉效果，如图 2.1 所示。融合图像对场景的描述比任何一幅待融合图像都更加准确、完整。多聚焦图像融合属于图像融合的子类，旨在通过生成全聚焦图像，以解决受光学透镜的限制而无法对场景内所有对象同时聚焦的问题，在数码摄影、光学显微镜等领域具有重要意义[117]。

多聚焦图像融合技术需要解决的关键问题在于准确识别和提取多聚焦图像中的聚焦区域，识别与提取信息的失误将导致出现伪影、边缘轮廓丢失和保留非聚焦像素等一系列问题。自2017年以来，伴随着深度学习的研究与发展，多聚焦图像融合领域的相关文章数量显著增长趋势，该领域仍然充满活力[117]。传统多聚焦图像融合方法通常可以分为两类：变换域方法和空间域方法。此外，随着多尺度几何分析、深度学习、SR等图像相关理论和方法快速发展，相关多聚焦图像融合研究也取得了极大进步。

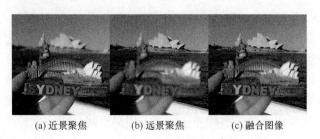

(a) 近景聚焦　　(b) 远景聚焦　　(c) 融合图像

图 2.1　多聚焦图像融合示意图

## 2.2.2　医学图像融合

影像技术在医学诊断中发挥着重要作用，如电子计算机断层扫描(computed tomography，CT)主要体现人体组织的密度信息，可以较好地体现骨骼等解剖信息；磁共振成像(magnetic resonance imaging，MRI)通过水分子的密度描述体现人体的软组织信息；正电子发射型计算机断层扫描(positron emission computed tomography，PET)是通过标记物反映生命代谢活动的情况，从而达到诊断的目的。单光子发射计算机断层显像(single photon emission computed tomography，SPECT)可以通过单光子核素标记药物来实现体内功能和代谢显像，它能够反映人体的血流灌注和物质代谢信息。但SPECT的分辨率较低，无法清晰地显示组织解剖信息。这些图像可以有效地帮助医生进行疾病诊断和治疗方案设计。但单一模态医学图像所提供的人体组织信息一般较为有限，在很多场景中无法为医生提供全面和完整的病情信息，而医学图像融合技术成为解决这一问题重要手段。医学图像融合可将多个模态(如PET和MRI等)的图像进行融合，从而将不同人体模态的特征综合至一幅图像中，在提升分辨率的同时实现解剖信息与功能信息的融合。融合后的图像更方便用于临床应用，如图2.2所示为PET和MRI图融合。在医学图像融合领域，还有其他模式图像的融合，如多模MRI融合、MRI和CT融合、CT与SPECT融合、核磁共振T1与T2等。

## 2.2.3　遥感图像融合

遥感图像是记录了地面田径、房屋建筑、草原丛林、山地河谷等各种地物信

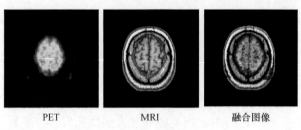

PET　　　　　　　MRI　　　　　　融合图像

图 2.2　医学图像融合示例

息的照片，能够真实形象地展示地物分布现状和相互关系。遥感图像凭借感测范围大、信息量多和动态监测等特点能够有效帮助人们了解地球信息[118]。但由于卫星传感器的物理限制，单一传感器常只能在同一覆盖区域独立捕获全色图像和多光谱图像。全色(panchromatic image，PAN)图像包含丰富的空间分辨率信息，有助于区分拍摄区域的细节信息，然而它的光谱信息有限；多光谱(multi-spectral image，MS)图像可以记录更多的光谱信息，但是空间分辨率比较低。遥感图像融合是利用低空间分辨率的 MS 图像和高空间分辨率的 PAN 图像重建出高空间分辨率的多光谱融合图像，如图 2.3 所示。遥感图像融合技术起源于 19 世纪 80 年代，地球观测系统 SPOT-1 提供了两张低空间分辨率的 MS 图像和一张高空间分辨率的 PAN 图像[119]，融合后的图像兼具两种图像的优点。自此，遥感图像融合技术在之后的 40 年间得到了快速发展，其产生的高质量遥感图像可以最大化地发挥遥感影像数据的价值，在环境监测、地质调查和城市规划中具有广泛作用。

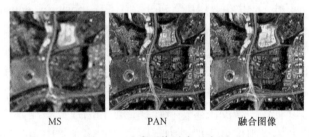

MS　　　　　　　PAN　　　　　　融合图像

图 2.3　遥感图像融合示意图

## 2.2.4　红外与可见光图像融合

在自然环境中，物体一般会发出人类肉眼看不到的电磁波，被称为热辐射。红外图像对具有明显红外热特性的物体和区域敏感，可以记录不同地物或目标的热辐射信息，且能够降低如阳光、雾霾等外部环境和条件因素的影响，而可见光图像传感器不具备这些优势。可见光图像的场景描述更加符合人眼视觉特点，可以记录物体的可见光反射特性，且包含了大量可见边缘和细节信息。为了丰富微光环境下的场景信息，可以利用红外图像和可见光图像的互补信息得到融合图像，使得融合图像同时包括场景的红外目标特征和可见光细节特征,从而发现可见光不易体现或隐藏的重要目标(图 2.4)。正因为红外和可见光融合技术可以结合两者优点,将可见光图像细节信息和红外目标区域特征互补合成更为综合的融合图像,从而提高图像完整性、准确性、可靠性和减少冗余信息,其广泛应用于军事侦察、安防监控、交通监测等领域。

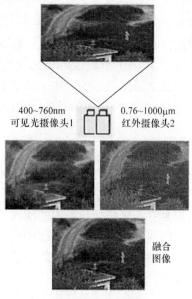

图 2.4 红外与可见光图像融合示意图

## 2.2.5 图像融合技术在其他领域的应用

除了以上介绍的图像融合研究领域,相关研究还包括高动态成像、水下图像融合、显微图像融合、红外强度图和偏振图像融合等方面。

### 2.2.5.1 高动态成像

图像的动态范围是指图像最高亮度水平与最低亮度水平之间的比率,自然场景中包含着大量亮度变化动态范围极大。人眼能够感受到非常广泛的亮度范围,使得我们可以观察到自然界中细微的对比度变化,并且能解释各种照明条件下的场景信息。但传统的摄像机或数码相机仅提供 8bit(256 级)的亮度信息,在某些情况下其所拍摄的图像会因太暗或者太饱和,而导致细节信息损失。与之相比,高动态范围图像能够表示更广泛的亮度和颜色值。更大的亮度范围可以极大地提高图像的整体质量,使其看起来更加真实。相比传统成像技术,高动态范围成像采用专业的高动态相机拍摄获得高动态范围图像,通过使用渲染工具从虚拟环境中获得高动态范围图像[120]，或者通过一幅或多幅低动态范围图像融合为一幅高动态范围图像[121]。

#### 2.2.5.2 水下图像融合

海洋工程中的许多水下图像普遍存在可见度低和模糊的问题，这主要是由于水下环境中光衰减引起的[122]，且由于水下不同波长的光被吸收的程度不同，导致了水下图像会出现偏色现象。此外，还有两种散射：一种是导致模糊的前向散射，另一种是后向散射会导致图像对比度降低[123]。以上问题导致拍摄一张高质量的水下图像非常困难，特别是在海洋应用领域，水下图像增强技术必不可少。水下图像增强的算法有很多，比如基于图像融合的方法、基于对比度和直方图的算法、基于Retinex模型的算法、基于滤波和其他信号处理方法的算法等方法[122]。

#### 2.2.5.3 显微图像融合

显微成像技术已广泛应用于材料、冶金、制药、生物、化工、食品等领域的科学研究和工程实践中。显微镜的光学镜头通常具有很高的分辨率，可以通过场景放大来研究微小物体，但是存在聚焦区域有限的问题，这会导致不在焦深范围内的图像区域会变得模糊，需要操作人员通过多次的对焦才能获得整个物体的清晰图像。显微图像融合技术可以将多个聚焦图像综合成一个单一的融合图像，成为解决以上问题的一种重要方式。

#### 2.2.5.4 红外强度图和偏振图像融合

红外强度图含有目标的热辐射信息，可以通过物体之间的温差区别不同的目标，具有丰富的目标低频特征信息。红外偏振图像通过目标辐射的偏振特性成像，可以增强目标与背景之间的对比度；但是光损失会导致偏振图亮度较低，并且会丢失具有更强红外辐射的目标[124]，导致图像仅具有物体的细节特征。由于红外偏振图所提供的信息与图像强度关系不大，且红外强度和红外偏振图可以为同一场景提供互补信息。因此，通过相应的融合算法，使得融合之后的图像同时具有物体的低频与细节特征，可以更好地区分目标和背景，得到更好的视觉特性。目前，该技术已应用于军事侦察、太空探索、救灾搜索等多个应用领域[125]。

### 参 考 文 献

[1] Li S, Kwok J T, Wang Y. Combination of images with diverse focuses using the spatial frequency[J]. Information Fusion, 2001, 2(3): 169-176.

[2] Jin X, Zhou D, Yao S, et al. Multi-focus image fusion method using S-PCNN optimized by particle swarm optimization[J]. Soft Computing, 2018, 22(19): 6395-6407.

[3] Huang W, Jing Z. Multi-focus image fusion using pulse coupled neural network[J]. Pattern Recognition Letters, 2007, 28(9): 1123-1132.

[4] He K, Gong J, Xu D. Focus-pixel estimation and optimization for multi-focus image fusion[J]. Multimedia Tools and Applications, 2022, 81(6): 7711-7731.

[5] He K, Zhou D, Zhang X, et al. Multi-focus image fusion combining focus-region-level partition and pulse-coupled neural network[J]. Soft Computing, 2019, 23(13): 4685-4699.

[6] Du J, Li W, Xiao B, et al. Union Laplacian pyramid with multiple features for medical image fusion[J]. Neurocomputing, 2016, 194: 326-339.

[7] Jin Z, Wang Y, Chen Z, et al. Medical image fusion in gradient domain with structure tensor[J]. Journal of Medical Imaging and Health Informatics, 2016, 6(5): 1314-1318.

[8] Wang K, Zheng M, Wei H, et al. Multi-modality medical image fusion using convolutional neural network and contrast pyramid[J]. Sensors, 2020, 20(8): 2169.

[9] Burt P J, Adelson E H. The Laplacian pyramid as a compact image code[J]. IEEE Transactions on Communications, 1983, 31(4): 532-540.

[10] Burt P J, Adelson E H. Merging images through pattern decomposition[C]. Applications of Digital Image Processing VIII, San Diego, United States, Augest 20-22, SPIE, 1985, 0575: 173-181.

[11] Aiazzi B, Alparone L, Barducci A, et al. Multispectral fusion of multisensor image data by the generalized Laplacian pyramid[C]. IEEE International Geoscience and Remote Sensing Symposium, Hamburg, Germany, IEEE, 1999, 2: 1183-1185.

[12] Aiazzi B, Alparone L, Baronti S, et al. MTF-tailored multiscale fusion of high-resolution MS and Pan imagery[J]. Photogrammetric Engineering and Remote Sensing, 2006, 72(5): 591-596.

[13] Wang J, Ke C, Wu M, et al. Infrared and visible image fusion based on Laplacian pyramid and generative adversarial network[J]. KSII Transactions on Internet and Information Systems, 2021, 15(5): 1761-1777.

[14] Burt P J, Kolcznski R J. Enhanced image capture through fusion[C]. Proceedings of IEEE Interational Conference on Computer Vision (ICCV), Berlin, Germany, IEEE, 1993: 173-182.

[15] Petrovic V S, Xydeas C S. Gradient-based multiresolution image fusion[J]. IEEE Transactions on Image Processing, 2004, 13(2): 228-237.

[16] 杨九章, 刘炜剑, 程阳. 基于对比度金字塔与双边滤波的非对称红外与可见光图像融合[J]. 红外技术, 2021, 43(9): 840-844.

[17] 汪荣贵, 王静, 杨娟, 等. 基于红外和可见光模态的随机融合特征金字塔行人重识别[J]. 光电工程, 2020, 47(12): 25-36.

[18] Jin X, Hou J, Nie R, et al. A lightweight scheme for multi-focus image fusion[J]. Multimedia Tools and Applications, 2018, 77(18): 23501-23527.

[19] Sharma A M, Dogra A, Goyal B, et al. From pyramids to state-of-the-art: a study and comprehensive comparison of visible-infrared image fusion techniques[J]. IET Image Processing, 2020, 14(9): 1671-1689.

[20] Li H, Manjunath B S, Mitra S K. Multisensor image fusion using the wavelet transform[C]. Proceedings of 1st International Conference on Image Processing, Austin, United States,

November 13-16, IEEE, 1994, 1: 51-55.

[21] Mallat S G. A theory for multiresolution signal decomposition: the wavelet representation[J]. IEEE Transactions on Pattern Analysis and Machine Intelligence, 1989, 11(7): 674-693.

[22] Bhavana V, Krishnappa H K. Multi-modality medical image fusion using discrete wavelet transform[J]. Procedia Computer Science, 2015, 70: 625-631.

[23] Zheng Y, Essock E A, Hansen B C, et al. A new metric based on extended spatial frequency and its application to DWT based fusion algorithms[J]. Information Fusion, 2007, 8(2): 177-192.

[24] Du S Y, Wang X H, Zhang B M, et al. Research progress in characterization of interface mechanical behavior of single fiber reinforced composites[J]. Journal of Harbin Institute of Technology, 2010, 42(7): 1095-1099,1136.

[25] Chai Y, Li H F, Guo M Y. Multifocus image fusion scheme based on features of multiscale products and pcnn in lifting stationary wavelet domain[J]. Optics Communications, 2011, 284(5): 1146-1158.

[26] Aymaz S, Kose C. A novel image decomposition-based hybrid technique with super-resolution method for multi-focus image fusion[J]. Information Fusion, 2019, 45: 113-127.

[27] Talbi H, Kholladi M K. DEPSO With DTCWT Algorithm for Multimodal Medical Image Fusion[J]. International Journal of Applied Metaheuristic Computing (IJAMC), 2021, 12(4): 78-97.

[28] Ravichandran C G, Selvakumar R. Multimodal medical image fusion using dual-tree complex wavelet transform (DTCWT) with modified lion optimization technique (mLOT) and intensity co-variance verification (ICV)[J]. The Applied Computational Electromagnetics Society Journal, 2016, 31(6): 717-730.

[29] Zou Y, Liang X, Wang T. Visible and infrared image fusion using the lifting wavelet[J]. Telkomnika Indonesian Journal of Electrical Engineering, 2013, 11(11): 6290-6295.

[30] Wang Z, Gong C. A multi-faceted adaptive image fusion algorithm using a multi-wavelet-based matching measure in the pcnn domain[J]. Applied Soft Computing, 2017, 61: 1113-1124.

[31] Ch M M I, Riaz M M, Iltaf N, et al. Shift-invariant discrete wavelet transform-based sparse fusion of medical images[J]. Signal, Image and Video Processing, 2021, 17: 881-889.

[32] Mehra I, Nishchal N K. Image fusion using wavelet transform and its application to asymmetric cryptosystem and hiding[J]. Optics Express, 2014, 22(5): 5474-5482.

[33] Luo X, Zhang Z, Wu X. A novel algorithm of remote sensing image fusion based on shift-invariant Shearlet transform and regional selection[J]. AEU-International Journal of Electronics and Communications, 2016, 70(2): 186-197.

[34] Do M N, Vetterli M. The contourlet transform: an efficient directional multiresolution image representation[J]. IEEE Transactions on Image Processing, 2005, 14(12): 2091-2106.

[35] Guo L, Dai M, Zhu M. Multifocus color image fusion based on quaternion curvelet transform[J]. Optics Express, 2012, 20(17): 18846-18860.

[36] Da Cunha A L, Zhou J, Do M N. The nonsubsampled contourlet transform: Theory, design, and applications[J]. IEEE Transactions on Image Processing, 2006, 15(10): 3089-3101.

[37] Qu X, Yan J, Xiao H, et al. Image fusion algorithm based on spatial frequency-motivated pulse

coupled neural networks in nonsubsampled contourlet transform domain[J]. Acta Automatic Sinica, 2008, 34(12): 1508-1514.

[38] Fu Z, Wang X, Xu J, et al. Infrared and visible images fusion based on RPCA and NSCT[J]. Infrared Physics & Technology, 2016, 77: 114-123.

[39] Yang Y, Que Y, Huang S, et al. Multimodal sensor medical image fusion based on type-2 fuzzy logic in NSCT domain[J]. IEEE Sensors Journal, 2016, 16(10): 3735-3745.

[40] Miao Q, Shi C, Xu P, et al. A novel algorithm of image fusion using shearlets[J]. Optics Communications, 2011, 284(6): 1540-1547.

[41] Easley G, Labate D, Lim W Q. Sparse directional image representations using the discrete shearlet transform[J]. Applied and Computational Harmonic Analysis, 2008, 25(1): 25-46.

[42] 葛雯, 姬鹏冲, 赵天臣. NSST 域模糊逻辑的红外与可见光图像融合[J]. 激光技术, 2016, 40(6): 892-896.

[43] 李威, 李忠民. NSST 域红外和可见光图像感知融合[J]. 激光与光电子学进展, 2021, 58(20): 2010014.

[44] Wan W, Yang Y, Lee H J. Practical remote sensing image fusion method based on guided filter and improved SML in the NSST domain[J]. Signal Image and Video Processing, 2018, 12(5): 959-966.

[45] Zafar I, Edirisinghe E A, Bez H E. Multi-exposure & multi-focus image fusion in transform domain[C]. IET International Conference on Visual Information Engineering, Bangalore, IET, 2006: 606-611.

[46] Haghighat M B A, Aghagolzadeh A, Seyedarabi H. Multi-focus image fusion for visual sensor networks in DCT domain[J]. Computers & Electrical Engineering, 2011, 37(5): 789-797.

[47] Piella G. Image fusion for enhanced visualization: avariational approach[J]. International Journal of Computer Vision, 2009, 83(1): 1-11.

[48] Sun J, Zhu H, Xu Z, et al. Poisson image fusion based on markov random field fusion model[J]. Information Fusion, 2013, 14(3): 241-254.

[49] Zhou Z, Li S, Wang B. Multi-scale weighted gradient-based fusion for multi-focus images[J]. Information Fusion, 2014, 20: 60-72.

[50] Donoho D L. Compressed sensing[J]. IEEE Transactions on Information Theory, 2006, 52(4): 1289-1306.

[51] Yang B, Li S. Multifocus image fusion and restoration with sparse representation[J]. IEEE Transactions on Instrumentation and Measurement, 2009, 59(4): 884-892.

[52] Yin M, Duan P, Liu W, et al. A novel infrared and visible image fusion algorithm based on shift-invariant dual-tree complex shearlet transform and sparse representation[J]. Neurocomputing, 2017, 226: 182-191.

[53] 刘先红, 陈志斌, 秦梦泽. 结合引导滤波和卷积稀疏表示的红外与可见光图像融合[J]. 光学精密工程, 2018, 26(5): 1242-1253.

[54] Wu M, Ma Y, Fan F, et al. Infrared and visible image fusion via joint convolutional sparse representation[J]. Journal of the Optical Society of America A, 2020, 37(7): 1105-1115.

[55] Rajalingam B, Al-Turjman F, Santhoshkumar R, et al. Intelligent multimodal medical image

fusion with deep guided filtering[J]. Multimedia Systems, 2022, 28(4): 1449-1463.

[56] Candes E J, Romberg J K, Tao T. Stable signal recovery from incomplete and inaccurate measurements[J]. Communications on Pure & Applied Mathematics, 2005, 59(8): 1207-1223.

[57] Lustig M, Donoho D L, Santos J M, et al. Compressed Sensing MRI[J]. IEEE Signal Processing Magazine, 2008, 25(2): 72-82.

[58] 陈柘, 钟晓荣, 张晓博. 压缩传感及其在医学图像融合中的应用[J]. 传感器与微系统, 2013, 32(9): 149-152.

[59] 王昕, 吉桐伯, 刘富. 结合目标提取和压缩感知的红外与可见光图像融合[J]. 光学精密工程, 2016, 24(7): 1743-1753.

[60] 张佳丽. 基于压缩感知耦合梯度下降的红外-可见光图像自适应融合算法[J]. 光学技术, 2019, 45(1): 70-77.

[61] Li J, Song M, Peng Y. Infrared and visible image fusion based on robust principal component analysis and compressed sensing[J]. Infrared Physics & Technology, 2018, 89: 129-139.

[62] Li J, Guo X, Lu G, et al. DRPL: Deep regression pair learning for multi-focus image fusion[J]. IEEE Transactions on Image Processing, 2020, 29: 4816-4831.

[63] Gao W, Yu L, Tan Y, et al. MSIMCNN: Multi-scale inception module convolutional neural network for multi-focus image fusion[J]. Applied Intelligence, 2022, 52(12): 14085-14100.

[64] He M, Yu S, Nie R, et al. Preference learning to multi-focus image fusion via generative adversarial network[J]. IEEE Transactions on Cognitive and Developmental Systems, 2022, 14(4): 1604-1614.

[65] Krizhevsky A, Sutskever I, Hinton G E. ImageNet classification with deep convolutional neural networks[J]. Communications of the ACM, 2017, 60(6): 84-90.

[66] Liu Y, Chen X, Peng H, et al. Multi-focus image fusion with a deep convolutional neural network[J]. Information Fusion, 2017, 36: 191-207.

[67] Prabhakar K R, Srikar V S, Babu R V. DeepFuse: A deep unsupervised approach for exposure fusion with extreme exposure image pairs[C]. IEEE International Conference on Computer Vision (ICCV), Venice, Italy, IEEE, 2017: 4724-4732.

[68] Peña F A G, Fernández P D M, Ren T I, et al. A Multiple Source Hourglass Deep Network for Multi-Focus Image Fusion[EB/OL]. arXiv preprint, 2019, arXiv: 1908.10945.

[69] Wang C, Zhou D, Zang Y, et al. A deep and supervised atrous convolutional model for multi-focus image fusion[J]. IEEE Sensors Journal, 2021, 21(20): 23069-23084.

[70] Ma B, Zhu Y, Yin X, et al. SESF-Fuse: an unsupervised deep model for multi-focus image fusion[J]. Neural Computing and Applications, 2021, 33(11): 5793-5804.

[71] Hu X, Jiang J, Liu X, et al. Zero-shot multi-focus image fusion[C]. IEEE International Conference on Multimedia and Expo (ICME), ShenZhen, China, IEEE, 2021: 1-6.

[72] Liu Y, Chen X, Cheng J, et al. A medical image fusion method based on convolutional neural networks[C]. International Conference on Information Fusion, Xi'an, China, IEEE, 2017: 1-7.

[73] Hermessi H, Mourali O, Zagrouba E. Convolutional neural network-based multimodal image fusion via similarity learning in the shearlet domain[J]. Neural Computing and Applications, 2018, 30(7): 2029-2045.

[74] Fan F, Huang Y, Wang L, et al. A Semantic-based Medical Image Fusion Approach[EB/OL]. arXiv preprint, 2019, arXiv: 1906.00225.

[75] Wu H, Chen Y, Huang B, et al. Contour-based medical image fusion for biopsy[C]. International Conference on Advanced Computational Intelligence (ICACI), Dali, China, IEEE, 2020: 322-325.

[76] Masi G, Cozzolino D, Verdoliva L, et al. Pansharpening by convolutional neural networks[J]. Remote Sensing, 2016, 8(7): 594.

[77] He K, Zhang X, Ren S, et al. Deep residual learning for image recognition[C]. IEEE Conference on Computer Vision and Pattern Recognition (CVPR), Las Vegas, United States, IEEE, 2016: 770-778.

[78] Yang J, Fu X, Hu Y, et al. PanNet: A deep network architecture for Pan-sharpening[C]. IEEE International Conference on Computer Vision (ICCV), Venice, Italy, IEEE, 2017: 1753-1761.

[79] Dong C, Loy C C, He K, et al. Image super-resolution using deep convolutional networks[J]. IEEE Transactions on Pattern Analysis and Machine Intelligence, 2016, 38(2): 295-307.

[80] Yuan Q, Wei Y, Meng X, et al. A multiscale and multidepth convolutional neural network for remote sensing imagery pan-sharpening[J]. IEEE Journal of Selected Topics in Applied Earth Observations and Remote Sensing, 2018, 11(3): 978-989.

[81] Liu X, Liu Q, Wang Y. Remote sensing image fusion based on two-stream fusion network[J]. Information Fusion, 2020, 55: 1-15.

[82] Chi Y, Li J, Fan H. Pyramid-attention based multi-scale feature fusion network for multispectral pan-sharpening[J]. Applied Intelligence, 2021, 52(5): 5353-5365.

[83] Peng J, Liu L, Wang J, et al. PSMD-Net: A novel pan-sharpening method based on a multiscale dense network[J]. IEEE Transactions on Geoscience and Remote Sensing, 2021, 59(6): 4957-4971.

[84] Wang J, Shao Z, Huang X, et al. A dual-path fusion network for Pan-Sharpening[J]. IEEE Transactions on Geoscience and Remote Sensing, 2022, 60(5403214): 1-14.

[85] Li W, Liang X, Dong M. MDECNN: A multiscale perception dense encoding convolutional neural network for multispectral Pan-sharpening[J]. Remote Sensing, 2021, 13(3): 535.

[86] Szegedy C, Liu W, Jia Y, et al. Going deeper with convolutions[C]. IEEE Conference on Computer Vision and Pattern Recognition (CVPR), Boston, United States, IEEE, 2015:1-9.

[87] Mnih V, Heess N, Graves A. Recurrent models of visual attention[C]. Advances in Neural Information Processing Systems, Montreal, Canada, 2014: 2204-2212.

[88] Zhang W, Li J, Hua Z. Attention based Tri-UNet for remote sensing image Pan-sharpening[J]. IEEE Journal of Selected Topics in Applied Earth Observations and Remote Sensing, 2021, 14: 3719-3732.

[89] Zhang W, Li J, Hua Z. Attention-Based multistage fusion network for remote sensing image Pan-sharpening[J]. IEEE Transactions on Geoscience and Remote Sensing, 2022, 60(5405416): 1-16.

[90] Xiang Z, Xiao L, Liao W, et al. MC-JAFN: Multilevel contexts-based joint attentive fusion network for Pan-sharpening[J]. IEEE Geoscience and Remote Sensing Letters, 2022,

19(5002005): 1-5.

[91] Woo S, Park J, Lee J Y, et al. CBAM: Convolutional block attention module[C]. European Conference on Computer Vision, Munich, Germany, IEEE, 2018: 3-19.

[92] Tang W, Liu Y, Zhang C, et al. Green fluorescent protein and phase-contrast image fusion via generative adversarial networks[J]. Computational and mathematical methods in medicine, 2019: 5450373.

[93] Liu Q, Zhou H, Xu Q, et al. PSGAN: A generative adversarial network for remote sensing image Pan-sharpening[J]. IEEE Transactions on Geoscience and Remote Sensing, 2021, 59(12): 10227-10242.

[94] Luo X, Tong X, Hu Z. Improving satellite image fusion via generative adversarial training[J]. IEEE Transactions on Geoscience and Remote Sensing, 2021, 59(8): 6969-6982.

[95] Ma J, Yu W, Chen C, et al. Pan-GAN: An unsupervised pan-sharpening method for remote sensing image fusion[J]. Information Fusion, 2020, 62: 110-120.

[96] Zhou H, Liu Q, Wang Y. PGMAN: An unsupervised generative multi-adversarial network for Pan-sharpening[J]. IEEE Journal of Selected Topics in Applied Earth Observations and Remote Sensing, 2021, 14: 6316-6327.

[97] Zhou H, Liu Q, Weng D, et al. Unsupervised cycle-consistent generative adversarial networks for Pan-sharpening[J]. IEEE Transactions on Geoscience and Remote Sensing, 2022, 60(5408814): 1-14.

[98] Ma J, Ma Y, Li C. Infrared and visible image fusion methods and applications: A survey[J]. Information Fusion, 2019, 45: 153-178.

[99] Ma J, Yu W, Liang P, et al. FusionGAN: A generative adversarial network for infrared and visible image fusion[J]. Information Fusion, 2019, 48: 11-26.

[100] Li Q L, Lu L, Li Z, et al. Coupled GAN with relativistic discriminators for infrared and visible images fusion[J]. IEEE Sensors Journal, 2021, 21(6): 7458-7467.

[101] Nair R R, Singh T, Sankar R, et al. Multi-modal medical image fusion using LMF-GAN - A maximum parameter infusion technique[J]. Journal of Intelligent and Fuzzy Systems, 2021, 41(5): 5375-5386.

[102] Kang L, Ye P, Li Y, et al. Convolutional neural networks for no-reference image quality assessment[C]. IEEE Conference on Computer Vision and Pattern Recognition, Columbus, United States, IEEE, 2014: 1733-1740.

[103] Wang C, Yang G, Papanastasiou G, et al. DiCyc: GAN-based deformation invariant cross-domain information fusion for medical image synthesis[J]. Information Fusion, 2020, 67: 147-160.

[104] Haydn R, Dalke G W, Henkel J, et al. Application of the IHS color transform to the processing of multisensor data and image enhancement[J]. Proceedings of the National Academy of Sciences of the United States of America, 1982, 79(13): 571-577.

[105] 常庆瑞, 蒋平安, 周勇, 等. 遥感技术导论[M]. 北京: 科学出版社, 1987.

[106] Chavez P S, Sides S C, Anderson J A. Comparison of three different methods to merge multiresolution and multispectral data: Landsat TM and SPOT panchromatic[J].

Photogrammetric Engineering and Remote Sensing, 1991, 57(3): 265-303.

[107] Tu T M, Huang P S, Hung C L, et al. A fast intensity-hue-saturation fusion technique with spectral adjustment for IKONOS imagery[J]. IEEE Geoscience and Remote Sensing Letters, 2004, 1(4): 309-312.

[108] Bao W, Zhu X. A novel remote sensing image fusion approach research based on HSV space and bi-orthogonal wavelet packet transform[J]. Journal of the Indian Society of Remote Sensing, 2015, 43(3): 467-473.

[109] Shettigara V K. A generalized component substitution technique for spatial enhancement of multispectral images using a higher resolution data set[J]. Photogrammetric Engineering and Remote Sensing, 1992, 58(5): 561-567.

[110] Zebhi S, Sahaf M, Sadeghi M T. Image fusion using PCA in CS domain[J]. Signal & Image Processing: An International Journal, 2012, 3(4): 153-161.

[111] Yang S, Wang M, Jiao L. Fusion of multispectral and panchromatic images based on support value transform and adaptive principal component analysis[J]. Information Fusion, 2012, 13(3): 177-184.

[112] Farbman Z, Fattal R, Lischinski D, et al. Edge-preserving decompositions for multi-scale tone and detail manipulation[J]. ACM Transactions on Graphics, 2008, 27(3): 1-10.

[113] Li S, Kang X, Hu J. Image Fusion With Guided Filtering[J]. IEEE Transactions on Image Processing, 2013, 22(7): 2864-2875.

[114] Bavirisetti D P, Dhuli R. Fusion of infrared and visible sensor images based on anisotropic diffusion and Karhunen-Loeve transform[J]. IEEE Sensors Journal, 2016, 16(1): 203-209.

[115] Meng F, Song M, Guo B, et al. Image fusion based on object region detection and non-subsampled contourlet transform[J]. Computers & Electrical Engineering, 2017, 62: 375-383.

[116] Bhat S, Koundal D. Multi-focus image fusion techniques: A survey[J]. Artificial Intelligence Review, 2021, 54(8): 5735-5787.

[117] Liu Y, Wang L, Cheng J, et al. Multi-focus image fusion: A survey of the state of the art[J]. Information Fusion, 2020, 64: 71-91.

[118] Ghassemian H. A review of remote sensing image fusion methods[J]. Information Fusion, 2016, 32: 75-89.

[119] Cliche G, Bonn F, Teillet P. Integration of the SPOT panchromatic channel into its multispectral mode for image sharpness enhancement[J]. Photogrammetric Engineering and Remote Sensing, 1985, 51(3): 311-316.

[120] Wang L, Yoon K J. Deep Learning for HDR imaging: State-of-the-Art and future trends[J]. IEEE Transactions on Pattern Analysis and Machine Intelligence, 2021, 44(12): 8874-8895.

[121] Yan Q, Zhang L, Liu Y, et al. Deep HDR imaging via a non-local network[J]. IEEE Transactions on Image Processing, 2020, 29: 4308-4322.

[122] Wang R, Wang Y, Zhang J, et al. Review on underwater image restoration and enhancement algorithms[C]. Proceedings of the 7th International Conference on Internet Multimedia Computing and Service, Zhangjiajie, China, ACM, 2015, 56: 1-6.

[123] Wang Y, Ding X, Wang R, et al. Fusion-based underwater image enhancement by wavelet decomposition[C]. IEEE International Conference on Industrial Technology (ICIT), Singapore, IEEE, 2017: 1013-1018.

[124] Xia W, Runqiu X, Weiqi J, et al. Technology progress of infrared polarization imaging detection[J]. Infrared and Laser Engineering, 2014, 43(10): 3175-3182.

[125] Zhang X, Ding Q, Luo H, et al. Infrared small target detection based on an image-patch tensor model[J]. Infrared Physics & Technology, 2019, 99: 55-63.

# 第3章 基于静态小波与离散余弦变换的红外与可见光图像融合

红外图像和可见光图像融合是图像融合技术中较具代表性的技术之一[1]。可见光图像能表示可见光照条件下的场景信息，具有较丰富的细节特征信息；但在光照不佳(微光或夜间)的情况下，可见光图像质量会明显下降，导致其不能有效描述场景或目标信息[2]。红外图像传感器可根据物体或场景的热辐射情况采集场景图像，采集到的信息往往是不可见的。但红外图像对可见光信息不敏感，且噪声较为严重[3]。因此，红外与可见光图像具有较强的互补性，对两种图像的有效融合可以获得更为准确的场景描述，使得这类图像的融合技术被广泛应用于军事侦察、农业自动化、生物识别、医疗、遥感、工业测试、文物保护等领域[4-10]。

红外与可见光图像融合的关键是有效提取红外图像中的区域特征和可见光图像中的细节特征，且一般应用于便携式设备中，如夜视仪等，因此，对融合算法的复杂度要求较高。多尺度图像分析技术可通过其多尺度、多方向分解能力获得这些图像的关键特征，然后利用融合规则进行融合。但传统多尺度分析技术一般不具有平移不变性，导致其对图像的细节表达能力有限，如 LPT 与 WT；而非下采样的多尺度分析技术一般运行量较大且较为复杂[4]，如 NSCT[11]与 NSST[3]。为了有效融合红外与可见光图像中的区域与细节特征，本节利用兼具传统多尺度分析与非下采样多尺度分析技术优势的静态小波变换(stationary wavelet transform，SWT)[12]对源图像进行分解；同时，利用较为成熟且简单易实现的 DCT 与局部空间频率对 SWT 子图像的区域和细节特征进行提取，使得最终融合的图像同时具有红外图像的区域特征和可见光图像的细节。

## 3.1 概　　况

红外图像是由红外传感器根据不同物体或场景的热辐射采集而来，可以较为准确地显示物体的热辐射差异，对高温物体较为敏感，而可见光图像通常不能体现这些信息[13]。可见光图像主要记录人眼可见的物体和场景反射光，可以有效描述场景中的可见边缘和细节信息[14]。红外和可见光图像融合的目的是合成一幅综合图像，使其同时兼具可见光图像的细节和红外图像的区域目标信息[15]。因此，红外与可见光图像融合技术常被用于夜视设备中，可以大幅度提高人类和机器设备的夜间活动能力，其在安防和军事方面的应用需求是这项技术发展的重要驱动力[16]。

然而，新型多尺度分析方法的出现，使得其在图像融合中的应用需要持续性探索，仍有许多没有被完全解决的问题。一方面，由于现有的红外和可见光图像融合技术无法满足计算机和传感器技术的快速发展；另一方面，人们生活方式的不断改变对相关技术提出了越来越多的新需求，基于红外和可见光图像融合技术被应用于安防监控、军事等领域，这些应用驱使着相关技术不断发展[1]。

红外与可见光图像融合技术按照特征提取的尺度可分为基于像素和基于区域的两类方法[1]。基于像素的融合技术在图像的最低物理层(像素水平)进行处理。这类技术通过量化图像像素(或变换域系数)质量对其进行融合操作[1]。在自然场景中，目标的红外辐射越强，则其在红外图像中的显著性就越明显。因此，用特定算法提取图像中具有显著红外特征的区域是基于区域的图像融合技术中最为重要的步骤[17]。

红外与可见光图像融合技术有两类关键特征信息：一是红外图像的目标信息，对目标区域的准确提取是提高融合效果的重要因素；二是可见光图像中的人眼可见细节信息，丰富的细节信息为人类视觉提供了可靠的场景和目标描述[1]。变换域图像分析技术是图像融合中最为活跃的研究领域，但红外与可见光图像融合技术常用于便携式或运算资源有限的设备中，因此复杂的变换域算法限制较多[18]。红外与可见光图像融合领域对复杂性和存储空间要求低的技术有较大需求。因此，本章基于现有相对简单且较为成熟的技术提出一种基于 SWT、DCT 与局部空间频率(local spatial frequency，LSF)相结合的红外与可见光图像融合方法；其中，SWT 实现源图像分解，DCT 与 LSF 实现源图像区域与细节特征的提取。

## 3.2 离散静态小波与离散余弦变换理论

### 3.2.1 离散静态小波算法

普通小波变换方法一般不具有平移不变性，造成其无法精确地表达源图像细节；此外，普通小波变换大多进行了下采样操作，导致其滤波结果会在信号间断点处产生视觉失真；另外，小波变换属于非冗余算法，新的子图像大小是上层图像的1/4，在一定程度上致使其容易出现信息丢失的问题。因此，Nason 和 Silverman 提出 SWT 来解决传统小波的位移不变性问题[19]。SWT 采用非下采样滤波器分解图像，去掉了下采样算子，使用冗余分解来获得平移不变性[20,21]。此外，变换后的子图像尺寸与源图像一致，可以保留更多源图像的细节信息。SWT 的上述优点使其较为适用于图像融合[22]。因此，本章利用 SWT 将源图像分解为不同层次和不同方向的子图像，以实现图像不同尺度特征的提取和分离。

SWT 是一种基于离散小波变换且具有平移不变性的分析方法[23]。为保持信号长度不变，SWT 对分解信号进行高、低通滤波以后不进行抽样操作。对于一个大小为 $M \times N$ 图像，将函数 $f(x)$ 投影到子集 $V_j(\cdots \subset V_3 \subset V_2 \subset V_1 \subset V_0)$ 的每一层 $j$ 上，由此可以得到 $f(x)$ 和尺度函数 $\varphi(x)$ 平移及扩展后的内积系数 $C_{j,k}$：

$$C_{j,k} = \langle f(x), \varphi_{j,k}(x) \rangle \tag{3-1}$$

$$\varphi_{j,k}(x) = 2^{-j}\varphi(2^{-j}x - k) \tag{3-2}$$

其中，$\varphi(x)$ 为低通滤波器的尺度函数，$C_{j,k}$ 称为在分辨率 $2^j$ 上的离散近似分量。

设 $\varphi(x)$ 为小波函数，则小波系数可以由式(3-3)表示：

$$\omega_{j,k} = \langle f(x), 2^{-j}\phi(2^{-j}x - k) \rangle \tag{3-3}$$

$\omega_{j,k}$ 称为在分辨率 $2^j$ 上的离散细节分量。在 SWT 每一个尺度进行滤波器卷积之前，先进行一个上采样过程代替传统算法的下采样，从第 $j$ 层到 $j+1$ 层样本的距离会变为原来的 2 倍[21]。$C_{j+1,k}$ 由式(3-4)得到：

$$C_{j+1,k} = \sum_l h(l) C_{j,k+2^j l} \tag{3-4}$$

离散小波系数为式(3-5)所示：

$$\omega_{j+1,k} = \sum_l g(l) C_{j,k+2^j l} \tag{3-5}$$

其中，$h$ 和 $g$ 分别表示小波变换的高通滤波器和低通滤波器。此变换的冗余性更有利于表现确定信号的显著特征。

以上是一维信号的 SWT 变换。对于二维的图像信号，分离出变量 $x$ 和 $y$ 后，可得三种高频小波分量：垂直、水平、对角。因此，除低频子图像之外，高频细节信号还包含 3 个子图像，如式(3-6)~式(3-9)所示：

$$L_{j+1}(k_x, k_y) = \sum_{l_x=-\infty}^{+\infty} \sum_{l_y=-\infty}^{+\infty} h(l_x) h(l_y) C_{j,k+2^j}(l_x, l_y) \tag{3-6}$$

$$\omega^h{}_{j+1}(k_x, k_y) = \sum_{l_x=-\infty}^{+\infty} \sum_{l_y=-\infty}^{+\infty} g(l_x) h(l_y) C_{j,k+2^j}(l_x, l_y) \tag{3-7}$$

$$\omega^v{}_{j+1}(k_x, k_y) = \sum_{l_x=-\infty}^{+\infty} \sum_{l_y=-\infty}^{+\infty} h(l_x) g(l_y) C_{j,k+2^j}(l_x, l_y) \tag{3-8}$$

$$\omega^d{}_{j+1}(k_x, k_y) = \sum_{l_x=-\infty}^{+\infty} \sum_{l_y=-\infty}^{+\infty} g(l_x) g(l_y) C_{j,k+2^j}(l_x, l_y) \tag{3-9}$$

其中，$k_x = 1, 2, 3, \cdots, M$ 和 $k_y = 1, 2, 3, \cdots, N$；$L_{j+1}(k_x, k_y)$ 表示第 $j$ 层的近似系数(低频系数)；$\omega^h{}_{j+1}(k_x, k_y)$、$\omega^v{}_{j+1}(k_x, k_y)$ 和 $\omega^d{}_{j+1}(k_x, k_y)$ 分别表示图像进行 SWT 分解以后的第 $j$ 层的细节系数(高频系数)，包括：水平、垂直、对角线三个方向；$h(l_x)$ 和 $h(l_y)$ 表示低通滤波器；$g(l_x)$ 和 $g(l_y)$ 表示高通滤波器；$L_{j+1}$ 和 $C_{j,k+2^j}$ 分别

表示第 $j$ 和 $(j+1)$ 层的低频子带；$l_x$ 和 $l_y$ 分别表示 $x$ 轴和 $y$ 轴位移[23,24]。

### 3.2.2 离散余弦变换算法

在图像处理领域，DCT 是一种常用正交变换算法，其突出优点是信息压缩能力。它可将源图像的能量主要特征集中于一小部分 DCT 系数。DCT 变换具有对图像高相关性信息的熵压缩能力，使其可以有效提取图像信息，成为图像处理领域最为重要的技术之一[25]。DCT 算法非常成熟，且容易实现，在图像处理中较为常用。对于一个 $N \times N$ 的图像块，二维 DCT 及其逆变换过程分别如式(3-10)和式(3-11)描述：

$$F(m,n) = \frac{2}{N} c(m)c(n) \sum_{i=0}^{N-1} \sum_{j=0}^{N-1} f(i,j) \cos\left(\frac{\pi(2i+1)m}{2N}\right) \cos\left(\frac{\pi(2j+1)n}{2N}\right), m,n = 0,1,\cdots,N-1$$

(3-10)

$$f(m,n) = \frac{2}{N} \sum_{i=0}^{N-1} \sum_{j=0}^{N-1} c(m)c(n) F(i,j) \cos\left(\frac{\pi(2i+1)m}{2N}\right) \cos\left(\frac{\pi(2j+1)n}{2N}\right), m,n = 0,1,\cdots,N-1$$

(3-11)

其中，$f(m,n)$ 表示图像在空域中第 $(m,n)$ 个像素的像素值，$F(m,n)$ 表示在 DCT 域中第 $(m,n)$ 个系数；$c(k)$ 是相乘因子，如式(3-12)所示：

$$c(k) = \begin{cases} \frac{1}{\sqrt{2}}, & \text{if } k = 0 \\ 1, & \text{if } k > 0 \end{cases}$$

(3-12)

## 3.3 变换域红外与可见光图像融合方案

基于以上介绍，本章提出一种结合 SWT、DCT 和 LSF 的红外与可见光图像融合算法，命名为 SWT+DCT_LSF。在该方法中，源图像首先被 SWT 分解为相应的子图像，这些子图像包含了源图像的重要特征信息。其高频子带系数在零点附近波动，且绝对值较大的系数表示源图像的亮度突变性，与源图像的边缘、区域边界等信息对应；低频子带系数反映了源图像的近似和平均特性，集中了源图像大部分区域分布信息。DCT 变换可根据不同图像频率的能量，对 SWT 的子图像进行特征提取。由于 DCT 对图像块内的单个独立像素进行操作，基本不包含图像的局部信息。因此，本章采用 LSF 进一步增强 DCT 系数的局部特征，以有效提取图像的目标区域信息。最后通过融合规则融合 DCT 的系数。图 3.1 为 SWT+DCT_LSF 方法框图。

### 3.3.1 DCT 系数的局部空间频率

首先，利用 SWT 对源图像进行多尺度分解，以得到包含图像细节特征的高

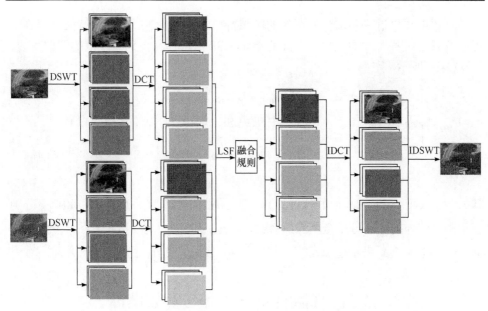

图 3.1 基于静态小波与离散余弦变换的红外与可见光图像融合算法框图

频子图像和图像平缓特征的低频子图像；然后，采用 DCT 根据图像频率能量进一步提取其细节特征，以 DCT 域变换系数的形式表现。由于以上处理过程对图像区域特征的考虑有限，导致其不能有效提取红外图像的热辐射目标或区域信息。而 LSF 可以有效地表示源图像的区域特征[26]。因此，本章采用 LSF 对图像局部特征进行提取。在该方法中，DCT 系数的 LSF 值可以表示子图像的区域信息，有利于提取源图像的区域特征，可以通过比较 LSF 值来融合 DCT 系数。具体计算方法如式(3-13)～式(3-15)所示。

$$\text{LSF} = \sqrt{\text{LRF}^2 + \text{LCF}^2} \tag{3-13}$$

$$\text{LRF}(i,j) = \sqrt{\frac{1}{w^2}\sum_{i=1}^{w}\sum_{j=2}^{w}[\text{DCT}(i,j) - \text{DCT}(i,j-1)]^2} \tag{3-14}$$

$$\text{LCF} = \sqrt{\frac{1}{w^2}\sum_{j=2}^{w}\sum_{i=1}^{w}[\text{DCT}(i,j) - \text{DCT}(i-1,j)]^2} \tag{3-15}$$

其中，$w$ 表示 LSF 窗口的尺寸，$\text{DCT}(i,j)$ 是 DCT 在窗口中 $(i,j)$ 位置的系数。

### 3.3.2 融合规则

融合规则用于确定哪些像素或系数可以被融合到最终图像，对红外和可见光图像融合效果有很大影响。在 DCT 域，其系数的大小可以反映源图像的细节特征；而 LSF 可以进一步增强源图像的区域特征，使图像细节和区域特征都得到了提取及表达。因此，可以根据 DCT 系数的 LSF 值选择和识别高质量的图像系数，如式(3-16)所示。

$$FC_{ij} = \begin{cases} (C_{0-ij} + C_{1-ij})/2, & \text{abs}(LSF_{0-ij} - LSF_{1-ij}) \leqslant 0.015 \\ C_{0-ij}, & \{\text{abs}(LSF_{0-ij} - LSF_{1-ij}) > 0.015\} \& \& (LSF_{0-ij} > LSF_{1-ij}) \\ C_{1-ij}, & \{\text{abs}(LSF_{0-ij} - LSF_{1-ij}) > 0.015\} \& \& (LSF_{0-ij} < LSF_{1-ij}) \end{cases}$$

(3-16)

其中，$ij$ 表示 DCT 域系数的位置；$FC_{ij}$ 表示融合的 DCT 系数；$C_{0-ij}$ 和 $C_{1-ij}$ 分别表示来自红外图像和可见光图像的系数；$LSF_{0-ij}$ 和 $LSF_{1-ij}$ 表示 DCT 在 $ij$ 位置的局部空间频率；&& 表示逻辑运算"与"；abs 表示"取绝对值"操作。

## 3.4 图像融合算法步骤与参数设置

一般情况下，小波分解的层数越多，所得子图像的频率范围就越丰富，子图像的细节信息也越为详细。但随着分解层数的增多，子图像数量也会增多，从而会导致运算量变大。所以分解层数要适当选取，不易过高。此外，SWT+DCT_LSF 方法只有三个参数需要设置，即融合规则的阈值、DCT 和 LSF 的窗口大小。由于三个参数的调节范围较小，且几乎不需要先验知识，使得该方法的参数设置比较容易。具体来说，DCT 的图像分块大小对融合性能有所影响，需要根据算法特点和反复实验确定，SWT+DCT_LSF 最终确定 4×4 的窗口可以获得更好的融合效果。在 LSF 中，如果窗口设置太大，会得到太多不必要的局部信息，同时对图像产生平滑作用，导致红外区域的边缘信息损失。因此，SWT+DCT_LSF 选择最小的窗口，即 3×3 的窗口来实现 LSF 对图像局部特征的提取。SWT+DCT_LSF 方法如图 3.1 所示，融合步骤如下：

步骤 1：对红外和可见光图像进行三层 SWT 分解，以得到若干低频子图像和高频子图像；

步骤 2：在 SWT 域，利用 DCT 将各个子图像的主要特征压缩于一小部分系数；

步骤 3：计算每个子图像 DCT 域的 $LSF_{ij}$；

步骤 4：根据式(3-16)所示融合规则对 DCT 系数进行融合操作；

步骤 5：根据融合的 DCT 系数，利用逆 DCT 操作重建新的 SWT 子图像；

步骤 6：根据 SWT 子图像，利用逆 SWT 操作重建融合图像。

## 3.5 实验与分析

为了验证所提算法的有效性,本章利用了一些常用的红外与可见光图像作为实验样本。同时选取了一些传统算法作对比,包括形态差异金字塔(morphological difference pyramid, MDP)、RP、离散余弦谐波变换(discrete cosine harmonic wavelet transform, DCHWT)[27]、WT、DTCWT、NSCT[28]、NSST[29]、二尺度图像和显著性检测(two-scale image and saliency detection, TSSD)[30]、各向异性扩散和 karhunen-loeve 变换(anisotropic diffusion and karhunen-loeve transform, ADF)[31]、四阶偏微分(fourth order partial differential equations, FPDE)[32]、语义增强(context enhancement, GFCE)[33]、基于高斯和双边滤波器的多尺度分解(multi-scale decomposition with Gaussian and bilateral filters, MSD)[34]。为了从客观上评价各算法的性能,本章采用一些常用的融合图像质量评价指标来量化评估融合图像质量,包括 MV、$Q^{abf}$、MI、SD、SF、EN。

第一组源图像为 Bristol Queen's road,宽高为 496×632 像素,该图像为夜间街景图像,包括行人、车辆、建筑物、公共设施等不同目标,可通过融合图像的红外目标和可见光细节信息判断融合算法的优劣;其融合图像如图 3.2 所示。可以看出本章所介绍的算法可较好地提取源图像主要特征,可见光图像的细节信息和红外图像的热辐射特征都较为突出,且分辨率高于其他算法的融合图像。图 3.2(c)、(d)、(e)、(k)、(l)和(n)中出现了较为明显的伪影;此外,图 3.2(m)中源图像的部分细节出现了被平滑的现象。图(n)的亮度明显高于任何一幅源图像,且图中出现大量源图像明显不具有的边缘细节。从本组实验中可知,SWT+DCT_LSF 算法所得融合图像的亮度与源图像较为接近,且与红外图像较为接近。

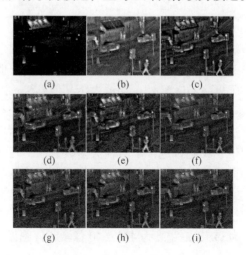

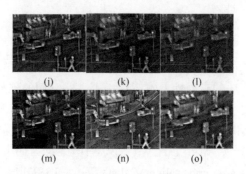

图 3.2 不同方法所得第一组样本的融合图像：(a) VI；(b) IR；(c) MDP；(d) RP；(e) DCHWT；(f) WT；(g) DTCWT；(h) NSCT；(i) NSST；(j) TSSD；(k) ADF；(l) FPDE；(m) MSD；(n) GFCE；(o) SWT+DCT_LSF

表 3.1 不同方法所得融合图像的客观指标

|  | MV | $Q^{abf}$ | MI | SD | SF | EN |
| --- | --- | --- | --- | --- | --- | --- |
| MDP | 50.2136 | 0.5727 | 1.7662 | 31.9488 | **13.5463** | 6.4539 |
| RP | 59.7711 | 0.2875 | 1.8827 | 27.5253 | 11.0701 | 6.1610 |
| DCHWT | 57.3042 | 0.4705 | 1.2129 | 29.5487 | 11.8967 | 6.2452 |
| WT | 51.8918 | 0.4926 | 1.8888 | 23.2813 | 12.3594 | 6.0316 |
| DTCWT | 51.8995 | 0.5053 | 1.9604 | 22.9947 | 12.2322 | 6.0108 |
| NSCT | 51.8989 | 0.5236 | 1.9986 | 22.9703 | 12.2044 | 6.0016 |
| NSST | 51.8981 | 0.5174 | 1.9883 | 22.9760 | 12.2422 | 6.0032 |
| TSSD | 52.3405 | **0.5943** | 1.9567 | 30.3458 | 11.6122 | 6.4136 |
| ADF | 51.7756 | 0.4206 | **2.0678** | 21.9811 | 9.7897 | 6.0398 |
| FPDE | 51.3956 | 0.2668 | 1.2749 | 22.1723 | 12.4823 | 6.0667 |
| MSD | 51.6635 | 0.5848 | 1.5582 | 33.4669 | 13.1212 | 6.3986 |
| GFCE | **90.9129** | 0.3441 | 1.4645 | **39.5164** | **19.9937** | **6.8947** |
| SWT+DCT_LSF | **83.4063** | **0.6504** | **4.3419** | **36.0196** | 12.6890 | **6.7715** |

表 3.1 为不同方法所得融合图像的客观指标，粗体为两个最好的指标。从表中可知，SWT+DCT_LSF 所得图像的 $Q^{abf}$ 和 MI 明显高于其他算法的融合图像；其 MV 和 SD 值除小于算法 GFCE 外，均远大于其他算法。此外，本章算法所得融合图像的 SF 虽然不是最高的，但优于大多数方法所得指标；SWT+DCT_LSF 所得 EN 值除小于算法 GFCE 外，均大于其他算法。需要说明的是，GFCE 方法所得融合图像的 $Q^{abf}$ 和 MI 指标远小于其他大多数方法，可以推知该方法在融合过程中损失了大量源图像细节信息，并引入了部分源图像所不具有的细节。由此可知，本章所介绍的方法在本组实验样本中的性能较好，能够保留较多源图像信息，且优于大多数算法所得融合效果。

第二组实验图像为 Octec，宽高为 480×640 像素，该图像为郊区场景，包括土地、人、房屋、树木、天空等不同目标区域,通过融合图像的纹理与边缘信息判断图像融合效果,其中人体目标热辐射的区域特征明显;其融合图像如图 3.3 所示。结果显示,SWT+DCT_LSF 可准确提取红外辐射较强的区域和目标;此外,可见光图像的细节信息也得到较好的保留。图 3.3(c)和(d)中出现一些伪影;图 3.3(n)左下角区域的亮度过高,且对云层部分的融合出现了错误。另外,SWT+DCT_LSF 所得融合图像在天空区域的细节信息优于其他算法,且本算法所得融合图像的亮度高于其他算法;总体而言,SWT+DCT_LSF 获得的融合图像优于其他算法的。

表 3.2 所示为第二组融合图像的客观指标。其中,SWT+DCT_LSF 所得融合图像的 MV、MI 和 SD 均明显优于其他算法,但 $Q^{abf}$ 表现较为一般。在 SF 指标方面,本章算法所得融合图像不是最高的,但仍高于大多数方法所得指标,这点与上一组图像一致;此外,SWT+DCT_LSF 所得 EN 指标与 SF 情况较为相似,高于多数算法,但不是最高的。方法 GFCE 所得融合图像的 $Q^{abf}$ 和 MI 小于其他多数算法,表明源图像的边缘信息损失较为严重,且引入了部分源图像所不具有的细节特征。表 3.2 显示本章算法所得融合图像优于其他算法所得图像。

图 3.3 不同方法所得第二组样本的融合图像:(a) VI;(b) IR;(c) MDP;(d) RP;(e) DCHWT;(f) WT;(g) DTCWT;(h) NSCT;(i) NSST;(j) TSSD;(k) ADF;(l) FPDE;(m) MSD;(n) GFCE;(o) SWT+DCT_LSF

表 3.2　不同方法所得融合图像的客观指标

| | MV | $Q^{abf}$ | MI | SD | SF | EN |
|---|---|---|---|---|---|---|
| MDP | 106.1486 | 0.5952 | 2.4617 | 28.7525 | **14.4528** | 6.5629 |
| RP | 117.1539 | 0.4033 | 2.8063 | 27.8561 | 9.2207 | 6.3323 |
| DCHWT | 108.1251 | 0.6108 | **3.2430** | **41.0363** | 13.0469 | **6.8175** |
| WT | 110.3001 | 0.6189 | 2.8809 | 27.9548 | 13.4985 | 6.4328 |
| DTCWT | 110.3030 | 0.6254 | 2.8526 | 28.3444 | 13.5171 | 6.4781 |
| NSCT | 110.3020 | **0.6447** | 2.9521 | 27.8373 | 13.4477 | 6.4145 |
| NSST | 110.3020 | **0.6394** | 2.9401 | 27.8390 | 13.4637 | 6.4153 |
| TSSD | 110.3124 | 0.6053 | 2.8157 | 31.6264 | 12.5548 | 6.6887 |
| ADF | 110.3138 | 0.6514 | 3.0626 | 26.8750 | 11.4575 | 6.3417 |
| FPDE | 109.7983 | 0.6110 | 3.0342 | 26.4309 | 9.6411 | 6.3057 |
| MSD | 112.0598 | 0.6084 | 1.7385 | 21.6060 | 13.7777 | 6.1621 |
| GFCE | **140.9630** | 0.5875 | 1.9751 | 31.1140 | **15.1344** | **6.8790** |
| SWT+DCT_LSF | **142.0530** | 0.6216 | **3.5909** | **42.1964** | 13.5333 | 6.7821 |

　　第三组实验图像为 Green Plants Scene，宽高 256×256 像素，该图像为微光场景，包括植物、板状物等目标，可通过分析融合图像中的细节特征以及通过板状物判断融合算法的失真情况。各算法的融合图像如图 3.4 所示，从图中可知本章算法可以分别有效地提取红外和可见光图像的区域特征和细节信息。从图中可以看出，除 MSD、GFCE 和 SWT+DCT_LSF 外，其他融合图像板状区域的亮度明显下降；但 GFCE 方法所得图像的亮度明显高于任何一幅源图像，说明该算法改变了部分源图像内容。从图 3.4(n)中可知，该融合图像产生了大量源图像所不具有细节特征信息，虽然该融合图像的视觉效果似乎优于其他方法，但有违图像融合技术的基本要求，即：在融合过程中不能引入源图像以外的信息。从图 3.4 中可知，其他多数算法在红外特征区域的融合效果一般，且亮度有不同程度的下降。本组实验表明，该算法所得图像的细节较为丰富，总体优于其他算法。

　　表 3.3 所示第三组融合图像的客观评价指标。本章算法所得图像的 MI 和 $Q^{abf}$ 明显优于其他算法，且算法 GFCE 所得融合图像的 MI 和 $Q^{abf}$ 值最小；MV、SD 和 EN 的值除小于算法 GFCE 外，均大于其他算法。此外，SWT+DCT_LSF 所得融合图像的 SF 除小于算法 MDP、MSD 和 GFCE 外，大于其他算法，多数算法的 SF 值都较为接近。本组实验图像表明本章算法能够较好地保留源图像信息，总体而言其所融合的源图像信息较为丰富。

# 第 3 章 基于静态小波与离散余弦变换的红外与可见光图像融合

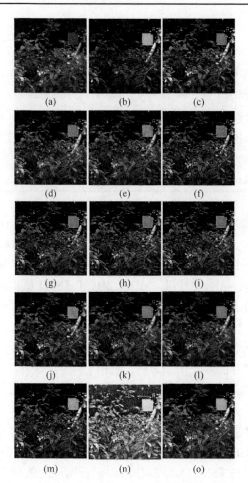

图 3.4 不同方法所得第三组样本的融合图像：(a) VI；(b) IR；(c) MDP；(d) RP；(e) DCHWT；(f) WT；(g) DTCWT；(h) NSCT；(i) NSST；(j) TSSD；(k) ADF；(l) FPDE；(m) MSD；(n) GFCE；(o) SWT+DCT_LSF

表 3.3 不同方法所得融合图像的客观指标

|  | MV | $Q^{abf}$ | MI | SD | SF | EN |
| --- | --- | --- | --- | --- | --- | --- |
| MDP | 39.2408 | 0.6369 | 3.6147 | 39.6525 | **23.4975** | 6.6872 |
| RP | 43.2529 | 0.6105 | 4.0263 | 37.1471 | 19.7912 | 6.6775 |
| DCHWT | 38.0075 | 0.6564 | 3.9818 | 34.7067 | 18.3100 | 6.5807 |
| WT | 35.7237 | 0.6216 | 3.3882 | 35.6542 | 21.9482 | 6.5776 |
| DTCWT | 35.6568 | 0.6520 | 3.5467 | 35.1619 | 21.5646 | 6.5694 |
| NSCT | 35.6359 | 0.6681 | 3.6101 | 35.1122 | 21.4939 | 6.5668 |
| NSST | 35.6476 | 0.6542 | 3.5650 | 35.2017 | 21.7124 | 6.5677 |

续表

| | MV | $Q^{abf}$ | MI | SD | SF | EN |
|---|---|---|---|---|---|---|
| TSSD | 36.7083 | **0.6704** | 3.8634 | 38.4017 | 20.7903 | 6.5977 |
| ADF | 35.5245 | 0.6470 | **4.3575** | 31.4053 | 15.6355 | 6.4004 |
| FPDE | 35.0262 | 0.6409 | 4.3170 | 31.3490 | 15.5606 | 6.4023 |
| MSD | 35.1924 | 0.6606 | 3.6356 | 40.6494 | 23.2196 | 6.5017 |
| GFCE | **95.9488** | 0.3415 | 3.0439 | 57.7828 | 37.1362 | 7.5349 |
| SWT+DCT_LSF | 46.4962 | 0.6904 | 4.6650 | 42.9349 | 21.6693 | **6.8320** |

第四组实验图像为Otcbvs，宽高为240×320像素，该图像为生活区场景，包括建筑、车辆、行人、植物、地面等目标区域，可通过分析融合图像中的细节与区域信息判断算法融合效果，尤其可以利用人眼视觉分析出融合图像的质量。融合图像如图3.5所示。从图中可知，MDP、RP和TSSD所得融合图像的红外信息远远多于可见光图像信息，因此造成融合图像的视觉质量较低；此外MSD和GFCE方法所得融合图像的红外信息也较多，导致其视觉质量较低。另外，图3.5(d)、(e)和(j)出现了明显的伪影。从实验结果上看，本章算法所得图像保留了较多可见光图像信息，同时准确保留了红外图像的热辐射区域信息。总体而言，SWT+DCT_LSF所得融合图像的细节与纹理要优于其他算法。

表3.4所示为第四组实验图像的客观指标。从表中可知，本章算法所得融合图像的MI值高于其他算法，但SF和EN数值较为一般。此外，SWT+DCT_LSF所得MV除略小于GFCE方法外，大于其他方法；$Q^{abf}$和SD值除小于MSD以外，均大于其他方法。总体来看，本章算法所得融合图像的信息要多于多数传统算法所得图像的信息。

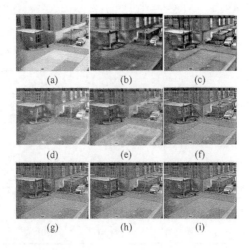

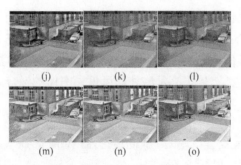

图 3.5　不同方法所得第四组样本的融合图像：(a) VI；(b) IR；(c) MDP；(d) RP；(e) DCHWT；
(f) WT；(g) DTCWT；(h) NSCT；(i) NSST；(j) TSSD；(k) ADF；(l) FPDE；(m) MSD；(n) GFCE；
(o) SWT+DCT_LSF

表 3.4　不同方法所得融合图像的客观指标

|  | MV | $Q^{abf}$ | MI | SD | SF | EN |
|---|---|---|---|---|---|---|
| MDP | 112.1199 | 0.4412 | 2.1849 | 51.3975 | **33.0644** | 7.5218 |
| RP | 136.6850 | 0.3450 | 2.2204 | 38.8174 | 20.5202 | 7.2060 |
| DCHWT | 127.7277 | 0.4684 | 2.4935 | 44.3206 | 27.8502 | 7.4397 |
| WT | 118.4336 | 0.4670 | 2.1929 | 41.8938 | 30.5578 | 7.3416 |
| DTCWT | 118.4378 | 0.4735 | 2.2027 | 41.3955 | 30.3004 | 7.3203 |
| NSCT | 118.4353 | 0.4958 | 2.2515 | 40.9673 | 29.9446 | 7.3077 |
| NSST | 118.4405 | 0.4857 | 2.2275 | 41.0384 | 30.0877 | 7.3099 |
| TSSD | 118.5860 | 0.4388 | 2.3573 | 46.2089 | 24.9639 | 7.4781 |
| ADF | 118.4100 | 0.4388 | 2.3885 | 36.0937 | 21.0730 | 7.1232 |
| FPDE | 117.9236 | 0.4193 | 2.3161 | 35.9871 | 19.2889 | 7.1212 |
| MSD | 129.0129 | **0.5028** | **2.8142** | 56.2949 | 32.6628 | **7.6599** |
| GFCE | **153.9292** | 0.4683 | 2.3242 | 51.5894 | 32.4017 | 7.5725 |
| SWT+DCT_LSF | 152.5231 | 0.4990 | 3.0981 | 53.5422 | 30.3488 | 7.5512 |

## 3.6　小　　结

　　红外图像的区域特征与可见光图像中的可见细节特征，是决定图像融合质量的关键因素。本章基于 SWT、DCT 和 LSF 提出一种有效的红外与可见光图像融合方案。SWT 用来将源图像的重要特征分解为若干低频子图像和高频子图像。DCT 用来进一步提取 SWT 域的子图像信息；然后 LSF 用于 DCT 域系数，以提高子图像像素之间的关联性，即图像区域特征信息。该算法不仅可以有效提取并融合红外图像的热辐射区域特征，还能同时保留可见光图像的细节信息，在融合过程中未产生明显的伪影和失真现象。与传统算法相比，SWT+DCT_LSF 采用了较为成熟的图像处理技术，较为容易实现，且能获得较好的融合效果。该研究表明，SWT 在图像融合中，可以较好地描述和提取源图像的重要特征，其平移不变性可以有效避免特性信息损失；同时，DCT 与 LSF 的结合方法可以进一步提取图像的细节和区域特征，有效提高了红外与可见光图像的融合效果。

## 参 考 文 献

[1] Jin X, Jiang Q, Yao S, et al. A survey of infrared and visual image fusion methods[J]. Infrared Physics & Technology, 2017, 85: 478-501.

[2] Kong W, Lei Y. Technique for image fusion between gray-scale visual light and infrared images based on NSST and improved RF[J]. Optik, 2013, 124(23): 6423-6431.

[3] Kong W. Technique for gray-scale visual light and infrared image fusion based on non-subsampled shearlet transform[J]. Infrared Physics & Technology, 2014, 63: 110-118.

[4] Yin M, Duan P, Liu W, et al. A novel infrared and visible image fusion algorithm based on shift-invariant dual-tree complex shearlet transform and sparse representation[J]. Neurocomputing, 2017, 226: 182-191.

[5] Elguebaly T, Bouguila N. Finite asymmetric generalized Gaussian mixture models learning for infrared object detection[J]. Computer Vision and Image Understanding, 2013, 117(12): 1659-1671.

[6] Sanchez V, Prince G, Clarkson J P, et al. Registration of thermal and visible light images of diseased plants using silhouette extraction in the wavelet domain[J]. Pattern Recognition, 2015, 48(7): 2119-2128.

[7] Wong W K, Zhao H. Eyeglasses removal of thermal image based on visible information[J]. Information Fusion, 2013, 14(2): 163-176.

[8] Abaza A, Bourlai T. On ear-based human identification in the mid-wave infrared spectrum[J]. Image and Vision Computing, 2013, 31(9): 640-648.

[9] Eslami M, Mohammadzadeh A. Developing a spectral-based strategy for urban object detection from airborne hyperspectral TIR and visible data[J]. IEEE Journal of Selected Topics in Applied Earth Observations and Remote Sensing, 2015, 9(5): 1808-1816.

[10] Wang J, Peng J, Feng X, et al. Fusion method for infrared and visible images by using non-negative sparse representation[J]. Infrared Physics & Technology, 2014, 67: 477-489.

[11] Cai J, Cheng Q, Peng M, et al. Fusion of infrared and visible images based on nonsubsampled contourlet transform and sparse K-SVD dictionary learning[J]. Infrared Physics & Technology, 2017, 82: 85-95.

[12] Jiang Q, Jin X, Lee S J, et al. A novel multi-focus image fusion method based on stationary wavelet transform and local features of fuzzy sets[J]. IEEE Access, 2017, 5: 20286-20302.

[13] Ikuta C, Zhang S, Uwate Y, et al. A novel fusion algorithm for visible and infrared image using non-subsampled contourlet transform and pulse-coupled neural network[C]. 2014 International Conference on Computer Vision Theory and Applications (VISAPP), Lisbon, Portugal, IEEE, 2014, 1: 160-164.

[14] Liu Z, Feng Y, Zhang Y, et al. A fusion algorithm for infrared and visible images based on RDU-PCNN and ICA-bases in NSST domain[J]. Infrared Physics & Technology, 2016, 79: 183-190.

[15] Kong W, Wang B, Lei Y. Technique for infrared and visible image fusion based on non-subsampled shearlet transform and spiking cortical model[J]. Infrared Physics & Technology, 2015, 71: 87-98.

[16] Ancuti C O, Ancuti C, De Vleeschouwer C, et al. Color balance and fusion for underwater image enhancement[J]. IEEE Transactions on Image Processing, 2017, 27(1): 379-393.

[17] Cui G, Feng H, Xu Z, et al. Detail preserved fusion of visible and infrared images using regional saliency extraction and multi-scale image decomposition[J]. Optics Communications, 2015, 341: 199-209.

[18] Ren K, Xu F. Super-resolution images fusion via compressed sensing and low-rank matrix decomposition[J]. Infrared Physics & Technology, 2015, 68: 61-68.

[19] 周厚奎. 基于静态小波变换和2代曲波变换的图像融合算法[J]. 信息与控制, 2012, 41(3): 278-282.

[20] Chai Y, Li H F, Qu J F. Image fusion scheme using a novel dual-channel PCNN in lifting stationary wavelet domain[J]. Optics Communications, 2010, 283(19): 3591-3602.

[21] 金鑫, 聂仁灿, 周冬明, 等. S-PCNN与二维静态小波相结合的遥感图像融合研究[J]. 激光与光电子学进展, 2015, 52(10): 145-150.

[22] Chai Y, Li H F, Guo M Y. Multifocus image fusion scheme based on features of multiscale products and PCNN in lifting stationary wavelet domain[J]. Optics Communications, 2011, 284(5): 1146-1158.

[23] Nason G P, Silverman B W. The Stationary Wavelet Transform and Some Statistical Applications[M]. Wavelets and statistics. New York: Springer, 1995: 281-299.

[24] Fauvel M, Chanussot J, Benediktsson J A. Decision fusion for the classification of urban remote sensing images[J]. IEEE Transactions on Geoscience and Remote Sensing, 2006, 44(10): 2828-2838.

[25] Naidu V P S. Hybrid DDCT-PCA based multi sensor image fusion[J]. Journal of Optics, 2014, 43(1): 48-61.

[26] Eskicioglu A M, Fisher P S. Image quality measures and their performance[J]. IEEE Transactions on Communications, 1995, 43(12): 2959-2965.

[27] Shreyamsha Kumar B K. Multifocus and multispectral image fusion based on pixel significance using discrete cosine harmonic wavelet transform[J]. Signal, Image and Video Processing, 2013, 7(6): 1125-1143.

[28] Da Cunha A L, Zhou J, Do M N. The nonsubsampled contourlet transform: theory, design, and applications[J]. IEEE Transactions on Image Processing, 2006, 15(10): 3089-3101.

[29] Easley G, Labate D, Lim W Q. Sparse directional image representations using the discrete shearlet transform[J]. Applied and Computational Harmonic Analysis, 2008, 25(1): 25-46.

[30] Bavirisetti D P, Dhuli R. Two-scale image fusion of visible and infrared images using saliency detection[J]. Infrared Physics & Technology, 2016, 76: 52-64.

[31] Bavirisetti D P, Dhuli R. Fusion of infrared and visible sensor images based on anisotropic diffusion and Karhunen-Loeve transform[J]. IEEE Sensors Journal, 2015, 16(1): 203-209.

[32] Bavirisetti D P, Xiao G, Liu G. Multi-sensor image fusion based on fourth order partial differential equations[C]. 2017 20th International Conference on Information Fusion (Fusion), Xi'an, China, IEEE, 2017: 1-9.

[33] Zhou Z, Dong M, Xie X, et al. Fusion of infrared and visible images for night-vision context enhancement[J]. Applied Optics, 2016, 55(23): 6480-6490.

[34] Zhou Z, Wang B, Li S, et al. Perceptual fusion of infrared and visible images through a hybrid multi-scale decomposition with Gaussian and bilateral filters[J]. Information Fusion, 2016, 30: 15-26.

# 第4章　基于经验小波分析的医学图像融合

经验模态分解 EMD 是一种在信号处理领域广泛应用的分析方法,其通过分析输入信号的上下包络线获得信号的全局趋势,同时通过原始信号与包络线的差异分析获取细节特征,并通过迭代不断细化这些特征的描述。由于经验模态分析方法优异的信号分析能力,其也被学者引入到图像处理领域。本书利用经验小波分析提出了一种多模态医学图像融合技术。该方法首先利用 EWT 实现源图像的分解;然后,基于二范数特征设计了一种低频图像融合方法;同时,提出模糊融合权重计算方法,并将其与显著性/匹配度融合方法结合实现高频图像融合。

## 4.1　概　　况

医学成像技术可以有效地描述人体组织和结构信息,给临床医学带来了极大的便利[1]。但由于不同传感器成像机制的差异,使得不同模态的医学图像仅能从特定角度表示人体信息,具有一定互补性且存在冗余信息。其中,MRI 和 CT 在医学诊断和治疗中最为常用[2]。MRI 图像可以清晰显示含水率较高的组织信息,CT 图像可以描述组织的密度特征,将两种图像融合可以为医生提供更加可靠且丰富的人体组织信息,从而进行临床诊断和治疗方案设计。核磁共振 T1 是突出组织横向弛豫的差异,主要显示解剖结构是否有异常。核磁共振 T2 是突出组织纵向弛豫的差异,主要显示组织病变的信号是否有异常。不同医学图像体现的人体组织信息有所差异,且存在互补和冗余。因此,图像融合技术在医疗领域的作用较为重要[3]。

当前主要的医学图像融合方法大致也可分为三种:空间域、变换域、混合方法[1]。空域融合算法可在图像空间域采用特定方法对多源图像直接进行融合处理,经典的方法有:基于 ICA[3]、PCA[4]医学图像融合技术等。空间域方法通过产生与源图像相对应的决策图或权重图实现医学图像融合,此类方法的优点是简单易行、计算量小;然而,其在融合过程中常常会丢失部分细节特征,导致所得融合图像边缘和轮廓等特征损失较多。基于变换域的医学图像融合方法较为流行,例如 PT、DWT、CNT、ST 等[5-11]。然而,大多数基于变换域的方法都有局限性,如 LPT 不能准确地描述图像的轮廓和对比度特征,DWT、CNT 和 ST 模型在捕获图像显著性特征方面性能不佳,这些缺点常常导致融合图像产生伪影和吉布斯效应。NSCT 和 NSST 具有较强的图像特征描述能力,但会产生与原始图像大小相同的一组子图像,且子图像通常数量较多,会导致其融合计算量较大[11]。混合方法通常将空域与变换域算法相结合,利用空域融合策略用来融合变换域的子图像,如 NSST 与神经网络方法结合[9]、LPT 与神经网络方法结合[12]、PCA 与 WT 结合[13]等。当前,多种图像处理方法的结合正成为图像融合领域的趋势。

EMD 模型[14,15]提出后也被引入图像融合中,但其图像融合性能常常受到经验分解模型能力的影响[16]。因此,学者们提出了一些更为完善的模型,为其在图像融合领域的性能提高奠定了基础。在 2014 年,Gilles 等人基于 EMD 思想提出了 EWT,成功将小波分析的优点引入到经验模态分析领域,并迅速应用于青光眼自动诊断、高光谱图像分类、故障诊断等方面[17,18]。但经过 EWT 分解的图像所得固有模态函数(intrinsic mode function,IMF)的个数往往不相等,为其在图像融合中的应用带来了一定挑战。

## 4.2　LITTLEWOOD-PALEY 经验小波分解

1998,Huang 等人[19]设计了一种被称为 EMD 的方法来提取一维信号的特征分量。EMD 方法不同于小波变换等传统的变换方法,其首先检测出输入信号的上下包络线以表示出其全局趋势,然后从信号中减去包络线的信号强度,从而得到残余分量。通过信号包络检测-信号减去包络线-残差信号包络检测的不断重复操作,直到残余分量的平缓程度达到停止条件,从而获得一组高频固有模态分量和一个低频残余分量[20]。随后,面向图像分析的二维 EMD 方法也被提出,如 2003 年,Nunes 等人提出 EMD 的二维版本从而实现了二维图像信号分析[21]。这种变换方法不仅避免了传统多尺度分析方法的上采样和下采样过程,而且产生的子图像数量较少,但却能有效地表示图像的空域特征,在图像和信号处理领域得到广泛关注。2006 年,Tian 等人利用二维 EMD 技术提出了一种图像融合方法[22]。然而,经典 EMD 的问题是缺乏包络线检测的理论背景,使得包络检测的性能受到限制,进而影响了其信号分析能力。

2013 年,Gilles[17]构造了一种类 EMD 的信号分析方法,称为 EWT。该模型通过设计合适的小波滤波器组,实现输入图像(信号)的特征提取。EWT 首先通过检测傅里叶支撑来建立相应的小波滤波器组,而后使用所得滤波器组对输入图像进行滤波,以实现各个分量的分离。后来,在相关理论[23]基础上,学者们根据图像分析确定傅里叶域的支撑,从而构造出 Littlewood-Paley 小波变换。Gilles 等人在 2014 年提出了 LPEWT(Littlewood-Paley EWT)方法[18],该模型采用经验分解方法在傅里叶域中检测每个环支撑的内、外半径(以原点为中心)。从而根据相应的支撑与图像信息,实现图像的傅里叶能量分解。这种方法的优点是它用极坐标表示傅里叶平面,可解释性较好。

在 Littlewood-Paley 经验小波变换中,首先计算伪极坐标 FFT,记为 $F_p(f)(\theta,|\omega|)$,则可得到:

$$F_p(f)(w_1,w_2) = \sum_{x_1=0}^{N-1}\sum_{x_2=0}^{N-1} f(x_1,x_2)\exp(-\iota(x_1w_1+x_2w_2)) \quad (4\text{-}1)$$

式中,$f(x)$ 为空间域中的二维信号,$N$ 为源图像的大小,$x=(x_1,x_2)$ 为二维平面上的空间位置,$\omega=(\omega_1,\omega_2)$ 为二维频率平面上的坐标。

对于每个角度 $\theta$,相应的平均频谱计算公式如下:

$$\tilde{F}(|\omega|) = \frac{1}{N_\theta}\sum_{i=0}^{N_\theta-1} F_p(f)(\theta_i,|\omega|) \quad (4\text{-}2)$$

其中,$N_\theta$ 为离散角的个数。

在LPEWT中,通过改进的傅立叶边界检测方法在平均频谱 $\tilde{F}(|\omega|)$ 上实施[23],得到光谱半径的集合,用 $\{\omega^n\}_{n=0,1,\cdots,N}$(其中,$\omega^0=0$,$\omega^N=\pi$)来表示,该集合可以用来建立一组二维经验 Littlewood-Paley 小波 $B^{\varepsilon L\rho} = \{\phi_1(x),\{\psi_n(x)\}_{n=1}^{N-1}\}$。

$$F_2(\phi_1)(\omega) = \begin{cases} 1, & \text{if } |\omega| \leqslant (1-\gamma)\omega^1 \\ \cos\left[\dfrac{\pi}{2}\beta\left(\dfrac{1}{2\gamma\omega^1}(|\omega|-(1-\gamma)\omega^1)\right)\right], & \text{if}(1-\gamma)\omega^1 \leqslant |\omega| \leqslant (1+\gamma)\omega^1 \\ 0, & \text{otherwise} \end{cases} \quad (4\text{-}3)$$

如果 $n \neq N-1$,可以得到:

$$F_2(\psi_n)(\omega) = \begin{cases} 1, & \text{if}(1+\gamma)\omega^n \leqslant |\omega| \leqslant (1-\gamma)\omega^{n+1}; \\ \cos\left[\dfrac{\pi}{2}\beta\left(\dfrac{1}{2\gamma\omega^{n+1}}(|\omega|-(1-\gamma)\omega^{n+1})\right)\right], \\ \quad \text{if}(1-\gamma)\omega^{n+1} \leqslant |\omega| \leqslant (1+\gamma)\omega^{n+1}; \\ \sin\left[\dfrac{\pi}{2}\beta\left(\dfrac{1}{2\gamma\omega^n}(|\omega|-(1-\gamma)\omega^n)\right)\right], \\ \quad \text{if}(1-\gamma)\omega^n \leqslant |\omega| \leqslant (1+\gamma)\omega^n; \\ 0, & \text{otherwise} \end{cases} \quad (4\text{-}4)$$

如果 $n = N-1$,可以得到:

$$F_2(\psi_{N-1})(\omega) = \begin{cases} 1, & f(1+\gamma)\omega^{N-1} \leqslant |\omega| \\ \sin\left[\dfrac{\pi}{2}\beta\left(\dfrac{1}{2\gamma\omega^{N-1}}(|\omega|-(1-\gamma)\omega^{N-1})\right)\right], & \text{if}(1-\gamma)\omega^{N-1} \leqslant |\omega| \leqslant (1+\gamma)\omega^{N-1} \\ 0, & \text{otherwise} \end{cases}$$

(4-5)

式中，$\beta$ 是一个任意的 $C^k|[0,1]|$ 函数，满足性质：当 $x \leqslant 0$ 时，$\beta(x)=0$；当 $x \geqslant 1$ 时，$\beta(x)=1$；当 $\forall x \in [0,1]$ 成立时，$\beta(x)+\beta(1-x)=1$；$\gamma$ 用来确保两个连续过渡区域不重叠，$\gamma$ 的必要情况可参考文献[24]。基于此，输入图像 $f$ 的二维经验 Littlewood-Paley 可表示为：

$$W_f^{\varepsilon L \rho}(n,X) = F_2^*(F_2(f)(\omega)\overline{F_2(\psi_n)(\omega)}) \tag{4-6}$$

其中，对于细节和近似系数可以表示为：$W^{\varepsilon L \rho}(0,x)$，具体如下：

$$W_f^{\varepsilon L \rho}(n,X) = F_2^*(F_2(f)(\omega)\overline{F_2(\phi_1)(\omega)}) \tag{4-7}$$

其中，$F_2$ 和 $F_2^*$ 分别表示二维傅里叶变换和它的逆变换。

经过分解过后最终将 $B^{\varepsilon L \rho}$ 和 $W^{\varepsilon L \rho}(n,x)$ 作为输出。进而，可得到其逆变换为：

$$f(x) = F_2^*\left(F_2(W_f^{\varepsilon L \rho})(0,\omega)F_2(\phi_1)(\omega) + \sum_{n=1}^{N-1} F_2(W_f^{\varepsilon L \rho})(n,\omega)F_2(\psi_n)(\omega)\right) \tag{4-8}$$

在文献[25]～[27]中可以找到更多关于 LPEWT 的理论基础。

图 4.1 和图 4.2 分别为经二维 LPEWT 分解后的 MRI T1 和 T2 脑图像。在图 4.1 中，两幅源图像的子图像数目相等，这与传统变换方法情况一致。但图 4.2 中的子图像数目不同，说明与其他传统变换方法的融合规则相比，LPEWT 方法融合过程需要特别设计。此外，在 LPEWT 域的子图像及其伪彩色图像表明：高频 IMF 子图像体现了源图像的主要细节特征，残差分离保留了源图像大多数的空域近似特征和区域信息，说明 LPEWT 有效提取了图像的主要特征。

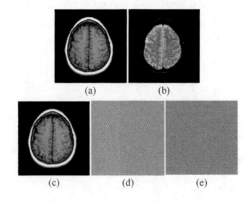

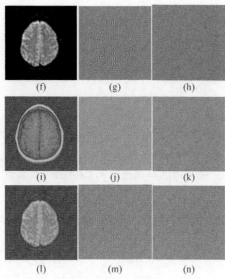

图 4.1 第一组 T1 和 T2 图像 LPEWT 分解示例：(a) T1_C；(b) T2_D；(c) R_C；(d) IMF_C 1；(e) IMF_C2；(f) R_D；(g) IMF_D1；(h) IMF_D2；(i) R_C 的伪彩色图像；(j) IMF_C1 的伪彩色图像；(k) IMF_C2 的伪彩色图像；(l) R_D 的伪彩色图像；(m) IMF_D1 的伪彩色图像；(n) IMF_D2 的伪彩色图像

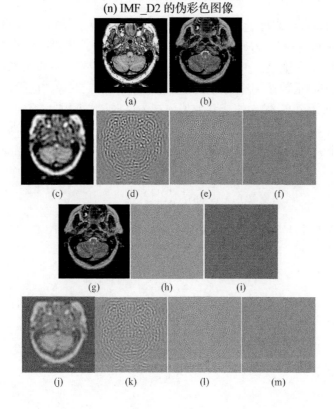

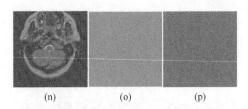

(n)　　　　　　(o)　　　　　　(p)

图 4.2　第二组 T1 和 T2 图像 LPEWT 分解示例：(a) T1_A；(b) T2_B；(c) R_A；(d) IMF_A1；(e) IMF_A2；(f) IMF_A3；(g) R_B；(h) IMF_B1；(i) IMF_B2；(j) R_A 的伪彩色图像；(k) IMF_A1 的伪彩色图像；(l) IMF_A2 的伪彩色图像；(m) IMF_A3 的伪彩色图像；(n) R_B 的伪彩色图像；(o) IMF_B1 的伪彩色图像；(p) IMF_B2 的伪彩色图像

## 4.3　基于经验小波分析的医学图像特征提取与融合方案

本方法基于 LWEWT 分解后的子图像进一步实现特征提取与融合决策。所提方案包含三个部分，第一是基于二范数特征的残余分量融合，第二是基于模糊权重的固有模态分量融合，第三是滤波器的整合。

### 4.3.1　基于二范数的残余分量特征表示与融合

范数理论通常用来度量向量空间(或矩阵)中的向量长度或大小[28]。具体来说，范数是向量空间或矩阵中所有向量的长度(大小)的和，这就意味着矩阵(向量)越大，范数越大。在图像融合中，图像的细节特征是决定融合图像质量的关键因素，它由像素的振幅(系数)和相邻像素的区域信息来表示。图像中的特定区域可视为一个向量空间(矩阵)，像素值或系数值可视为该向量空间的一个向量。因此，范数理论可以用来表示图像特征数值的大小，从而量化图像特征为其融合提供依据。

对于一个 $n$ 维向量空间 $x = (x_1, x_2, \cdots, x_n)$，其 $\rho$ 范数表示为 $L_\rho$-norm，具体为：

$$\|x\|_\rho = \sqrt[\rho]{\sum_{i=1}^{n} |x_i|^\rho} \tag{4-9}$$

其中，$\rho$ 大于等于 1 且为整数；如 L1-norm ($\rho=1$) 为 1 范数。

在范数理论中，二范数 L2 最为常用[28]，可表示为：

$$\|x\|_2 = \sqrt[2]{\sum_{i=1}^{n} |x_i|^2} \tag{4-10}$$

二范数又可表示为：

$$\|x\|_2 = \sqrt[2]{\sum_{i=1}^{n} x_i^2} \tag{4-11}$$

图像的二范数形式可表示为:

$$\text{LN}(i,j) = \sqrt[2]{\sum_{i=1}^{M}\sum_{j=1}^{N}\text{im}(i,j)^2} \tag{4-12}$$

其中,LN 表示图像的二范数特征;$M$ 和 $N$ 为图像的尺寸;im$(i,j)$ 图像位置 $i$、$j$ 的像素值。

本章将图像区域信息与二范数理论结合,设计了一种医学图像特征提取方法。该方法通过行列两种类型范数的计算得到图像的特征量化形式,从而实现残差分量的系数融合。计算公式如下:

$$\text{LN}_R(i,j) = \sqrt{\sum_{i=1}^{p}\sum_{j=2}^{p}\text{im}(i,j)^2 + \text{im}(i,j-1)^2} \tag{4-13}$$

$$\text{LN}_C(i,j) = \sqrt{\sum_{i=2}^{p}\sum_{j=1}^{p}\text{im}(i,j)^2 + \text{im}(i-1,j)^2} \tag{4-14}$$

其中,$p$ 表示窗口尺寸,im$(i,j)$ 表示 $i$ 行 $j$ 列的像素值,$\text{LN}_R$ 和 $\text{LN}_C$ 分别表示图像二范数的行和列特征。

残差子图像的整体特征可根据以下公式计算得到:

$$\text{LN}(i,j) = \frac{1}{p^2}(\text{LN}_R(i,j) + \text{LN}_C(i,j)) \tag{4-15}$$

图 4.3 给出了两个实验样本的二范数特征及其伪彩色图像。这些图像清晰地展示了医学图像特征的区域分布和强度(伪彩色图像中的热和冷度表示特征强度的高低)。因此,本章介绍的基于二范数的特征提取方法可以为医学图像融合提供必要的信息。

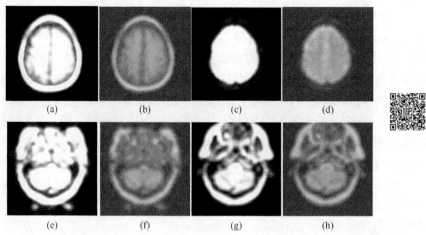

图 4.3 两个基于二范数的残差分量特征示例: (a) R_A 的二范数特征图; (b) R_A; (c) R_B 的二范数特征图; (d) R_B 的二范数特征图的伪彩色图像; (e) R_C 的二范数特征图; (f) R_C 的二范数特征图的伪彩色图像; (g) R_D 的二范数特征图; (h) R_D 的二范数特征图的伪彩色图像

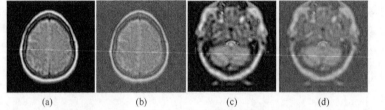

图 4.4 两组融合后的残差分量示例：(a) 第一组图像的融合残差分量；(b) 第一组融合残差分量的伪彩色图像；(c) 第二组图像的融合残差分量；(d) 第二组融合残差分量的伪彩色图像

在 LPEWT 中，残差分量描述了图像的近似平缓特征，如：像素值的统计分布或组织的大尺度粗糙特征，这些信息对于医学图像融合非常重要。如图 4.1 和图 4.2 所示，医学图像的残差分量可以有效地表示其大尺度近似特征。因此，残差分量的融合方法对整体融合效果影响较大。如图 4.3 所示，基于 $L_2$-norm 的特征可以通过子图像像素或系数振幅表示出医学图像的结构和部分细节信息，以便融合不同源图像的残差分量。因此，本章根据 $L_2$-norm 特征的幅值定义融合规则为：

$$\text{Residue}_F(i,j) = \begin{cases} \text{Residue}_A(i,j), & \text{LN}_A(i,j) \geqslant \text{LN}_B(i,j) \\ \text{Residue}_B(i,j), & \text{LN}_A(i,j) < \text{LN}_B(i,j) \end{cases} \quad (4\text{-}16)$$

式中，$\text{Residue}_F$ 为融合后的残差分量；$\text{Residue}_A$、$\text{Residue}_B$ 为源图像 $A$、$B$ 的残差分量；$\text{LN}_A$、$\text{LN}_B$ 是基于源图像 $A$、$B$ 的 $L_2$-norm 特征。

从图 4.4 可以看出，两幅图像残差分量的关键特征以及大尺度边缘和结构特征，都被有效地保留到融合后的图像中。

### 4.3.2 固有模态分量的特征表示与融合

LPEWT 的固有模态分量包含了源图像的高频成分，表示了图像的小尺度细节特征，如纹理和锐利边缘。固有模态子图像系数的幅值可表示高频子图像的细节特征强度。因此，在基于变换域的图像融合方法中，最大值选择法[29]是最常用的子图像融合方式之一。最大值选择法的缺点是其融合决策只考虑了单个系数或像素，而忽略了图像的区域信息。很明显，图像的区域特征信息对于图像融合任务极为重要。因此，本章基于 Burt 等人[30]的方法提出了改进的融合规则，即：基于模糊权重的匹配/显著度融合策略(match/salience/fuzzy-weighted measure, MSFM)。这种具有区域感知的方法可以结合像素振幅与区域信息实施 IMF 的融合操作。

显著性测量在图像融合中得到了广泛的应用。在本章方法中，显著性测量可以展示 IMF 系数在 LPEWT 域中的重要性和显著程度。一般情况下，重要的 IMF 系数特征相较于其他特征更为显著。本章使用 Burt 等人提出的显著性计算方法[30]，如下：

$$S(i,j) = 2\sum_{m=1}^{w}\sum_{n=1}^{h} P(m,n) S_0(i-m, j-n) \quad (4\text{-}17)$$

式中，$S(i,j)$ 为 IMF 的显著性度量，$S_0(i,j) = \text{IMF}(i,j)\text{IMF}(i,j)$，$\text{IMF}(i,j)$ 为 IMF 系数；$P$ 是提取区域特征的窗口。

匹配度量不但可以表示 IMF 系数的振幅信息，也同时描述了 IMF 的区域特征。两个源图像的匹配度量 $M_{AB}$ 可定义为：

$$M_{AB}(i,j) = \frac{2\sum_{m=1}^{w}\sum_{n=1}^{h}P(m,n)M_0(i-m,j-n)}{S_A(i,j) + S_B(i,j) + \varepsilon} \quad (4\text{-}18)$$

式中，$M_0(i,j) = \text{IMF}_A(i,j)\text{IMF}_B(i,j)$，$\text{IMF}_A(i,j)$ 为源图像 $A$ 中 IMF 的系数，$\text{IMF}_B(i,j)$ 为源图像 $B$ 中 IMF 的系数；$P$ 为提取区域特征的窗口；$S_A(i,j)$ 为 IMF $A$ 的显著性度量；$S_B(i,j)$ 为 IMF $B$ 的显著性度量；$\varepsilon$ 为极小数，避免分母为 0。

在本章方法中，$\text{ind}_1$ 表示两个源图像 IMF 分量 $A$ 和 $B$ 的匹配度高或低；$\text{ind}_2$ 表示 $A$ 和 $B$ 的显著度高或低。$W_A$ 和 $W_B$ 为 $A$ 和 $B$ 的权重，其中 $W_A + W_B = 1$。因此，融合策略定义为两种情况：

(1) 如果 IMF 系数之间的匹配测度较高(即 $M_{AB}(i,j) > \alpha$，则 $\text{ind}_1(i,j) = 1$，$\alpha = 0.75$ 为判断匹配测度高低的阈值)；则将显著性较高的固有模态分量系数进行加权融合(即 $S_A(i,j) > S_B(i,j)$，则 $\text{ind}_2(i,j) = 1$)。在这种情况下融合规则为：

$$\text{IMF}_F(i,j) = W_A(i,j)\text{IMF}_A(i,j) + W_B(i,j)\text{IMF}_B(i,j) \quad (4\text{-}19)$$

式中，$W_A$ 和 $W_B$ 为固有模态分量 $A$ 和 $B$ 的权重。

近年来，模糊集理论在图像融合中得到了广泛的应用，并取得了较好的效果。模糊集理论的隶属度函数(membership function，MF)量化了某个元素属于特定集合的隶属关系，MF 的值区间为[0，1]；"0"表示完全不隶属，"1"表示完全隶属，"0"与"1"之间的值表示不同程度的隶属关系。本章将 Burt 等人方法[30]中的线性权重函数修改为高斯隶属度函数权重，从而利用模糊理论确定不同 IMF 的融合权重。所提融合规则的约束关系如下：

$$\begin{cases} W_{\max} > W_{\min} \\ W_{\min} = 0.5 - e^{\frac{(M_{AB}-c)^2}{2\sigma^2}} \\ W_{\max} = 1 - W_{\min} = 0.5 + e^{\frac{(M_{AB}-c)^2}{2\sigma^2}} \end{cases} \quad (4\text{-}20)$$

其中，$\sigma$ 为 $M_{AB}$ 的标准差，$c$ 为 $M_{AB}$ 的均值，其计算如下：

$$\sigma = \sqrt{\frac{1}{w \times h}\sum_{i=1}^{w}\sum_{j=1}^{h}(M_{AB}-c)^2} \quad (4\text{-}21)$$

$$c = \frac{1}{w \times h}\sum_{i=1}^{w}\sum_{j=1}^{h}M_{AB} \quad (4\text{-}22)$$

其中，$M_{AB}$ 为匹配度，$w$ 和 $h$ 为匹配度 $M_{AB}$ 的尺寸。

具有较大显著度的 IMF 被赋予较大的权重 $W_{\max}$，即：如果 $S_A(i,j) > S_B(i,j)$，则 $W_A = W_{\max}$ 和 $W_B = W_{\min}$，否则 $W_A = W_{\min}$ 和 $W_B = W_{\max}$。

因此，我们可以将融合规则重写为：

$$F_1 = \text{ind}_1(\text{ind}_2 W_{\max}\text{IMF}_A + \text{ind}_2 W_{\min}\text{IMF}_B + (1-\text{ind}_2)W_{\min}\text{IMF}_A + (1-\text{ind}_2)W_{\max}\text{IMF}_B)$$

(4-23)

(2) 如果匹配测度较低（即 $\text{ind}_1(i,j) = 0$），则根据 $\text{ind}_1$ 和 $\text{ind}_2$ 对两个 IMF 的系数进行融合，即 $M_{AB}(i,j) \leqslant \alpha$，则 $W_{\max} = 1$，$W_{\min} = 0$。在这种情况下融合规则为：

$$F_2 = (1-\text{ind}_1)(\text{ind}_2\text{IMF}_A + (1-\text{ind}_2)\text{IMF}_B)$$

(4-24)

根据两幅医学图像的 IMF，将上述两种情况的融合规则合并在一起，可得：

$$\begin{aligned}F &= F_1 + F_2 \\ &= \text{ind}_1(\text{ind}_2 W_{\max}\text{IMF}_A + \text{ind}_2 W_{\min}\text{IMF}_B + (1-\text{ind}_2)W_{\min}\text{IMF}_A + (1-\text{ind}_2)W_{\max}\text{IMF}_B) \\ &\quad + (1-\text{ind}_1)(\text{ind}_2\text{IMF}_A + (1-\text{ind}_2)\text{IMF}_B)\end{aligned}$$

(4-25)

图 4.5 显示了第一和第二示例中融合的 IMF，与图 4.1 和图 4.2 中的子图像相比，该融合图像同时具有了 T1 和 T2 图像的细节特征，达到了融合的目的。

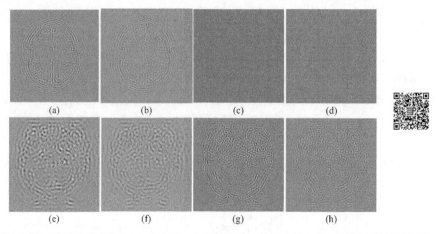

图 4.5 第一和第二示例中的融合 IMF：(a) 第一个示例中融合的 IMF_F1；(b)IMF_F1 的伪彩色图像；(c) 第一个示例中融合的 IMF_F2；(d) IMF_F2 的伪彩色图像；(e) 第二个示例中融合的 IMF_F1；(f) IMF_F1 的伪彩色图像；(g) 第二个示例中融合的 IMF_F2；(h) IMF_F2 的伪彩色图像

### 4.3.3 滤波器的整合

在 LPEWT 中，不同图像得到滤波器是一个二进制图像。这些滤波器对于图像重建具有重要影响。在 LPEWT 域，滤波器的个数与子图像(残差分量和 IMF)的个数相同。因此，本章采用了一种简单而有效的方法来集成不同图像的滤波器，即最大值选择法：

$$\mathrm{DF}_F(i,j) = \begin{cases} \mathrm{DF}_A(i,j), & \mathrm{DF}_A(i,j) \geqslant \mathrm{DF}_B(i,j) \\ \mathrm{DF}_B(i,j), & \mathrm{DF}_A(i,j) < \mathrm{DF}_B(i,j) \end{cases} \tag{4-26}$$

其中，$\mathrm{DM}_F$ 为融合滤波器，$\mathrm{DF}_A$ 为源图像 $A$ 的检测滤波器，$\mathrm{DF}_B$ 为源图像 $B$ 的检测滤波器。

### 4.3.4 融合步骤

在 LPEWT 中，由于不同源图像的 IMF 数量不同，需要设计针对性的整合规则。一般情况下，T1 图像的子图像数量会多于 T2 图像。由于其中一个图像的 IMF 可能会多于另外一个图像，因此多出的子图像没有对应的融合对象，却也保留了图像的重要信息，应该直接作为最终图像的成分。在融合操作开始前，首先获取不同源图像获得子图像个数，然后根据融合策略实现融合，如算法 4.1 所示。图 4.6 为所提方法的框图。

**算法 4.1　融合策略**

步骤 0：输入源图像 A 和 B。

步骤 1：利用 LPEWT 对源图像 A 和 B 进行分解，得到残差分量 R_A 和 R_B，固有模态分量 IMF_A 和 IMF_B，以及得到的滤波器 DF_A 和 DF_B。

步骤 2：提取残差分量 R_A 和 R_B 的二范数特征，通过 2.3.1 节方法将其融合：
　　　R_F= Residue_fusion (R_A，R_B)

步骤 3：获取并判断不同源图像 IMF 的数量：
　　　[mA]= number(IMF_A)
　　　[mB]= number(IMF_B)
　　　If (mA>mB)
　　　　　IMF_F(1: mA)= IMF_A(1: mA)
　　　　　DF_F(1: mA)= DF_A(1: mA)
　　　　　m= mB
　　　else
　　　　　IMF_F(1: mB)= IMF_B(1: mB)
　　　　　DF_F(1: mB)= DF_B(1: mB)
　　　　　m= mA
　　　end

步骤 4：通过基于模糊权重的匹配度显著度实现对应 IMF 的融合：
　　　For i=1 to m
　　　　　IMF_F(i)= IMF_fusion (IMF_A(i)，IMF_B(i))
　　　End

步骤 5：通过绝对值最大法融合滤波器 DF：
　　　For i=1 to m

```
        DF_F(i)= maximum_selection(DF_A(i)，DF_B(i))
    End
```
**步骤 6**：通过融合的残差分量、固有模态分量、滤波器组实现融合图像的重建。

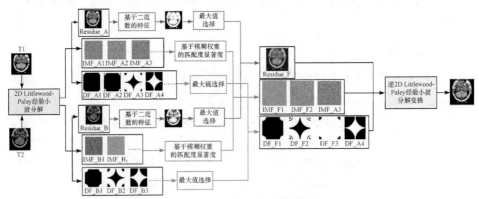

图 4.6　基于经验小波分析的医学图像融合方案

## 4.4　实验与分析

　　为了验证所提方法性能，本章以哈佛医学院①提供的医学图像为实验样本，并将所提方法与其他融合方法进行对比，如：GAP[31]、DWT[31,32]、基于滤波抽取的金字塔(filter-subtract-decimate pyramid，FSDP)[31]、引导滤波和图像统计(guided image filter and image statistics，GFS)[33]、CSR[34]、ASR[35]、基于引导滤波的方法(guided filtering-based method，GFF)[36]、多分辨率奇异值分解(multi-resolution singular value decomposition，MSVD)[37]、DTDWT[35]、SWT[38,39]、CVT[40,41]、曲波变换与稀疏表示(dual-tree complex wavelet transform-sparse representation，DTCWT-SR)[42]、曲波与稀疏表示(curvelet transform-sparse representation，CVT-SR)[42]。在本章提出的方法中，LPEWT 的预处理方法设置为 "plaw"。二范数的窗口值为经验设置的特定值[43]。根据 Burt 的研究[30]，改进后的显著性/匹配度量的窗口大小设置为 3。

　　图 4.7 为第一组源图像及其融合图像。GAP、GFS、DTDWT、DTCWT-SR 等方法所得融合图像明显比其他方法所得图像差。GFF 所得图像出现了伪影。除 GFS、GFF 和本章方法所得图像头骨较为清晰，其他图像的头骨亮度明显较低。整体而言，本章方法获得的融合图像的亮度高于其他方法。此外，本章方法所得融合图像中头骨的尖锐边缘被完整保留到融合图像中，脑细胞的纹理也被有效地融合到最终图像中。因此本章生成的融合图像明显优于其他对比方法。

---

① http://www.med.harvard.edu/aanlib/home.html

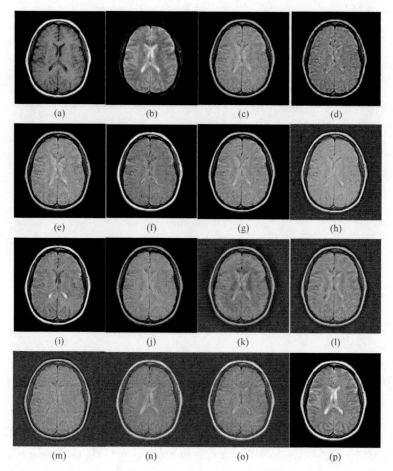

图 4.7　(a) T1；(b) T2；(c) GAP；(d) DWT；(e) fsdP；(f) GFS；(g) CSR；(h) ASR；(i) GFF；(j) MSVD；(k) DTDWT；(l) SWT；(m) CVT；(n) DTCWT-SR；(o) CVT-SR；(p) 本章方法

图 4.8 是第二组源图像及其融合图像。如图所示，GAP、GFF、CVT、ASR 和本章方法在亮度上要优于其他方法。MSVD 和 DTDWT 所得图像的清晰度和纹理信息质量明显比其他方法差。CVT 方法所得图像的部分区域出现伪影。采用本章生成的融合图像清晰地描绘了颅骨和大脑的亮边，同时也保留了脑白质和脑灰质的纹理和边缘，比其他方法更为优越。

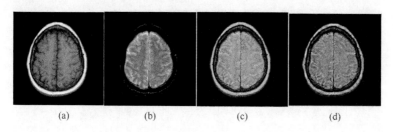

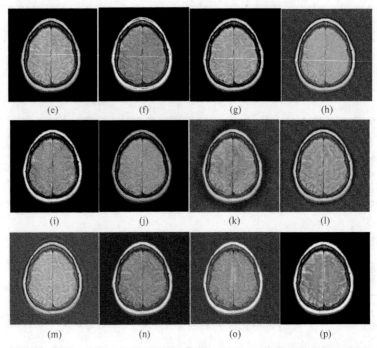

图 4.8　(a) T1；(b) T2；(c) GAP；(d) DWT；(e) fsdP；(f) GFS；(g) CSR；(h) ASR；(i) GFF；(j) MSVD；(k) DTDWT；(l) SWT；(m) CVT；(n) DTCWT-SR；(o) CVT-SR；(p) 本章方法

图 4.9 是第三组实验的融合图像。如图所示，GAP、DWT、fsdP、MSVD、DTDWT、SWT、CVT、DTCWT-SR、CVT-SR 方法所得的图像的清晰度和亮度要低于其他方法。GFS、GFF 与本章方法所得图像的脑白质信息得到很好的保留。与其他方法相比，采用本章方法生成的融合图像与源图像的对比度最为接近。此外，本章方法能够对脑部 T1 图像和脑部 T2 图像中的人体组织信息进行有效描述。

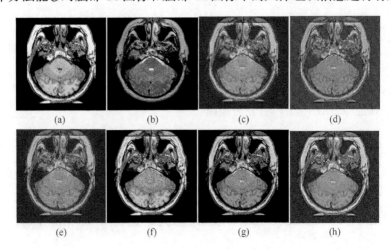

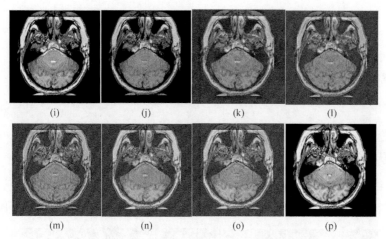

图 4.9　(a) T1；(b) T2；(c) GAP；(d) DWT；(e) fsdP；(f) GFS；(g) CSR；(h) ASR；(i) GFF；(j) MSVD；(k) DTDWT；(l) SWT；(m) CVT；(n) DTCWT-SR；(o) CVT-SR；(p) 本章方法

图 4.10 是第四组实验。如图所示，多数方法未能将两种图像的特征有效融合。而采用本章以及 GFF 方法生成的融合图像的对比度、亮度和边缘细节都优于其他方法。然而，GFF 方法生成的融合图像却丢失了一些重要的特征，例如脑部 T2 图像的细节信息。总体来看，本章生成的融合图像还是明显优于其他的对比方法。

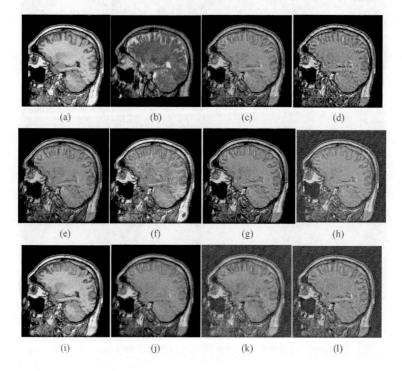

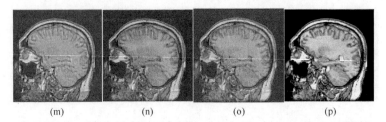

图 4.10　(a) T1；(b) T2；(c) GAP；(d) DWT；(e) fsdP；(f) GFS；(g) CSR；(h) ASR；(i) GFF；(j) MSVD；(k) DTDWT；(l) SWT；(m) CVT；(n) DTCWT-SR；(o) CVT-SR；(p) 本章方法

图 4.11 是第五组实验。DWT、MSVD、CVT 方法所得图像在细节上明显比其他方法差。此外，GFS 方法生成的融合图像，在脑灰质和脑白质区域有明显的

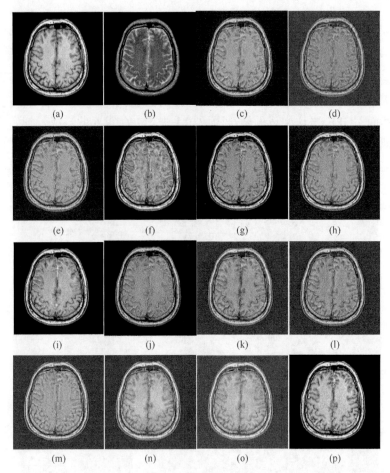

图 4.11　(a) T1；(b) T2；(c) GAP；(d) DWT；(e) fsdP；(f) GFS；(g) CSR；(h) ASR；(i) GFF；(j) MSVD；(k) DTDWT；(l) SWT；(m) CVT；(n) DTCWT-SR；(o) CVT-SR；(p) 本章方法

伪影。而本章生成的融合图像的对比度和亮度均优于其他方法，而且没有引入任何误差信息。因此，本章生成的融合图像将脑医学图像的细节特征和结构信息保存得很好，优于其他方法。

从图 4.12 可以看出，MSVD 所得图像的细节与纹理信息明显比其他方法差。DWT、fsdP、DTDWT、CVT 在颅骨亮度和细节信息方面损失较为严重。而采用本章生成的融合图像的对比度、亮度和细节方面明显优于其他方法，可提供更为丰富的人体组织信息。

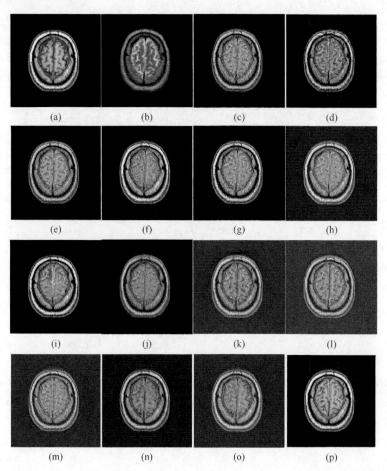

图 4.12　(a) T1；(b) T2；(c) GAP；(d) DWT；(e) fsdP；(f) GFS；(g) CSR；(h) ASR；(i) GFF；(j) MSVD；(k) DTDWT；(l) SWT；(m) CVT；(n) DTCWT-SR；(o) CVT-SR；(p) 本章方法

此外，本章采用一些常用的客观评价指标来检验融合算法性能，包括 $Q^{abf}$、MI、SF、AG、$L^{abf}$。表 4.1～表 4.6 为不同指标的数值。

表 4.1　第一组图像融合质量指标对比

| | SF | $Q^{abf}$ | $L^{abf}$ | MI | AG |
|---|---|---|---|---|---|
| GAP | 21.0385 | 0.5412 | 0.4454 | 2.6306 | 6.4831 |
| DWT | 24.9069 | 0.513 | 0.3659 | 2.449 | 7.7734 |
| fsdP | 21.2811 | 0.5382 | 0.4442 | 2.6249 | 6.6226 |
| GFS | 26.6189 | 0.6192 | 0.3555 | 3.0825 | 7.4037 |
| CSR | 22.3384 | 0.572 | 0.3758 | 2.6687 | 6.0613 |
| ASR | 23.1634 | 0.5662 | 0.3877 | 2.6565 | 6.1132 |
| GFF | 24.622 | 0.6396 | 0.3353 | 2.833 | 6.7412 |
| MSVD | 21.5775 | 0.461 | 0.5067 | 2.5358 | 6.8411 |
| DTDWT | 25.9752 | 0.5524 | 0.3130 | 2.528 | 7.6876 |
| SWT | 25.44 | 0.5509 | 0.3238 | 2.5869 | 7.5392 |
| CVT | 23.3251 | 0.5004 | 0.3793 | 2.4677 | 7.0841 |
| DTCWT-SR | 26.2819 | 0.5863 | 0.3244 | 2.8781 | 7.4865 |
| CVT-SR | 26.0018 | 0.5542 | 0.3299 | 2.6928 | 7.6412 |
| 本章方法 | **27.5171** | **0.6890** | **0.2118** | **3.5929** | **8.4052** |

表 4.2　第二组图像融合质量指标对比

| | SF | $Q^{abf}$ | $L^{abf}$ | MI | AG |
|---|---|---|---|---|---|
| GAP | 15.727 | 0.5189 | 0.4585 | 2.4441 | 5.1756 |
| DWT | 19.1792 | 0.4886 | 0.3961 | 2.2258 | 6.3321 |
| fsdP | 15.9834 | 0.5168 | 0.4558 | 2.4371 | 5.2913 |
| GFS | **22.6114** | 0.6269 | 0.3322 | 3.0605 | 6.8235 |
| CSR | 16.7578 | 0.5687 | 0.4196 | 2.477 | 4.9643 |
| ASR | 17.1656 | 0.523 | 0.4691 | 2.4537 | 4.9038 |
| GFF | 19.2029 | 0.6107 | 0.3355 | 2.5342 | 5.5823 |
| MSVD | 16.8994 | 0.4365 | 0.5404 | 2.3878 | 5.5155 |
| DTDWT | 20.4723 | 0.5536 | 0.3344 | 2.3261 | 6.4336 |
| SWT | 19.7097 | 0.5304 | 0.3702 | 2.314 | 6.1709 |
| CVT | 17.7143 | 0.479 | 0.4523 | 2.2459 | 5.7615 |
| DTCWT-SR | 20.6393 | 0.6053 | 0.3333 | 2.8038 | 6.3543 |
| CVT-SR | 20.4448 | 0.5656 | 0.3532 | 2.6473 | 6.4403 |
| 本章方法 | 21.5392 | **0.6644** | **0.2422** | **3.0649** | **7.0223** |

表 4.3　第三组图像融合质量指标对比

| | SF | $Q^{abf}$ | $L^{abf}$ | MI | AG |
|---|---|---|---|---|---|
| GAP | 31.6179 | 0.5199 | 0.4586 | 2.8745 | 12.1669 |
| DWT | 37.4530 | 0.4898 | 0.3669 | 2.5824 | **14.4355** |

续表

|  | SF | $Q^{abf}$ | $L^{abf}$ | MI | AG |
|---|---|---|---|---|---|
| fsdP | 32.4046 | 0.5102 | 0.4626 | 2.8508 | 12.4656 |
| GFS | 36.7575 | 0.6147 | 0.3509 | 3.5963 | 13.7979 |
| CSR | 33.0297 | 0.5876 | 0.3938 | 2.9752 | 11.9775 |
| ASR | 33.1058 | 0.5752 | 0.4070 | 3.0052 | 11.7868 |
| GFF | 34.3335 | 0.6198 | 0.3578 | 3.2910 | 12.3146 |
| MSVD | 33.0763 | 0.4778 | 0.4878 | 2.9221 | 12.8300 |
| DTDWT | 36.7023 | 0.5233 | 0.3596 | 2.7289 | 13.6098 |
| SWT | 36.7439 | 0.5251 | 0.3576 | 2.6423 | 13.8311 |
| CVT | 35.0743 | 0.5041 | 0.4050 | 2.6732 | 13.3777 |
| DTCWT-SR | 36.3426 | 0.5614 | 0.3630 | 3.1140 | 13.3684 |
| CVT-SR | 35.9338 | 0.5179 | 0.3845 | 2.8051 | 13.5804 |
| 本章方法 | **38.0299** | **0.6227** | **0.2776** | **3.8678** | 14.3520 |

表 4.4 第四组图像融合质量指标对比

|  | SF | $Q^{abf}$ | $L^{abf}$ | MI | AG |
|---|---|---|---|---|---|
| GAP | 27.8317 | 0.5073 | 0.4681 | 2.8296 | 12.1470 |
| DWT | 33.4015 | 0.4804 | 0.3601 | 2.5684 | 14.6279 |
| fsdP | 28.3712 | 0.5070 | 0.4634 | 2.8030 | 12.3694 |
| GFS | 32.9301 | 0.5867 | 0.3583 | 3.6216 | 14.3420 |
| CSR | 29.4968 | 0.5780 | 0.4018 | 2.9349 | 12.2282 |
| ASR | 31.1773 | 0.5899 | 0.3695 | 2.9277 | 12.9850 |
| GFF | 32.1664 | 0.6524 | 0.3290 | 4.2115 | 13.5990 |
| MSVD | 28.0455 | 0.3626 | 0.6246 | 2.8467 | 12.4621 |
| DTDWT | 33.2587 | 0.5072 | 0.3456 | 2.6851 | 14.1268 |
| SWT | 33.1195 | 0.5060 | 0.3498 | 2.5982 | 14.2946 |
| CVT | 32.1189 | 0.4788 | 0.4013 | 2.6119 | 13.9640 |
| DTCWT-SR | 32.9852 | 0.5448 | 0.3552 | 3.1515 | 14.1127 |
| CVT-SR | 33.0166 | 0.5031 | 0.3630 | 2.9707 | 14.3772 |
| 本章方法 | **33.7878** | **0.6555** | **0.2725** | **4.9283** | **14.5315** |

从这些表格中可知，本章方法所得 SF 值除在表 4.2 中低于 GFS 以外，均大于其他方法。本章方法在 $Q^{abf}$、$L^{abf}$ 和 MI 指标方面均优于其他方法，竞争力明显。在 AG 方面，本章方法除在表 4.3 中低于 DWT 方法以外，均大于其他方法。

总体而言，本章方法的融合图像在纹理、细节和亮度方面优于其他方法，可以较好地提取和融合图像的特征。在客观指标方面，本章方法所得指标整体优于其他方法，说明有效的融合了源图像的重要信息。

表 4.5　第五组图像融合质量指标对比

| | SF | $Q^{abf}$ | $L^{abf}$ | MI | AG |
|---|---|---|---|---|---|
| GAP | 25.1846 | 0.5072 | 0.4709 | 3.0213 | 9.2892 |
| DWT | 30.6584 | 0.4863 | 0.3676 | 2.7842 | 11.2987 |
| fsdP | 25.7276 | 0.5011 | 0.4706 | 2.9958 | 9.5131 |
| GFS | 29.3328 | 0.5584 | 0.3755 | 3.3619 | 10.7005 |
| CSR | 27.0106 | 0.5702 | 0.4134 | 3.1022 | 9.3355 |
| ASR | 27.4581 | 0.5566 | 0.4251 | 3.0979 | 9.2729 |
| GFF | 28.7220 | 0.6129 | 0.3710 | 3.5315 | 9.9812 |
| MSVD | 26.6924 | 0.4595 | 0.5082 | 2.9920 | 9.9142 |
| DTDWT | 29.9887 | 0.5212 | 0.3449 | 2.8720 | 10.9640 |
| SWT | 29.9474 | 0.5143 | 0.3575 | 2.8503 | 10.9539 |
| CVT | 28.8681 | 0.5084 | 0.4004 | 2.8477 | 10.4502 |
| DTCWT-SR | 29.5384 | 0.5581 | 0.3617 | 3.3611 | 10.5783 |
| CVT-SR | 29.4683 | 0.5322 | 0.3632 | 3.2041 | 10.7447 |
| 本章方法 | 30.9566 | 0.6217 | 0.2586 | 4.1381 | 11.4286 |

表 4.6　第六组图像融合质量指标对比

| | SF | $Q^{abf}$ | $L^{abf}$ | MI | AG |
|---|---|---|---|---|---|
| GAP | 18.2014 | 0.5371 | 0.4454 | 2.5587 | 5.8763 |
| DWT | 22.6745 | 0.5038 | 0.3659 | 2.2829 | 7.2811 |
| fsdP | 18.5845 | 0.5341 | 0.4442 | 2.5440 | 6.0061 |
| GFS | 21.9960 | 0.6159 | 0.3555 | 2.9716 | 6.8943 |
| CSR | 19.7449 | 0.6105 | 0.3758 | 2.5635 | 6.0428 |
| ASR | 20.3467 | 0.5952 | 0.3877 | 2.5151 | 6.1129 |
| GFF | 21.8449 | 0.6322 | 0.3353 | 2.6808 | 6.5637 |
| MSVD | 19.5243 | 0.4673 | 0.5067 | 2.5063 | 6.2647 |
| DTDWT | 22.8918 | 0.5574 | 0.3130 | 2.3714 | 7.2003 |
| SWT | 22.7637 | 0.5509 | 0.3238 | 2.3312 | 7.1794 |
| CVT | 21.4989 | 0.5426 | 0.3793 | 2.3214 | 6.7819 |
| DTCWT-SR | 22.5042 | 0.5996 | 0.3244 | 2.7662 | 6.9925 |
| CVT-SR | 22.2885 | 0.5691 | 0.3299 | 2.5511 | 7.0459 |
| 本章方法 | 23.2589 | 0.6766 | 0.2503 | 3.3021 | 7.3573 |

## 4.5 小　　结

本研究基于 LPEWT 提出了一种医学图像融合方法，该方法基于 L2 范数的特征、匹配/显著/模糊权重的测度相结合分别实现了高频和低频子图像的融合。首先，LPEWT 将医学图像分解为一组子图像，利用基于二范数的特征融合残差子图像，利用基于匹配/显著性/模糊权重的方法融合高频 IMF 子图像。实验显示，该方法与其他传统方法相比，具有明显的优越性和竞争力。这表明，二维 LPEWT 可以有效地提取多源图像的重要特征，并能应用于图像融合问题；提出的二范数图像特征可有效地实现低频残差子图像的融合；改进的匹配/显著性权重融合方法实现了高频子图像的有效融合。下一步研究工作包括探索新型 EMD 在图像融合中的应用研究，并设计针对性的融合策略。

### 参 考 文 献

[1] Jin X, Chen G, Hou J, et al. Multimodal sensor medical image fusion based on nonsubsampled shearlet transform and S-PCNNs in HSV space[J]. Signal Processing, 2018, 153: 379-395.

[2] 赵贺, 张金秀, 张正刚. 基于 NSCT 与 DWT 的 PCNN 医学图像融合[J]. 激光与光电子学进展, 2021, 58(20): 453-362.

[3] Mitianoudis N, Stathaki T. Pixel-based and region-based image fusion schemes using ICA bases[J]. Information Fusion, 2007, 8(2): 131-142.

[4] Liu Y, Chen X, Cheng J, et al. A medical image fusion method based on convolutional neural networks[C]. 2017 20th International Conference on Information Fusion, Xi'an, China, IEEE, 2017: 1-7.

[5] Burt P J, Adelson E H. The Laplacian pyramid as a compact image code[J]. IEEE Transactions on Communications, 1983, 31(4): 532-540.

[6] Toet A, Ruyven L J, Valeton J M. Merging thermal and visual images by a contrast pyramid[J]. Optical Engineering, 1989, 28(7): 789-792.

[7] Rani V A, Lalithakumari S. Efficient medical image fusion using 2-dimensional double density wavelet transform to improve quality metrics[J]. IEEE Instrumentation and Measurement Magazine, 2021, 24(4): 35-41.

[8] Kumar N N, Prasad T J, Prasad K S. Optimized dual-tree complex wavelet transform and fuzzy entropy for multi-modal medical image fusion: A hybrid meta-heuristic concept[J]. Journal of Mechanics in Medicine and Biology, 2021, 21(3): 2150024.

[9] Huang Z, Ding M, Zhang X. Medical image fusion based on non-subsampled shearlet transform and spiking cortical model[J]. Journal of Medical Imaging and Health Informatics, 2017, 7(1): 229-234.

[10] Wang Z, Li X, Duan H, et al. Medical image fusion based on convolutional neural networks and non-subsampled contourlet transform[J]. Expert Systems with Applications, 2021, 171: 114574.

[11] Li B, Peng H, Wang J. A novel fusion method based on dynamic threshold neural P systems and nonsubsampled contourlet transform for multi-modality medical images[J]. Signal Processing, 2021, 178: 107793.

[12] Si Y. LPPCNN: A Laplacian pyramid-based pulse coupled neural network method for medical image fusion[J]. Journal of Applied Science and Engineering, 2021, 24(3): 299-305.

[13] Reena Benjamin J, Jayasree T. Improved medical image fusion based on cascaded PCA and shift invariant wavelet transforms[J]. International Journal of Computer Assisted Radiology and Surgery, 2018, 13(2): 229-240.

[14] Malik H, Alotaibi M A, Almutairi A. A new hybrid model combining EMD and neural network for multi-step ahead load forecasting[J]. Journal of Intelligent & Fuzzy Systems, 2022, 42(2): 1099-1114.

[15] Malik H, Almutairi A, Alotaibi M A. Power quality disturbance analysis using data-driven EMD-SVM hybrid approach[J]. Journal of Intelligent & Fuzzy Systems, 2022, 42(2): 669-678.

[16] Liu G, Zhou W, Geng M. Automatic seizure detection based on S-transform and deep convolutional neural network[J]. International Journal of Neural Systems, 2020, 30(4): 1950024.

[17] Gilles J. Empirical wavelet transform[J]. IEEE Transactions on Signal Processing, 2013, 61(16): 3999-4010.

[18] Gilles J, Tran G, Osher S. 2D empirical transforms, wavelets, ridgelets and curvelets revisited[J]. SIAM Journal on Imaging Sciences, 2014, 7(7): 157-186.

[19] Huang N E, Shen Z, Long S R, et al. The empirical mode decomposition and the Hilbert spectrum for nonlinear and non-stationary time series analysis[C]. Proceedings of the Royal Society of London, Series A: Mathematical, Physical and Engineering Sciences, 1998, 454(1971): 903-995.

[20] Tran T T, Pham V T, Lin C, et al. Empirical mode decomposition and monogenic signal-based approach for quantification of myocardial infarction from MR images[J]. IEEE Journal of Biomedical and Health Informatics, 2018, 23(2): 731-743.

[21] Nunes J C, Bouaoune Y, Delechelle E, et al. Image analysis by bidimensional empirical mode decomposition[J]. Image and Vision Computing, 2003, 21(12): 1019-1026.

[22] Tian Y, Xie Y, Zhang C, et al. Image fusion method based on EMD method[C]. International Conference on Space Information Technology, Wuhan, China, SPIE, 2006, 5985: 909-913.

[23] Grafakos L. Classical Fourier Analysis[M]. New York: Springer, 2008.

[24] Huang N E, Shen Z, Long S R, et al. The empirical mode decomposition and the Hilbert spectrum for nonlinear and non-stationary time series analysis[C]. Proceedings of the Royal Society of London. Series A: Mathematical, Physical and Engineering Sciences, 1998, 454(1971): 903-995.

[25] Averbuch A, Coifman R R, Donoho D L, et al. Fast and accurate Polar Fourier transform[J]. Applied and Computational Harmonic Analysis, 2006, 21(2): 145-167.

[26] Averbuch A, Coifman R R, Donoho D L, et al. A framework for discrete integral transformations I-The Pseudopolar Fourier transform[J]. SIAM Journal on Scientific Computing, 2008, 30(2): 764-784.

[27] Delon J, Desolneux A, Lisani J L, et al. A nonparametric approach for histogram segmentation[J]. IEEE Transactions on Image Processing, 2007, 16(1): 253-261.

[28] Xia Y, Leung H. A fast learning algorithm for blind data fusion using a novel L2-Norm estimation[J]. IEEE Sensors Journal, 2014, 14(3): 666-672.

[29] Chen C I. Fusion of PET and MR brain images based on IHS and Log-Gabor transforms[J]. IEEE Sensors Journal, 2017, 17(21): 6995-7010.

[30] Burt P J, Kolczynski R J. Enhanced image capture through fusion[C]. The 4th International Conference on Computer Vision, Berlin, Germany, IEEE, 1993: 173-182.

[31] Oliver R. Pixel-level image fusion and the image fusion toolbox [EB/OL]. 1999, http://www.metapix/toolbox.htm.

[32] Li H, Manjunath B S, Mitra S K. Multisensor image fusion using the wavelet transform[J]. Graphical Models and Image Processing, 1995, 57(3): 235-245.

[33] Bavirisetti D P, Kollu V, Gang X, et al. Fusion of MRI and CT images using guided image filter and image statistics[J]. International Journal of Imaging Systems and Technology, 2017, 27(3): 227-237.

[34] Liu Y, Chen X, Ward R K, et al. Image fusion with convolutional sparse representation[J]. IEEE Signal Processing Letters, 2016, 23 (12): 1882-1886.

[35] Liu Y, Wang Z. Simultaneous image fusion and denoising with adaptive sparse representation[J]. IET Image Processing, 2014, 9(5): 347-357.

[36] Li S, Kang X, Hu J. Image fusion with guided filtering[J]. IEEE Transactions on Image Processing, 2013, 22(7): 2864-2875.

[37] Naidu V P S. Image fusion technique using multi-resolution singular value decomposition[J]. Defence Science Journal, 2011, 61(5): 479.

[38] Renza D, Martinez E, Arquero A. Quality assessment by region in spot images fused by means dual-tree complex wavelet transform[J]. Advances in Space Research, 2011, 48(8): 1377-1391.

[39] Nason G P, Silverman B W. The stationary wavelet transform and some statistical applications//Wavelets and Statistics[M]. New York, NY: Springer, 1995: 281-299.

[40] Liu K, Guo L, Li H H, et al. Image fusion algorithm using stationary wavelet transform[J]. Computer Engineering and Applications, 2007, 43(12): 59-61.

[41] Starck J L, Candes E J, Donoho D L. The curvelet transform for image denoising[J]. IEEE Transactions on Image Processing, 2002, 11(6): 670-684.

[42] Liu Y, Liu S, Wang Z. A general framework for image fusion based on multi-scale transform and sparse representation[J]. Information Fusion, 2015, 24: 147-164.

[43] Jin X, Jiang Q, Yao S, et al. A survey of infrared and visual image fusion methods[J]. Infrared Physics & Technology, 2017, 85: 478-501.

# 第5章 基于非下采样剪切波与简化脉冲耦合神经网络的医学图像融合

计算成像技术在医学领域发挥着重要作用，如 MRI T1、MRI T2 和 PET 技术可以从不同角度反映人体组织信息，但这三种图像一般独立获取，分别呈现不同的特征。为了实现不同医学图像特征的互补综合，本章提出了一种可将 T1、T2 和 PET 三种医学图像进行融合的方法。首先，通过 NSST 将 T1 和 T2 图像分解为一组对应的低频和高频系数；同时，将 PET 图像转换至 HSV 彩色空间，将 PET 图像的 V 分量进行 NSST 分解。然后，利用交叉皮层模型(intersecting cortical model，ICM)从高频系数中提取较大区域的边缘和轮廓，利用简化脉冲耦合神经网络(simplified PCNN，S-PCNN)描述较小区域的精细细节信息。而后，通过不同的融合规则融合对应的低频系数和高频系数。最后，通过 HSV 逆变换和 NSST 逆变换得到融合后的医学图像。

## 5.1 概 况

由于传感器和计算机技术的快速发展，医学成像技术已成为临床应用的重要组成部分[1]。不同的医学图像一般表现不同的人体组织信息，这些医学图像通常是由不同成像技术分别获取的。因此，可以利用多源图像融合技术将不同模态的医学图像合成为一幅综合图像，从而为医生提供更准确可靠的生理信息。由于多模态医学图像融合技术的重要性，其逐渐成为研究的热点[2]。

计算成像在医学领域发挥着重要作用，然而传统的医学图像融合方法只考虑 CT-MRI[3]、CT-PET[4]和 MRI-PET[5]等两源图像的融合。很明显，由于不同类型的医学图像中包含丰富的互补信息，融合三种或多种医学图像可以呈现更详细的信息。然而，传统的医学图像融合方法不能直接用于实现这一目标，因为它们不能有效地融合来自三种或多种医学源图像的不同特征。众所周知，MRI 和 PET 图像是常用的医学图像；具体来说，MRI 图像也被称为结构医学图像，因为它们可以提供器官的结构信息。T1 可以显示解剖结构是否有异常。T2 可以显示组织病变的信号是否有异常，PET 图像可以通过伪彩色图像揭示人体组织的功能信息[6]。因此，多模态医学图像融合可以使人体组织的解剖生理特征更加易于识别和判断，对于医学图像分析、临床诊断、治疗计划等至关重要。

传统的医学图像融合方法，如 ICA[7]、PCA[8]和模糊集[9]，一般需要生成图像融合的决策或权重，因此可以被视为基于空间域的方法。这些方法的优点是简单、易于实现且计算成本较低。然而，它们无法有效地表示图像的边缘和轮廓，并且在融合过程中会丢失许多细节特征。在这一领域，多尺度分析是一类最流行的医学图像融合技术，如 PT[10]、DWT[11]、CNT[12]、ST[13]、Ripplet-II 变换[5]和 Tetrolet 变换[4]。基于多尺度分析的方法首先将源医学图像分解为不同的多尺度系数；然后通过融合规则进行系数融合；最后，通过逆变换利用融合图像系数重建图像[1]。但是，大多数多尺度分析方法都有局限性。例如，LPT 无法准确描述图像的轮廓和对比度；DWT 奇点敏感，不能有效捕捉其他显著特征，并且经常在融合图像中引起伪影和吉布斯效应[14]。因此，PT 和 DWT 生成的融合图像通常无法完美保留医学图像的细节特征，且可能会产生伪影。同样，基于 CWT 和 ST 的图像融合也很容易引起吉布斯现象。上述方法由于其独特的机制而缺乏移位不变性，导致其不能有效提取图像特征。NSCT[15]和 NSST 分别被认为是 CWT 和 ST 的移位不变版本[16,17]，主要是为了克服奇点周围的伪吉布斯现象而构建的方法，它们也被用于医学图像融合[2]。尽管基于 NSCT 的方法在医学图像融合性能方面具有竞争力，但它们具有较高的计算复杂度[16]。NSST 可以克服传统变换算法的问题。它不仅具有基于多尺度分析方法的优点，而且提供了优越的数学结构和灵活性[18]。多尺度几何分解和多方向的特点使得 NSST 能够很好地描述源图像的轮廓和方向纹理信息[19]。因此，NSST 在医学图像融合方面具有很好的前景。

人工神经网络信息处理方法在许多领域都有着广阔的应用前景。在图像处理中，PCNN 及其简化版本是典型的图像处理模型[19,20]。1989 年，Gray 和 König 等[21]在 Nature 发表研究论文指出，猫的大脑皮层神经元具有同步振荡现象(频率范围大致为 40~60Hz)，并证明了这种振荡和它的周围神经元有紧密联系。几乎在同一时间，Eckhorn 等也在哺乳动物神经元中发现了类似现象，并发表了一系列研究论文揭示猫和猴子等哺乳动物大脑视皮层神经细胞的活动规律，同时提出链接模型以模拟此类神经元同步脉冲现象[22,23]。Eckhorn 的模型为视皮层神经网络中的同步脉冲动力学研究提供了一个简单且有效的模拟工具。之后不久，有学者发现该模型在图像输入信号的刺激下会发出同步振荡脉冲，这些脉冲包含了图像的重要特征信息，可以应用于图像处理领域。由于 Eckhorn 的模型较为复杂，许多学者开始对该模型进行改进和简化，统称为 PCNN 模型。1993 年，Johnson 等在 Eckhorn 模型的基础上提出了经典 PCNN 模型，该模型基本保留了真实神经元的活动特点[24]。随后，学者们基于经典 PCNN 模型又提出了多种改进的 PCNN 模型，例如 S-PCNN、ICM 等，并将其用于图像分割、图像边缘检测和图像融合等领域。PCNN 可以模拟猫视觉皮层神经元的信息处理机制，相似群神经元在相互耦合脉冲的作用下发出同步脉冲，PCNN 的输出脉冲有效地描述了输入图像的区域和细节信息。经过分析和计算，输出脉冲也可以看作是输入图像的特征。PCNN 由于其优越的性能，近年来在许多领域得到了广泛的应用，特别是在图像融合方面。

与融合两种医学图像相比，融合三种或多种医学图像可以提供更准确、更全面、更可靠的源图像特征信息。T1 和 T2 分别从两个角度来揭示人体组织的结构信息，缺乏 PET 图像通常捕捉到的功能信息。因此，对三种或三种以上医学图像的融合进行研究是有价值和必要的。然而，这方面的研究很少。受上述思想的启发，作者试图为三模态医学图像融合设计一种合适的融合方法，提出一种多模态医学图像融合方案。该方法是在 HSV 彩色空间中基于 NSST 和 S-PCNN 融合 T1、T2 和 PET 图像。在第一阶段，通过 NSST 对 T1、T2 图像进行分解以得到低频和高频系数。然后将不同层的高频系数作为 ICM1 和 S-PCNN1 的输入，分别提取其较大尺度的区域特征和较小尺度的细节特征。最后，通过设计的融合规则融合低频和高频系数。第二阶段，首先将 PET 图像转换至 HSV 彩色空间，通过 NSST 分解 V 分量，得到其低频和高频系数。然后将第一层的高频系数和 V 分量的高频系数作为 ICM2 和 S-PCNN2 的输入，从而提取相应的细节特征。最后，通过融合规则实现低频和高频系数的融合。然后依次通过逆 HSV 和逆 NSST 变换得到融合后的医学图像。与常用的图像融合方法相比，该方案可以融合三个模态的医学图像，并且保留更多的细节和纹理。

## 5.2 相关理论模型

本章节首先介绍一些相关理论和方法。

### 5.2.1 非下采样的剪切波变换

小波变换是一种有效的频域多尺度图像分析工具，也是一种流行的图像处理多尺度分析技术，此外还有一些类小波分析方法，如 CVT、CNT 和 ST 等多尺度分析方法[10,14,22]。然而，这些传统多尺度分析方法大多数具有局限性，例如移位不变和伪吉布斯现象等。为了提高图像表示能力，许多基于非下采样的变换方法被提出，如 NSCT 和 NSST[19,20,23]。在两种方法中，NSST 具有更低的计算复杂度和更好的稀疏表示能力[25]。NSST 是基于 ST 提出的一种非下采样分析方法，本书首先介绍相关理论。

Labate 等人首先基于小波提出了 ST[26-28]。在维度 $n=2$ 的情况下，仿射系统定义为：

$$\psi_{AS}(\psi) = \left\{ \psi_{j,l,k}(x) = |\det A|^{j/2} \psi(S^l A^j x - k) : l, j \in Z, k \in Z^2 \right\} \tag{5-1}$$

其中，$\psi$ 是基函数 $\psi \in L^2(R^2)$ 的集合，$A$ 表示多尺度分区的各向异性矩阵，$S$ 是方向分析的剪切矩阵，$j$ 为尺度，$l$ 为方向，$k$ 为位移参数。$A$ 和 $S$ 都为 2×2 的可逆矩阵并且 $|\det S| = 1$。对于每个 $a>0$，矩阵 $A$ 和 $S$ 给出为：

$$A = \begin{pmatrix} a & 0 \\ 0 & \sqrt{a} \end{pmatrix}, \quad S = \begin{pmatrix} 1 & s \\ 0 & 1 \end{pmatrix} \tag{5-2}$$

其中 $S \in R$。

设 $a=4$，$s=1$，从式(5-2)中可以得到：

$$A = \begin{pmatrix} 4 & 0 \\ 0 & 2 \end{pmatrix}, \quad S = \begin{pmatrix} 1 & 1 \\ 0 & 1 \end{pmatrix} \tag{5-3}$$

对任意 $\xi = (\xi_1, \xi_2) \in \hat{R}^2$，$\xi_1 \neq 0$，ST 的基本函数表达式[26]如下：

$$\hat{\psi}^{(0)}(\xi) = \hat{\psi}^{(0)}(\xi_1, \xi_2) = \hat{\psi}_1(\xi_1)\hat{\psi}_2(\xi_2 / \xi_1) \tag{5-4}$$

其中，$\hat{\psi}$ 是 $\psi$ 的傅里叶变换 $\hat{\psi}_1 \in C^\infty(R)$，$\hat{\psi}_2 \in C^\infty(R)$，并且假设 $\psi_2 \subset [-1/2, -1/16] \cup [1/16, 1/2]$，$\hat{\psi}_2 \subset [-1,1]$。这表明 $\hat{\psi}_0 = C^\infty(R)$ 并且 $\psi_0 \subset [-1/2, 1/2]^2$。此外，假设

$$\sum_{j \geq 0} \left| \hat{\psi}_1(2^{-2j}\omega) \right|^2 = 1, \quad |\omega| \geq 1/8 \tag{5-5}$$

并且对任意 $j \geq 0$，$\hat{\psi}_2$ 满足

$$\sum_{l=-2^j}^{2^j - 1} \left| \hat{\psi}_2(2^j \omega - l) \right|^2 = 1, \quad |\omega| \leq 1 \tag{5-6}$$

由 $\hat{\psi}_1$，$\hat{\psi}_2$ 的假设条件可知，函数 $\psi_{j,l,k}$ 具有式(5-7)中所列的频率支持

$$\hat{\psi}_{j,l,k}^0 \subset \{\xi_1, \xi_2 \mid \xi_1 \in [-2^{2j-1}, -2^{2j-4}] \cup [-2^{2j-4}, -2^{2j-1}], |\xi_2 / \xi_1 + l2^{-j}| \leq 2^{-j}\} \tag{5-7}$$

也就是说，每个元素 $\hat{\psi}_{j,l,k}$ 都支持在一对梯形区域中，其大小约为 $2^{2j} \times 2^j$。

NSST 的离散化过程有两个阶段：多尺度分解和多向分解。多尺度分解通过非下采样拉普拉斯金字塔滤波器实现，以避免上采样和下采样操作的影响。多向分解是通过改进的 ST 实现，这种变换允许在高频图像的每层使用 $l$ 个方向分解，即产生与源图像大小相同的 $2^l$ 个子图像[28]。因此，NSST 在移位不变性、多尺度和多方向特性方面具有明显优势。

## 5.2.2 PCNN 模型介绍

PCNN 与传统人工神经网络模型不同，它是由神经元互相链接而成的单层非

线性反馈型网络，可根据输入信号的维度自动匹配相应数量的神经元，在实际应用中无需样本训练即可提取输入信号的特征信息[29]。PCNN 具有同步脉冲、变阈值、非线性调制、并行处理、脉冲耦合输出机制等特性。在图像处理中，PCNN 中神经元数目与像素数量相同，且一一对应，如图 5.1 所示[30]。PCNN 的每次迭代，一个神经元的输出只有两种情况：脉冲用"1"表示，非脉冲用"0"表示。所以 PCNN 的输出是一个二值图像，与输入图像像素一一对应，可被称为点火图(firing map, FM)[31]。FM 可被认为是图像的最基本特征。但在一般图像处理中，常用的脉冲信息表现形式是将 FM 相加得到点火统计图(firing statistics map, FSM)，FSM 为对应像素位置的点火次数，可以体现对应神经元的点火(脉冲)频率。FSM 可以有效地表达源图像的纹理、边缘和区域分布等特征。

经典 PCNN 模型最为接近实际神经元细胞，因此其处理信号的能力较强。但经典 PCNN 有七个参数需要设置，其复杂的数学模型使其参数设置非常繁复；此外，该模型的运算速度也较慢。因此，除了经典 PCNN 模型之外，研究人员还提出了一些简化的 PCNN 模型，这些简化模型不仅具有经典 PCNN 的基本特点，还具有更快的计算速度和更简单的数学描述。最为常用的包括 PCNN、S-PCNN 和 ICM 三种模型，本章研究中所涉及的模型也是这三种，因此，本章主要对这三种模型进行介绍和分析。

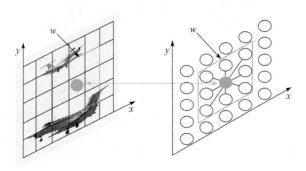

图 5.1 使用 PCNN 神经元与图像像素的示意图[20]

#### 5.2.2.1 经典脉冲耦合神经网络模型

Johnson 的经典 PCNN 模型尽可能保持了小型哺乳动物的视觉神经元特性，其神经元结构如图 5.2 所示。学者们将 PCNN 的基本组成单元——神经元，分为接收域、非线性调制、脉冲产生器三部分[24]。神经网络中的神经元分别接收反馈输入和耦合链接输入，然后在其内部神经元活动模块中形成内部活动项，当内部活动项大于动态阈值时，神经元将按照一定规律输出时序脉冲，如式(5-8)~式(5-12)所示。

# 第 5 章 基于非下采样剪切波与简化脉冲耦合神经网络的医学图像融合

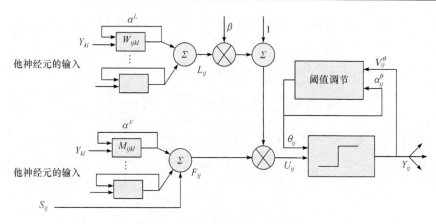

图 5.2 PCNN 模型神经元示意图

$$F_{ij}[n] = e^{-\alpha^F} F_{ij}[n-1] + V_F \sum_{kl} M_{ijkl} Y_{kl}(n-1) + S_{ij} \tag{5-8}$$

$$L_{ij}[n] = e^{-\alpha^L} L_{ij}[n-1] + V_L \sum_{kl} W_{ijkl} Y_{kl}(n-1) \tag{5-9}$$

$$U_{ij}[n] = F_{ij}[n][1 + \beta L_{ij}(n)] \tag{5-10}$$

$$Y_{ij}[n] = \begin{cases} 1, & U_{ij}[n] > \theta_{ij}[n] \\ 0, & \text{otherwise} \end{cases} \tag{5-11}$$

$$\theta_{ij}[n] = e^{-\alpha^\theta} \theta_{ij}[n-1] + V_\theta Y_{ij}[n] \tag{5-12}$$

其中，$S_{ij}$ 为外部输入，$(i, j)$ 表示两个维度；$n$ 为当前迭代次数；$F_{ij}[n]$ 是第 $(i, j)$ 个神经元的反馈输入项；$L_{ij}[n]$ 为链接输入项；$U_{ij}[n]$ 为神经元内部活动项；$Y_{ij}[n]$ 表示神经元的脉冲输出项；$\theta_{ij}[n]$ 为神经元动态阈值项。接收域由 $F_{ij}[n]$ 和 $L_{ij}[n]$ 构成，其中 $W_{ijkl}$ 和 $M_{ijkl}$ 作为外部神经元 $kl$ 和当前 $(i, j)$ 神经元的突触联结权，$\alpha^F$ 和 $\alpha^L$ 分别代表相应通道的衰减指数，$V^F$ 和 $V^L$ 分别代表相应通道的幅度系数。神经元内部活动项 $U_{ij}[n]$ 由 $L_{ij}[n]$ 和 $F_{ij}[n]$ 决定，其中 $\beta$ 代表链接强度。在脉冲产生器中，当内部状态值 $U_{ij}[n]$ 大于门限阈值 $\theta_{ij}[n]$ 时，神经元将发出一个脉冲，然后阈值突然增大，并以指数形式衰减，其衰减系数和幅度系数分别为 $\alpha^\theta$ 和 $V^\theta$。

#### 5.2.2.2 简化脉冲耦合神经网络模型

S-PCNN 与原始 PCNN 类似，但在常用的 S-PCNN 模型神经元中输入通道 $F_{ij}[n]$ 仅与输入值有关，没有外部耦合和指数衰减，且其他机制与 PCNN 模型保持一致。因此，它比原始 PCNN 具有更少的参数和更简单的机制。在 S-PCNN 模型中，神经元可以用方程(5-13)~(5-17)表示，示意图如图 5.3 所示。下标 $(i, j)$ 代表神经元在 S-PCNN 中的位置，$n$ 表示当前迭代次数（$N$ 为迭代总数）。当 $U_{ij}(n) > \theta_{ij}(n)$，神经元会产生一个脉冲，称为点火。

$$F_{ij}(n) = S_{ij} \tag{5-13}$$

$$L_{ij}(n) = e^{-\alpha^L} L_{ij}(n-1) + V^L \sum_{kl} W_{ijkl} Y_{kl}(n-1) \tag{5-14}$$

$$U_{ij}(n) = F_{ij}(n)[1 + \beta L_{ij}(n)] \tag{5-15}$$

$$\theta_{ij}(n) = e^{-\alpha^\theta} \theta_{ij}(n-1) + V^\theta Y_{ij}(n-1) \tag{5-16}$$

$$Y_{ij}(n) = \begin{cases} 1, & U_{ij}(n) > \theta_{ij}(n) \\ 0, & \text{otherwise} \end{cases} \tag{5-17}$$

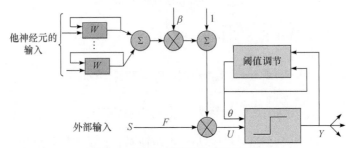

图 5.3　S-PCNN 模型中的神经元图

#### 5.2.2.3　交叉视皮层模型

ICM 保留了 PCNN 的基本特性，可以看作是经典 PCNN[32]的最小系统。在 ICM 模型中，一个神经元的变量可以描述为式(5-18)～式(5-20)，示意图如图 5.4 所示。ICM 的输出与 PCNN 相同。

$$F_{ij}(n) = fF_{ij}(n-1) + \sum_{kl} W_{ijkl} Y_{kl}(n-1) + S_{ij} \tag{5-18}$$

$$E_{ij}(n) = gE_{ij}(n-1) + hY_{ij}(n-1) \tag{5-19}$$

$$Y_{ij}(n) = \begin{cases} 1, & F_{ij}(n) > E_{ij}(n) \\ 0, & \text{otherwise} \end{cases} \tag{5-20}$$

其中，$F_{ij}$ 是反馈耦合部分，$E_{ij}$ 是动态阈值部分，$Y_{ij}$ 是非线性脉冲发生器部分。$S_{ij}$ 为外部输入刺激信号，$(i, j)$ 表示图像的两个维度；$n$ 为当前迭代次数；$f$ 和 $g$ 表示阈值衰减时间常数，$h$ 为放大系数。即当 $F_{ij}(n) > E_{ij}(n)$ 满足时，神经元会产生一个称为点火的脉冲，ICM 的输出也是一个二进制图像。

#### 5.2.2.4　脉冲耦合神经网络的点火统计图

PCNN 神经元在满足特定条件时将会发出同步脉冲(有相似输入的信号将以

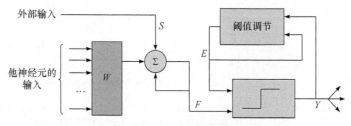

图 5.4 ICM 模型示意图

相似的频率发出脉冲),由于每次迭代中发出脉冲的神经元有所不同,通过记录每次迭代中神经元是否发出脉冲即可获得一幅与输入图像对应的二值图,即为 FM,有多少次迭代就获得多少幅 FM[33]。FM 可被认为是图像的最基本特征,但在图像融合中,常用的脉冲信息表现形式是将 FM 相加得到 FSM,FSM 为对应像素位置的点火次数,可以体现对应神经元的点火(脉冲)频率[33],其计算方式如式(5-21)所示。

$$\text{FSM}_{ij} = \sum_{n=1}^{N} \text{FM}_{ij}(n) \tag{5-21}$$

其中,$N$ 表示迭代次数,$\text{FM}_{ij}(n)$ 表示 PCNN 第 $n$ 次迭代的点火图。

### 5.2.3 彩色空间

T1 和 T2 为一通道灰度图像,PET 是三通道彩色图像。由于通道数不同,RGB 颜色系统很难直接用于多模式医学图像融合。此外,如果 R、G 或 B 分量的系数因其强相关性而改变,则融合图像的颜色也会发生变化。应该先将 PET 图像的细节及其颜色信息相互分离,然后将细节分量与灰度图像(T1 和 T2)的特征进行融合,颜色信息即可很容易地保留。常用的彩色空间,如 YIQ、YUV、YCbCr、CMYK 和 HSV 可以被用于医学图像融合。但这些彩色空间中的大多数都有优缺点,例如,RGB 和 CMYK 是面向设备的,忽略了人类视觉系统的特征。由于人眼对色调和饱和度更敏感,因此基于人类视觉系统的彩色空间应该能够将亮度和色调信息分开,这意味着图像的细节和颜色特征分量应该是尽可能独立的。而 HSV 颜色系统恰好可以满足这一要求,同时比其他颜色系统更适合人类的体验和感知[25,26]。在 HSV 彩色空间,H、S 和 V 分别表示色调、饱和度、明度值(也称为亮度)分量。色调在很大意义上用于区分特定的颜色,其值范围为 0~360 度;饱和度表示颜色的纯度,其值范围为 0~100;明度值描述颜色的亮度,其值范围为 0~100。从 RGB 彩色空间到 HSV 彩色空间的转换公式列在式(5-22)~式(5-24)[27]。

$$H = \begin{cases} 0, & (S = 0) \\ 60 \times \dfrac{G-B}{S \times V}, & (\max(R,G,B) = R \ \& \ G \geqslant B) \\ 60 \times \dfrac{2+(B-R)}{S \times V}, & (\max(R,G,B) = G) \\ 60 \times \dfrac{4+(R-B)}{S \times V}, & (\max(R,G,B) = B) \\ 60 \times \dfrac{6+(G-B)}{S \times V}, & (\max(R,G,B) = R \ \& \ G < B) \end{cases} \quad (5\text{-}22)$$

$$S = \frac{\max(R,G,B) - \min(R,G,B)}{\max(R,G,B)} \quad (5\text{-}23)$$

$$V = \max(R,G,B) \quad (5\text{-}24)$$

其中，$R$，$G$ 和 $B$ 是 RGB 的归一化值。

## 5.3 三模态医学图像融合方案

本章介绍一种两阶段多模态医学图像融合方案，可在 HSV 色彩空间基于 NSST 和 S-PCNN 融合 T1、T2 和 PET 图像。在该方法中，NSST 将源图像的重要特征分解为多个具有多尺度和多方向的子图像；S-PCNN 可以在较小的尺度下提取医学图像的细节特征，而 ICM 可以提取尺度相对较大的医学图像特征。

在第一阶段，首先通过 NSST 将源图像分解为低频和高频系数。针对低频系数采用最大绝对值法进行融合；同时，将不同层的高频系数分别输入 ICM1 和 S-PCNN1 以得到对应的 FSM，然后根据 FSM 数值采用最大值法选择高频系数。第二阶段，首先将 PET 图像从 RGB 颜色系统转换为 HSV 彩色空间；进而通过 NSST 将 V 分量分解为低频和高频系数；然后针对融合的 T1、T2 低频系数和 V 分量的低频系数采用最大绝对值进行融合；同时将融合的 T1 和 T2 高频系数和 V 分量的高频系数按层级分为两部分，分别输入 ICM2 和 S-PCNN2 以得到相应的 FSM；进而根据 FSM 采用最大值法选择高频系数；最后，依次通过逆 HSV 和逆 NSST 变换得到融合的多模态医学图像。所提方案如图 5.5 所示。

### 5.3.1 低频子图像融合

NSST 的低频系数可以被认为是源图像的近似表示，可以描述图像的大尺度特征，例如平缓的区域特征信息[19]。低频系数反映了像素的低频特征强度，具有较大绝对值的系数一般具有较高的动态特性[34]。本章方法的融合方程可被表示为：

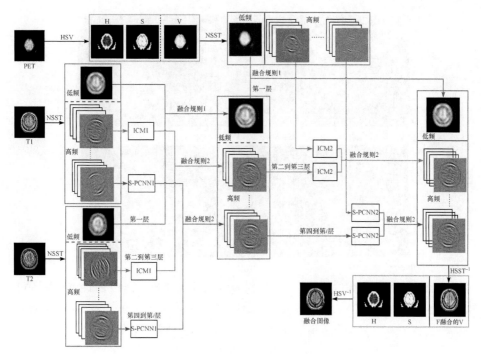

图 5.5　三模态图像融合方案示意图

$$\text{ind}_{ij} = \begin{cases} 1, & \text{abs}(\text{LC}_{A\text{-}ij}) \geqslant \text{abs}(\text{LC}_{B\text{-}ij}) \\ 0, & \text{abs}(\text{LC}_{A\text{-}ij}) < \text{abs}(\text{LC}_{B\text{-}ij}) \end{cases} \quad (5\text{-}25)$$

$$\text{LF}_{ij} = \text{ind}_{ij} \cdot \text{LC}_{A\text{-}ij} + (\sim \text{ind}_{ij}) \cdot \text{LC}_{B\text{-}ij} \quad (5\text{-}26)$$

其中，$\text{ind}_{ij}$ 为像素索引；$\text{LC}_{A\text{-}ij}$ 和 $\text{LC}_{B\text{-}ij}$ 分别表示源图像 $A$ 和 $B$ 的低频系数；abs 为绝对值操作；$\text{LF}_{ij}$ 为融合后的低频系数。

图 5.6(c)和(d)显示了 T1 和 T2 图像的低频系数，其归一化的伪彩色图像如(f)和(g)所示。图 5.6(e)和(f)分别是融合后的低频系数和归一化的伪彩色图像。图 5.6 显示源图像的细节特征可以被有效融合，例如边缘和区域特征被准确地识别和保留。

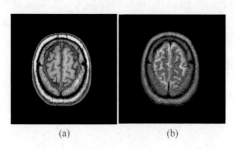

(a)　　　　　　(b)

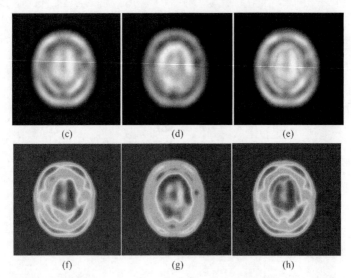

图 5.6 源图像及其低频系数：(a) T1；(b) T2；(c) T1 的低频系数；(d) T2 的低频系数；(e) T1 和 T2 的融合低频系数；(f) T1 归一化低频系数的伪彩色图像；(g) T2 的归一化低频系数的伪彩色图像；(h) T1 和 T2 融合低频系数的伪彩色图像

### 5.3.2 高频子图像融合

NSST 的高频系数能够有效地表示医学图像的边缘和细节，这类信息在临床应用中非常重要。因此，高频系数的融合效果图像质量有着重要的影响。通过我们的分析发现，不同层次的高频系数描述了不同尺度的医学图像边缘和纹理等细节特征，如第 2 层到第 3 层主要是较大尺度的边缘和细节特征，如图 5.7 所示。第 4 层到更高层的显示相对精细的边缘和细节，如图 5.8 所示。因此，需要针对性地设计融合方法，以取得较好的融合效果。

相对于经典 PCNN 模型，ICM 可以提取相对更大尺度的图像细节特征，如图 5.7 所示。而 S-PCNN 可以有效地描述医学图像相对较小尺度的细节信息，如图 5.8 所示。图 5.7 和图 5.8 显示这两种模型产生的结果可以分别有效地保留 NSST 域中高频系数的细节特征。因此，ICM 和 S-PCNN 的结合可以更为有效地利用模型特点提取图像不同尺度的细节特征(如纹理、边缘和区域分布等信息)。ICM 的 FSM 用于表示高频系数中第 2 层和第 3 层的大尺度区域轮廓，而 S-PCNN 的 FSM 用于描述高频系数中第 4 层及更高层的小尺度细节。融合规则如方程式(5-27)所示，即图 5.5 中的融合规则 2。

$$\text{HF}_{ij} = \begin{cases} \text{HC}_{A\text{-}ij}, & (\text{FSM}_{A\text{-}ij} \geqslant \text{FSM}_{A\text{-}ij}) \\ \text{HC}_{B\text{-}ij}, & (\text{FSM}_{B\text{-}ij} < \text{FSM}_{B\text{-}ij}) \end{cases} \quad (5\text{-}27)$$

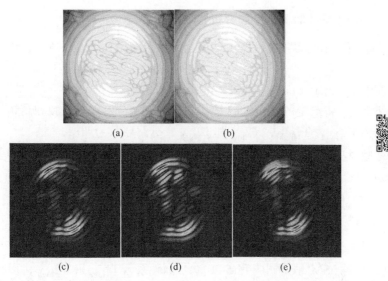

图 5.7 NSST 的第 2 层高频系数融合示例：(a) 第 2 层高频系数对应的 ICM1 输出 FSM；(b) 第 2 层高频系数对应的 ICM1 输出 FSM；(c) 归一化的 T1 第 2 层高频系数的伪彩色图像；(d) 归一化的 T2 第 2 层高频系数的伪彩色图像；(e) 融合的第 2 层高频系数的伪彩色图像

其中，$LC_{A\text{-}ij}$ 和 $LC_{B\text{-}ij}$ 分别表示源图像 $A$ 和 $B$ 的高频系数；$FSM_{A\text{-}ij}$ 和 $FSM_{B\text{-}ij}$ 分别表示来自图像 $A$ 和 $B$ 的 FSM。

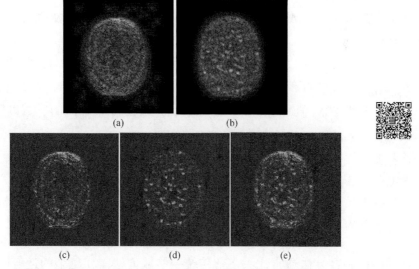

图 5.8 NSST 的第 4 层高频系数融合示例：(a) 第 4 层高频系数对应的 S-PCNN1 输出 FSM；(b) 第 4 层高频系数对应的 S-PCNN1 输出 FSM；(c) 归一化的 T1 第 4 层高频系数的伪彩色图像；(d) 归一化的 T2 第 4 层高频系数的伪彩色图像；(e) 融合的第 4 层高频系数的伪彩色图像

### 5.3.3 融合步骤及时间复杂度分析

本章所提出的多模态医学图像融合方案示意图如图 5.5 所示，详细步骤描述如下：

步骤 0：给定 T1、T2 和 PET 的源医学图像；

步骤 1：将给定的 T1 和 T2 图像通过 NSST 分解得到低频和高频系数集，分别表示为 $T1_{low}$，$T1_{high}$，$T2_{low}$ 和 $T2_{high}$；分解层数为四层。

步骤 2：高频系数 $T1_{high}$ 和 $T2_{high}$ 由 ICM1 和 S-PCNN1 处理，得到融合的高频系数：

a. $T1_{high}$ 和 $T2_{high}$ 的第 2 和第 3 层子图像输入 ICM1 得到它们的 FSM，$T1_{high}$ 和 $T2_{high}$ 的第 4 层及更高第 $i$ 层子图像同时输入到 S-PCNN1 中得到它们的 FSM；

b. 根据 FSM 值通过方程(5-26)融合高频系数 $T1_{high}$ 和 $T2_{high}$，以得到融合的高频系数；

步骤 3：根据方程(5-24)和方程(5-25)，将低频系数 $T1_{low}$ 和 $T2_{low}$ 用最大绝对值进行融合，得到融合后的低频系数 $F_{T1-T2-low}$。

步骤 4：根据等式(5-21)~(5-23)，将 PET 图像转换至 HSV 彩色空间。

步骤 5：将变换后的 PET 图像的 V 分量通过 NSST 分解得到对应的低频和高频系数集，$V_{low}$ 和 $V_{high}$。

步骤 6：高频系数 $F_{T1-T2-high}$ 和 $V_{high}$ 由 ICM2 和 S-PCNN2 处理得到融合后的高频系数：

a. $F_{T1-T2-high}$ 和 $V_{high}$ 的第 2 和第 3 层子图像输入 ICM2 得到它们的 FSM，$F_{T1-T2-high}$ 和 $V_{high}$ 的第 4 和更高第 $i$ 层子图像同时输入 S-PCNN2 得到它们的 FSM；

b. 根据 FSM 值通过方程(5-26)融合高频系数 $F_{T1-T2-high}$ 和 $V_{high}$，以得到高频系数 $F_{V-T1-T2-high}$。

步骤 7：根据方程(5-24)和方程(5-25)，将低频系数 $F_{T1-T2-low}$ 和 $F_{V-T1-T2-low}$ 用最大绝对值融合得到融合后的低频系数。

步骤 8：通过逆 NSST，利用融合的低频和高频系数重构最终的融合 V 分量。

步骤 9：通过逆 HSV 变换恢复融合的多模态医学图像。

基于上述融合步骤，我们讨论所提出方法的复杂性如下：首先，基于非下采样的图像融合方法通常比大多数传统变换域方法需要更多的运行时间，因为 NSST 和 NSCT 的多方向特性会产生比其他变换方法更多的子图像，例如 PT 和 DWT 等传统方法；此外，基于非下采样变换方法的机制比传统的变换方法更为复杂，例如 CWT 和 ST 等下采样的变换方法。其次，PCNN 是一种基于迭代计算方式的仿生学模型，需要多次迭代才能充分提取源图像的细节特征，这一计算方式是由其生物学运行机制决定的。最后，所提出的方法需要同时处理三个医学源图像，而不是传统医学图像融合方法所处理的两个源图像。因此，本章方法比一般方法需要更多的计算时间。

以图 5.9 所示的是第一对医学图像为例进行时间复杂度分析，不同方法的运行时间如表 5.1 所示。基于 SR 和非下采样变换方法的运行时间要长于的其他方法。众所周知，基于 SR 和非下采样的变换方法由于其操作机制而比传统的变换方法更复杂。SR 方法的时间消耗主要是由于其字典机制，因此 CSR、ASR 需要比其他方法花费更长的时间。由于 PCNN 模型的迭代运算需要更多的运行时间来提取图像的区域特征，加之 NSST 的变换机制与多个子图像输出，因此所提出的方法比大多数其他方法需要更多的运行时间。尽管基于 NSST 和 PCNN 的方法的时间复杂度高于其他方法，但其优越的图像融合性能在一定程度上达到了复杂性和效果之间的平衡。

表 5.1　不同方法的运行时间(CPU i7 @ 2.60GHz，RAM 8G，Matlab 2016a)

| 方法 | PCA | DWT | NSST | DTWT | NSCT | LAP |
|---|---|---|---|---|---|---|
| 运行时间/s | 0.064 | 0.102 | 3.413 | 0.241 | 8.856 | 0.085 |
| 方法 | GAP | CSR | ASR | SR | FFIF | 本章方法 |
| 运行时间/s | 0.099 | 46.135 | 67.379 | 8.045 | 0.087 | 13.645 |

## 5.4　实验与分析

在本章实验中，ICM 和 S-PCNN 的参数设置如表 5.2 所示。到目前为止，由于 PCNN 模型的运行机制较为复杂，还没有被广泛认可的参数设置方法。庆幸的是，脑医学图像的内容和特征非常相似，因此通过重复试验确定的固定参数可以获得相对稳定的性能。为了得到较为完美的融合效果，我们对 S-PCNN 和 ICM 的参数进行了反复验证，确定了合适的参数组合。

此外，我们还选择了最流行的图像融合方法与所提出的方案进行比较，以验证所提出方案的有效性。这些比较方法都是在 HSV 彩色空间中实现，包括 PCA[35]、DWT[35]、NSST[36]、离散时间小波变换(discrete time wavelet transform, DTWT)[37]、NSCT[38]、LPT[35]、GAP[35]、CSR[39]、ASR[40]、SR[41]和快速滤波图像融合(fast filtering image fusion, FFIF)[42]等。在实验中，T1 和 T2 图像分别与 PET 图像进行融合。

表 5.2  ICM 和 S-PCNN 的参数

| No. 1 | $f$ | $g$ | $h$ | $\theta(0)$ | $N$ | $W$ |
|---|---|---|---|---|---|---|
| ICM1 | 0.9 | 0.2 | 1 | 1.2 | 200 | [0.7071,1,0.7071;1,0,1;0.7071,1,0.7071] |
| ICM2 | 0.9 | 0.8 | 0.1 | 1.2 | 200 | [0.7071,1,0.7071;1,0,1;0.7071,1,0.7071] |

| No. 2 | $\beta$ | $V^T$ | $\alpha^T$ | $\theta(0)$ | $N$ | $W$ |
|---|---|---|---|---|---|---|
| S-PCNN1 | 0.1 | 0.1 | 1.5 | 1.2 | 200 | [0.7071,1,0.7071;1,0,1;0.7071,1,0.7071] |
| S-PCNN2 | 0.8 | 1 | 1.5 | 1.2 | 200 | [0.7071,1,0.7071;1,0,1;0.7071,1,0.7071] |

### 5.4.1 评估指标

融合图像的分析需要选择合适的客观指标，因为医学图像的大部分区域都是黑色区域，无法提供任何有用的信息，而纹理和细节信息是医学图像中最重要的特征。因此，我们选择常用的客观评价指标来分析所提出方案的效果，分别为：平均梯度 AG、空间频率 SF、标准差 STD 和平均值 MV。这些指标也被用作融合多模态医学图像的基本质量指标，以评估所提出方法的性能[14,19,22]。

### 5.4.2 实验结果与分析

第一组医学图像和通过不同方法生成的融合图像如图 5.9 所示，还包括相应的放大视图。总体而言，融合后的 T1-PET 图像在纹理、细节和亮度方面优于 T2-PET。从图 5.9 中可以看出，本章方案生成的融合图像在细节和亮度方面优于其他方法生成的图像，融合的图像具有更为丰富的细节。此外，该方案生成融合图像的颜色信息更接近于 PET 图像。实验结果表明，与其他方法相比，本章提出的方法能够有效地融合多模态医学图像中的细节特征，在三多模态医学图像的特征提取和融合方面表现较为良好。总体而言，该方案生成的结果优于其他图像融合方法生成的结果。

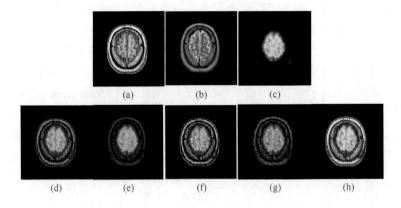

第 5 章　基于非下采样剪切波与简化脉冲耦合神经网络的医学图像融合

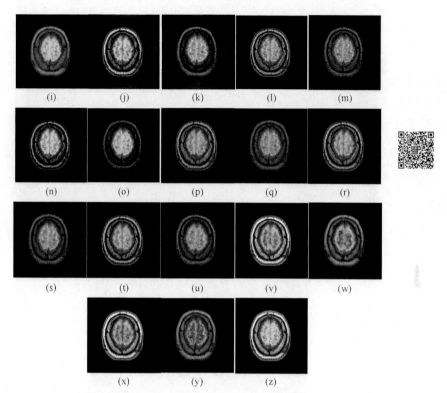

图 5.9　第一组源图像及其融合图像：(a) T1；(b) T2；(c) PET；(d) PCA(PET+T1)；(e) PCA(PET+T2)；(f) DWT(PET+T1)；(g) DWT(PET+T2)；(h) NSST(PET+T1)；(i) NSST(PET+T2)；(j) DTWT(PET+T1)；(k) DTWT(PET+T2)；(l) NSCT(PET+T1)；(m) NSCT(PET+T2)；(n) LAP(PET+T1)；(o) LAP(PET+T2)；(p) GAP(PET+T1)；(q) GAP(PET+T2)；(r) CSR(PET+T1)；(s) CSR(PET+T2)；(t) ASR(PET+T1)；(u) ASR(PET+T2)；(v) SR(PET+T1)；(w) SR(PET+T2)；(x) FFIF(PET+T1)；(y) FFIF(PET+T2)；(z)本章方法

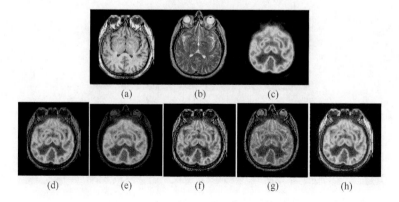

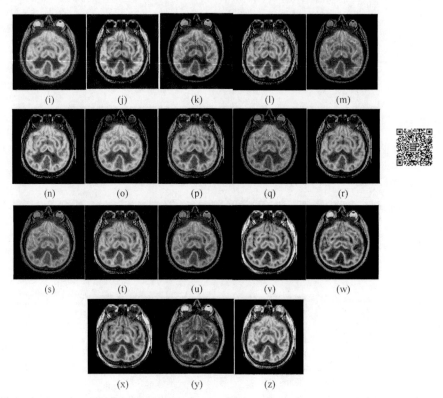

图 5.10　第二组源图像和运用不同方法融合后的图像：(a) T1；(b) T2；(c) PET；(d) PCA(PET+T1)；(e) PCA(PET+T2)；(f) DWT(PET+T1)；(g) DWT(PET+T2)；(h) NSST(PET+T1)；(i) NSST(PET+T2)；(j) DTWT(PET+T1)；(k) DTWT(PET+T2)；(l) NSCT(PET+T1)；(m) NSCT(PET+T2)；(n) LAP(PET+T1)；(o) LAP(PET+T2)；(p) GAP(PET+T1)；(q) GAP(PET+T2)；(r) CSR(PET+T1)；(s) CSR(PET+T2)；(t) ASR(PET+T1)；(u) ASR(PET+T2)；(v) SR(PET+T1)；(w) SR(PET+T2)；(x) FFIF(PET+T1)；(y) FFIF(PET+T2)；(z)本章方法

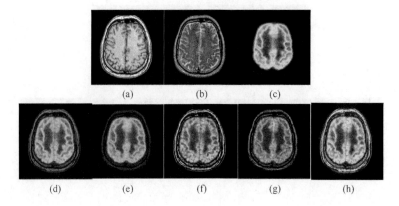

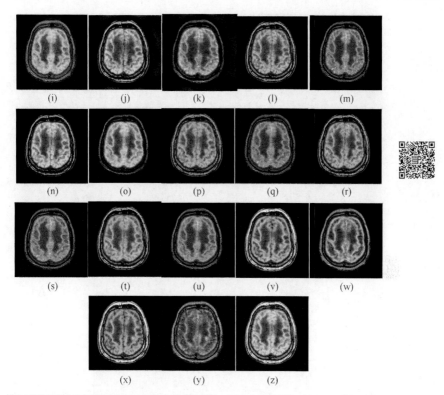

图 5.11 第三组源图像和运用不同方法融合后的图像：(a) T1；(b) T2；(c) PET；(d) PCA(PET+T1)；(e) PCA(PET+T2)；(f) DWT(PET+T1)；(g) DWT(PET+T2)；(h) NSST(PET+T1)；(i) NSST(PET+T2)；(j) DTWT(PET+T1)；(k) DTWT(PET+T2)；(l) NSCT(PET+T1)；(m) NSCT(PET+T2)；(n) LAP(PET+T1)；(o) LAP(PET+T2)；(p) GAP(PET+T1)；(q) GAP(PET+T2)；(r) CSR(PET+T1)；(s) CSR(PET+T2)；(t) ASR(PET+T1)；(u) ASR(PET+T2)；(v) SR(PET+T1)；(w) SR(PET+T2)；(x) FFIF(PET+T1)；(y) FFIF(PET+T2)；(z) 本章方法

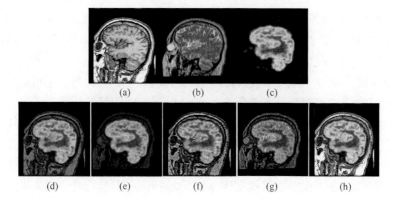

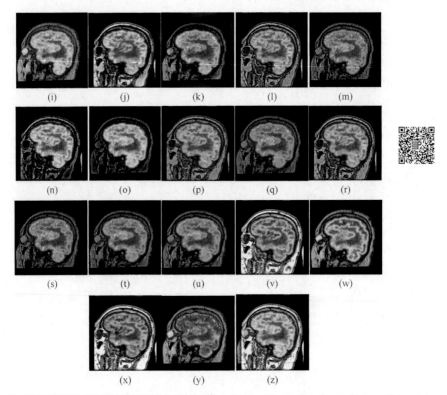

图 5.12 第四组源图像和运用不同方法融合后的图像：(a) T1；(b) T2；(c) PET；(d) PCA(PET+T1)；(e) PCA(PET+T2)；(f) DWT(PET+T1)；(g) DWT(PET+T2)；(h) NSST(PET+T1)；(i) NSST(PET+T2)；(j) DTWT(PET+T1)；(k) DTWT(PET+T2)；(l) NSCT(PET+T1)；(m) NSCT(PET+T2)；(n) LAP(PET+T1)；(o) LAP(PET+T2)；(p) GAP(PET+T1)；(q) GAP(PET+T2)；(r) CSR(PET+T1)；(s) CSR(PET+T2)；(t) ASR(PET+T1)；(u) ASR(PET+T2)；(v) SR(PET+T1)；(w) SR(PET+T2)；(x) FFIF(PET+T1)；(y) FFIF(PET+T2)；(z) 本章方法

第二组医学图像和通过不同方法生成的融合图像如图 5.10 所示。可以看出 PCA、DWT 和 LAP 生成的融合图像在清晰度上都有一定程度的下降，本章方法所生成的融合图像在边缘和纹理方面都优于传统的图像融合方法。此外，本章方法很好地保留了 PET 图像的颜色特征。本组实验表明，我们的方案可以有效地保留人体组织的结构和纹理特征等信息，并且没有产生明显的伪影。

第三组医学图像和通过不同方法生成的融合图像如图 5.11 所示。可以看出，NSST(PET+T1)、SR(PET+T1)、FFIF(PET+T1) 和本章所提出的方案要优于其他方法。此外，本章方法生成的融合图像比大多数其他传统方法包含更多细节。这表明本章所提出的方法在提取多模态医学图像的特征方面具有竞争力。此外，本章所提出的方法可以很好地融合 PET 图像的纹理和颜色信息。

第四组医学图像和通过不同方法生成的融合图像如图 5.12 所示。从图中可以看出，本章方法、NSST(PET+T1)和 FFIF(PET+T1)生成的融合图像效果更好，在纹理和亮度方面都要优于其他融合方法。本章方法生成的融合图像可以很好地表现 T1 和 T2 图像中的组织结构信息。这意味着本章所提出的方案在提取多模态医学图像的特征方面较为有效。此外，图 5.12(n)和(v)的融合图像中存在一些伪影，但本章方法的融合图像没有明显的伪影，并且是最接近源图像的图像。

表 5.3 列出了不同图像融合方法在第一组医学图像融合上的评价指标。一般来说，融合 T1-PET 图像的评价指标优于融合 T2-PET 图像的评价指标。可以看出，本章方法得到 AG 和 STD 值优于其他方法；除了 SR(PET+T1)和 FFIF(PET+T1)外，该方法的在 SF 值上优于其他方法；本章方法的 MV 值非常接近 NSST(PET+T1)，并且优于其他方法。此外，融合 T1-T2-PET 图像比融合 T1-PET 和 T2-PET 图像包含了更为全面的信息。表 5.3 中的评价指标表明，本章方法产生的融合医学图像优于大多数传统方法。

表 5.4 列出了不同融合方法的评价指标。从表 5.4 中可以看出，本章方法的 AG 和 STD 值比其他方法要好很多；SF 值小于 SR 和 FFIF 方法，但高于其他方法。此外，本章方法的 MV 优于其他方法。

表 5.3 第一组不同方法融合图像的指标

| 方法 | AG | SF | STD | MV |
| --- | --- | --- | --- | --- |
| PCA (PET +T1) | 3.7631 | 13.2582 | 44.9493 | 20.2810 |
| PCA (PET +T2) | 2.2836 | 9.5696 | 41.6087 | 15.8922 |
| DWT (PET +T1) | 5.9303 | 20.8178 | 49.2707 | 21.8872 |
| DWT (PET + T2) | 3.7166 | 13.3218 | 41.0534 | 17.0891 |
| NSST (PET +T1) | 6.3381 | 22.2332 | 64.9454 | 33.5732 |
| NSST (PET +T2) | 3.9114 | 13.8090 | 54.0711 | 26.2121 |
| DTWT (PET +T1) | 5.9927 | 21.9429 | 55.0973 | 25.3714 |
| DTWT (PET +T2) | 3.5273 | 13.5046 | 45.3438 | 18.5409 |
| NSCT (PET +T1) | 5.8202 | 20.6669 | 49.0921 | 21.8385 |
| NSCT (PET +T2) | 3.6429 | 13.0556 | 40.7732 | 17.0482 |
| LAP (PET +T1) | 4.8526 | 19.3183 | 53.0697 | 20.0474 |
| LAP (PET +T2) | 3.0887 | 13.2504 | 49.6606 | 16.5449 |
| GAP (PET +T1) | 5.1783 | 18.1721 | 47.4360 | 21.5751 |
| GAP (PET +T2) | 3.3338 | 11.9617 | 39.8870 | 17.0217 |
| CSR (PET +T1) | 5.3870 | 19.4604 | 48.9764 | 21.9110 |
| CSR (PET +T2) | 3.2846 | 12.1829 | 40.8106 | 17.0548 |
| ASR (PET +T1) | 5.4963 | 20.2177 | 49.7514 | 21.9712 |

| 方法 | AG | SF | STD | MV |
|---|---|---|---|---|
| ASR (PET +T2) | 3.3168 | 12.0943 | 41.0071 | 17.1275 |
| SR (PET +T1) | 6.8545 | **24.2077** | 62.9871 | 30.4891 |
| SR (PET +T2) | 4.0890 | 14.2443 | 45.4355 | 21.5246 |
| FFIF (PET +T1) | 6.6530 | 23.6479 | 61.2132 | 29.5495 |
| FFIF (PET +T2) | 4.0096 | 13.8937 | 40.5370 | 20.2429 |
| 本章方法 | **7.1237** | 23.3061 | **67.0101** | **33.3265** |

表 5.4 第二组不同方法融合图像的指标

| 方法 | AG | SF | STD | MV |
|---|---|---|---|---|
| PCA (PET +T1) | 7.4437 | 21.6248 | 69.5804 | 47.2733 |
| PCA (PET +T2) | 5.5095 | 17.7721 | 66.2009 | 42.0903 |
| DWT (PET +T1) | 11.5329 | 32.6590 | 72.0437 | 49.1749 |
| DWT (PET + T2) | 8.5336 | 23.6444 | 60.3444 | 41.3784 |
| NSST (PET +T1) | 11.8490 | 33.9113 | 83.9386 | 64.5304 |
| NSST (PET +T2) | 9.2470 | 25.7973 | 80.0024 | 60.3072 |
| DTWT (PET +T1) | 11.0718 | 33.0372 | 6.2739 | 51.9476 |
| DTWT (PET +T2) | 8.0955 | 23.5619 | 64.6802 | 44.1287 |
| NSCT (PET +T1) | 11.3621 | 32.3194 | 71.5956 | 48.9829 |
| NSCT (PET +T2) | 8.3638 | 23.2349 | 59.9891 | 41.2008 |
| LAP (PET +T1) | 10.1571 | 31.0527 | 79.6583 | 50.4448 |
| LAP (PET +T2) | 8.2331 | 24.9379 | 78.8457 | 49.2691 |
| GAP (PET +T1) | 10.4687 | 29.5041 | 69.5458 | 48.7211 |
| GAP (PET +T2) | 7.7310 | 21.2569 | 59.07024 | 41.4187 |
| CSR (PET +T1) | 10.5295 | 30.8447 | 71.1121 | 48.7739 |
| CSR (PET +T2) | 7.6355 | 21.9652 | 60.0860 | 41.3758 |
| ASR (PET +T1) | 10.4673 | 31.3901 | 71.9074 | 49.0554 |
| ASR (PET +T2) | 7.6037 | 22.1482 | 60.3182 | 41.3335 |
| SR (PET +T1) | 12.1517 | **36.1805** | 78.8454 | 56.6717 |
| SR (PET +T2) | 9.5482 | 27.0629 | 69.0707 | 49.5361 |
| FFIF (PET +T1) | 11.8124 | 35.0663 | 76.1941 | 54.3053 |
| FFIF (PET +T2) | 8.5821 | 24.1340 | 59.4343 | 42.6087 |
| 本章方法 | **13.0558** | 34.6341 | **86.1786** | **66.7299** |

表 5.5 第三组不同方法融合图像的指标

| 方法 | AG | SF | STD | MV |
|---|---|---|---|---|
| PCA (PET +T1) | 6.8758 | 20.8539 | 67.9663 | 42.1960 |

续表

| 方法 | AG | SF | STD | MV |
|---|---|---|---|---|
| PCA (PET +T2) | 4.9020 | 17.4325 | 64.2216 | 36.3645 |
| DWT (PET +T1) | 10.4583 | 31.1877 | 70.7811 | 44.1732 |
| DWT (PET + T2) | 7.1002 | 21.4555 | 58.0266 | 35.2174 |
| NSST (PET +T1) | 10.5387 | 31.1683 | 80.3321 | 57.3333 |
| NSST (PET +T2) | 7.4687 | 22.6793 | 75.5753 | 50.4978 |
| DTWT (PET +T1) | 9.9923 | 30.9286 | 73.5526 | 46.7081 |
| DTWT (PET +T2) | 6.6760 | 21.4563 | 61.5172 | 37.0645 |
| NSCT (PET +T1) | 10.2608 | 30.7188 | 70.3372 | 44.0287 |
| NSCT (PET +T2) | 6.9415 | 21.0530 | 57.5822 | 35.0508 |
| LAP (PET +T1) | 9.3570 | 30.0617 | 77.2173 | 45.0305 |
| LAP (PET +T2) | 6.9074 | 23.1827 | 76.3949 | 42.8036 |
| GAP (PET +T1) | 9.4271 | 27.7883 | 67.8930 | 43.3738 |
| GAP (PET +T2) | 6.4377 | 19.3190 | 56.4783 | 35.0457 |
| CSR (PET +T1) | 9.4873 | 29.0737 | 69.5368 | 43.6937 |
| CSR (PET +T2) | 6.3258 | 19.7600 | 57.2999 | 34.9518 |
| ASR (PET +T1) | 9.4570 | 29.6531 | 70.6117 | 43.9287 |
| ASR (PET +T2) | 6.3245 | 20.0161 | 57.8455 | 35.0797 |
| SR (PET +T1) | 11.2404 | **34.4399** | 76.4414 | 50.2872 |
| SR (PET +T2) | 7.9912 | 24.1958 | 65.2234 | 41.3042 |
| FFIF (PET +T1) | 10.8892 | 33.2259 | 73.4542 | 48.4694 |
| FFIF (PET +T2) | 7.2869 | 21.4600 | 56.4943 | 36.8705 |
| 本章方法 | **11.6935** | 32.6684 | **82.9257** | 56.5945 |

表 5.6  第四组不同方法融合图像的指标

| 方法 | AG | SF | STD | MV |
|---|---|---|---|---|
| PCA (PET +T1) | 8.1374 | 21.7091 | 63.9220 | 48.5290 |
| PCA (PET +T2) | 4.8358 | 16.9203 | 61.3326 | 35.9653 |
| DWT (PET +T1) | 13.3943 | 33.8825 | 69.3155 | 53.2550 |
| DWT (PET + T2) | 7.5634 | 21.1562 | 55.3310 | 37.2798 |
| NSST (PET +T1) | 13.9910 | 36.2335 | 86.6372 | 77.5047 |
| NSST (PET +T2) | 8.3274 | 23.7590 | 74.8618 | 56.4022 |
| DTWT (PET +T1) | 12.9903 | 35.2443 | 78.0622 | 57.6432 |
| DTWT (PET +T2) | 7.1972 | 21.8308 | 61.3139 | 39.8349 |
| NSCT (PET +T1) | 13.2051 | 33.7350 | 68.7410 | 52.8210 |
| NSCT (PET +T2) | 7.3949 | 20.7859 | 55.0011 | 37.0779 |
| LAP (PET +T1) | 10.7470 | 31.1805 | 74.2070 | 46.4589 |

续表

| 方法 | AG | SF | STD | MV |
| --- | --- | --- | --- | --- |
| LAP (PET +T2) | 7.0139 | 22.6102 | 72.5642 | 40.9561 |
| GAP (PET +T1) | 11.9038 | 30.2513 | 66.0140 | 51.9646 |
| GAP (PET +T2) | 6.7104 | 18.9930 | 53.8205 | 37.0277 |
| CSR (PET +T1) | 12.1289 | 31.7956 | 68.1975 | 52.6253 |
| CSR (PET +T2) | 6.7076 | 19.6071 | 54.9930 | 37.1105 |
| ASR (PET +T1) | 12.2944 | 32.6250 | 69.3626 | 52.7974 |
| ASR (PET +T2) | 6.7708 | 19.9686 | 55.3943 | 37.1111 |
| SR (PET +T1) | 14.7960 | **38.6190** | 82.2851 | 68.8964 |
| SR (PET +T2) | 8.6557 | 24.7325 | 68.7683 | 48.8911 |
| FFIF (PET +T1) | 14.3473 | 37.8644 | 82.8100 | 68.9827 |
| FFIF (PET +T2) | 7.8825 | 21.9853 | 58.229 | 43.4133 |
| 本章方法 | **15.2545** | 36.3924 | **88.1365** | **78.8385** |

表 5.5 列出了不同融合方法得到的融合质量指标值。本章方法的 AG 和 STD 值优于其他方法；SF 值仅小于 SR(PET+T1) 和 FFIF(PET+T1)，但大于其他传统方法。此外，虽然本章方法的 MV 值与 NSST(PET+T1) 非常接近，但要比其他传统方法高。

表 5.6 列出了该组图像的融合效果评价指标。本章方法的 AG、STD 和 MV 值都优于其他方法。此外，本章方法的 SF 值要小于 SR(PET+T1) 和 FFIF(PET+T1)，但优于其他传统方法。本组实验表明，本章方法在三源医学图像融合方面的性能整体优于其他大多数传统方法。表 5.6 的评估指标也表明，本章所提出的方案可以融合三种医学图像的更多信息。

以上实验表明，融合的 T1-T2-PET 图像比融合的 T1-PET 和 T2-PET 图像包含更多的特征信息；由于脑医学图像的相似特征，固定的神经网络参数能够表现出良好的适应性；本章提出的三源图像融合方法具有较好的性能，并且整体优于传统方法。

## 5.5 小　　结

本章在 HSV 彩色空间中提出了一种基于 NSST、S-PCNN 和 ICM 的三模态医学图像融合方法。首先，该方法通过 NSST 将 T1 和 T2 图像的特征分解为不同的子带图像，然后基于 ICM1 和 S-PCNN1 的 FSM，利用融合规则得到融合的 T1-T2 高频子带图像。第二，将 PET 图像转换至 HSV 彩色空间，然后通过 NSST 分解

V 分量。第三，基于 ICM2 和 S-PCNN2 的 FSM，利用融规则得到 T1-T2 系数和 V 分量的融合系数。最后，通过逆 NSST 和 HSV 变换，依次得到融合的多模态医学图像。实验表明，与传统 T1-T2 融合方法生成的图像相比，本章方法生成的融合图像包含三个模态源图像的特征信息。该研究为实现多模态医学图像融合提供了一种新方法，该方法有效保留了 PET 图像的色彩信息、T1 和 T2 图像的组织结构信息，融合三种或多种医学图像可以提供比传统方法更多的人体组织信息。

## 参 考 文 献

[1] James A P, Dasarathy B V. Medical image fusion: A survey of the state of the art[J]. Information Fusion, 2014, 19: 4-19.

[2] Song Z, Jiang H, Li S. A novel fusion framework based on adaptive PCNN in NSCT domain for whole-body PET and CT images[J]. Computational and Mathematical Methods in Medicine, 2017: 8407019.

[3] Singh S, Gupta D, Anand R S, et al. Nonsubsampled shearlet based CT and MR medical image fusion using biologically inspired spiking neural network[J]. Biomedical Signal Processing and Control, 2015, 18: 91-101.

[4] Shahdoosti H R, Mehrabi A. Multimodal image fusion using sparse representation classification in tetrolet domain[J]. Digital Signal Processing, 2018, 79: 9-22.

[5] Shahdoosti H R, Mehrabi A. MRI and PET image fusion using structure tensor and dual ripplet-II transform[J]. Multimedia Tools and Applications, 2018, 77(17): 22649-22670.

[6] Singh S, Gupta D, Anand R S, et al. Nonsubsampled shearlet based CT and MR medical image fusion using biologically inspired spiking neural network[J]. Biomedical Signal Processing and Control, 2015, 18: 91-101.

[7] Qu G, Zhang D L, Yan P. Medical image fusion by independent component analysis[C]. 5th International Conference on Electronic Measurement and Instruments, Guilin, November 18-21, Electron, Meas, Instrum, 2001: 887-889.

[8] Wang H, Xing H. Multi-mode medical image fusion algorithm based on principal component analysis[C]. 2009 International Symposium on Computer Network and Multimedia Technology, Wuhan, IEEE, 2009: 1281-1284.

[9] Biswas B, Sen B K. Medical image fusion technique based on type-2 near fuzzy set[C]. 2015 IEEE International Conference on Research in Computational Intelligence and Communication Networks (ICRCICN), Kolkata, IEEE, 2015: 102-107.

[10] Sahu A, Bhateja V, Krishn A. Medical image fusion with Laplacian pyramids[C]. 2014 International Conference on Medical Imaging, M-Health and Emerging Communication Systems (MedCom). Greater Noida, IEEE, 2014: 448-453.

[11] Suriya T S, Rangarajan P. An improved fusion technique for medical images using discrete wavelet transform[J]. Journal of Medical Imaging and Health Informatics, 2016, 6(3): 585-597.

[12] Yang L, Guo B L, Ni W. Multimodality medical image fusion based on multiscale geometric analysis of contourlet transform[J]. Neurocomputing, 2008, 72(1-3): 203-211.

[13] Wang L, Li B, Tian L F. A novel multi-modal medical image fusion method based on shift-invariant shearlet transform[J]. The Imaging Science Journal, 2013, 61(7): 529-540.

[14] Kong W, Lei Y, Zhao H. Adaptive fusion method of visible light and infrared images based on non-subsampled shearlet transform and fast non-negative matrix factorization[J]. Infrared Physics & Technology, 2014, 67: 161-172.

[15] Bhatnagar G, Wu Q M J, Liu Z. Directive contrast based multimodal medical image fusion in NSCT domain[J]. IEEE Transactions on Multimedia, 2013, 15(5): 1014-1024.

[16] Yang Y, Que Y, Huang S, et al. Multimodal sensor medical image fusion based on type-2 fuzzy logic in NSCT domain[J]. IEEE Sensors Journal, 2016, 16(10): 3735-3745.

[17] Ganasala P, Kumar V. Multimodality medical image fusion based on new features in NSST domain[J]. Biomedical Engineering Letters, 2014, 4(4): 414-424.

[18] 黄陈建, 戴文战. NSST 域内结合 UDWT 与 PCNN 医学图像融合算法[J]. 光电子. 激光, 2020, 31(11): 157-1165

[19] Jin X, Nie R, Zhou D, et al. Multifocus color image fusion based on NSST and PCNN[J]. Journal of Sensors, 2016: 8359602.

[20] Jin X, Nie R, Zhou D, et al. A novel DNA sequence similarity calculation based on simplified pulse-coupled neural network and Huffman coding[J]. Physica A: Statistical Mechanics and its Applications, 2016, 461: 325-338.

[21] Gray C M, König P, Engel A K, et al. Oscillatory responses in cat visual cortex exhibit inter-columnar synchronization which reflects global stimulus properties[J]. Nature, 1989, 338: 334-337.

[22] Eckhorn R. Feature linking via stimulus-evoked oscillations: experimental results from cat visual cortex and functional implications from a network model[J]. Journal of Neural Networks, IJCNN, 1989, 6(1): 723-730.

[23] Wn T, Zhu C, Qin Z. Multifocus image fusion based on robust principal component analysis[J]. Pattern Recognition Letters, 2013, 34(9): 1001-1008.

[24] Johnson J L, Padgett M L. PCNN models and applications[J]. IEEE Transactions on Neural Networks, 1999, 10(3): 480-498.

[25] Fang M, Zhang Y J. Query adaptive fusion for graph-based visual reranking[J]. IEEE Journal of Selected Topics in Signal Processing, 2017, 11(6): 908-917.

[26] Yang Y, Yang M, Huang S, et al. Multifocus image fusion based on extreme learning machine and human visual system[J]. IEEE Access, 2017, 5: 6989-7000.

[27] Chai P, Luo X, Zhang Z. Image fusion using quaternion wavelet transform and multiple features[J]. IEEE Access, 2017, 5: 6724-6734.

[28] Li W, Song R. A composite objective metric and its application to multi-focus image fusion[J]. Aeu-international Journal of Electronics and Communications, 2017, 71: 125-130.

[29] Jin X, Zhou D, Yao S, et al. Remote sensing image fusion method in CIELab color space using nonsubsampled shearlet transform and pulse coupled neural networks[J]. Journal of Applied Remote Sensing, 2016, 10(2): 025023.

[30] Xu X, Wang G, Ding S, et al. Pulse-coupled neural networks and parameter optimization

methods[J]. Neural Computing and Applications, 2017, 28(1): 671-681.
[31] Jin X, Nie R, Zhou D, et al. Color image fusion researching based on S-PCNN and Laplacian pyramid[C]. Second International Conference on Cloud Computing and Big Data, China, Springer, 2015: 179-188.
[32] Bavirisetti D P, Dhuli R. Fusion of infrared and visible sensor images based on anisotropic diffusion and Karhunen-Loeve transform[J]. IEEE Sensors Journal, 2015, 16(1): 203-209.
[33] Chai Y, Li H F, Qu J F. Image fusion scheme using a novel dual-channel PCNN in lifting stationary wavelet domain[J]. Optics Communications, 2010, 283(19): 3591-3602.
[34] Kong W, Zhang L, Lei Y. Novel fusion method for visible light and infrared images based on NSST-SF-PCNN[J]. Infrared Physics & Technology, 2014, 65: 103-112.
[35] Oliver R. Pixel-Level Image Fusion and the Image Fusion Toolbox [EB/OL]. 1999, http://www.metapix/toolbox.htm.
[36] Easley G, Labate D, Lim W Q. Sparse directional image representations using the discrete shearlet transform[J]. Applied and Computational Harmonic Analysis, 2008, 25(1): 25-46.
[37] Renza D, Martinez E, Arquero A. Quality assessment by region in spot images fused by means dual-tree complex wavelet transform[J]. Advances in Space Research, 2011, 48(8): 1377-1391.
[38] Da Cunha A L, Zhou J P, Do M N. The nonsubsampled contourlet transform: theory, design, and applications[J]. IEEE Transactions on Image Processing, 2006, 15(10): 3089-3101.
[39] Liu Y, Chen X, Ward R K, et al. Image fusion with convolutional sparse representation[J]. IEEE Signal Processing Letters, 2016, 23(12): 1882-1886.
[40] Liu Y, Wang Z. Simultaneous image fusion and denoising with adaptive sparse representation[J]. IET Image Processing, 2015, 9(5): 347-357.
[41] Yang B, Li S. Multifocus image fusion and restoration with sparse representation[J]. IEEE transactions on Instrumentation and Measurement, 2009, 59(4): 884-892.
[42] Zhan K, Xie Y, Wang H, et al. Fast filtering image fusion[J]. Journal of Electronic Imaging, 2017, 26(6): 063004.

# 第 6 章　基于拉普拉斯金字塔与脉冲耦合神经网络的多聚焦图像融合

多聚焦图像融合技术可将多个或者单个传感器获取的不同焦点图像综合互补为一幅图像，从而提供更为完整、可靠的场景描述。本章介绍一种基于 LPT 与 PCNN 的多聚焦图像融合方法。首先，该方案对输入源图像进行 LPT 分解，从而得到若干子图像。然后，利用自适应脉冲耦合神经网络提取子图像的特征，再利用局部空间频率增强子图像的区域特征。之后，基于子图像特征，利用融合规则得到初步决策图，进而利用图像形态学和均值滤波器技术实现决策优化。最后，根据新的融合系数对融合图像进行逆 LPT，从而重建融合图像。

## 6.1　概　况

随着成像传感器技术的发展，人们可以更容易地获得信息丰富的图像，图像处理技术在获取场景图像信息方面起着至关重要的作用[1]。多聚焦图像融合技术可将多个配准后的多源图像融合为一幅复合图像[2]，使得融合后的图像对场景的描述更加准确和完整。作为图像融合的一个分支，多聚焦图像融合已经成为一个热门的研究领域[3]。多聚焦图像融合可以去除多传感器图像的冗余信息，保留不同源图像的互补信息，在众多领域得到了广泛的应用。

多聚焦图像融合算法从简单的像素加权平均到非常复杂的变换域处理。简单且易于实现的融合算法有 PCA[4,5]等，但这些方法一般会导致融合图像的对比度降低和细节模糊，性能不太理想。常用的基于变换域的多聚焦图像融合方法不仅包括传统的下采样多尺度变换方法，如 PT[6]、DWT[7]、SWT[8]、CVT[9]和 CNT[10]，也包括非下采样多尺度变换，如 NSCT[11]和 NSST[12]。基于变换域的融合方法是多聚焦图像融合中最热门的研究方向之一，这种算法通常用于基于像素级的方法[1]。首先，对多聚焦的源图像进行多尺度分解；然后用不同的规则对其进行融合；最后，通过使用逆变换来重构融合图像。

尽管基于非下采样多尺度变换的融合方法通过将不同层的所有系数结合在一起可以获得较好的多聚焦图像融合效果，但其计算复杂度通常较高[13]。另一方面，基于传统下采样多尺度变换的融合方法获得的效果可能不是很好，但计算复杂度较低。因此，需要进一步研究并提出轻量级的多聚焦图像融合方案，使融合质量更好，且计算复杂度更低，以满足实际应用的多样性要求。因此，本章试图设计一种计算量与效果折中的方法，通过结合易于实现和计算的方法来提高图像融合的质量和性能。鉴于 LPT 和 PCNN 在图像处理领域的特点和性能，本章将两种方法结合用于多聚焦图像融合研究。

LPT 是一种流行的基于变换域的图像处理方法，具有多尺度、多层次分解的特点，又被称为带通金字塔分解[14,15]。LPT 可以将源图像的重要特征(如边缘、纹理等)在不同尺度上分解成不同的子层。LPT 与其他简单的变换域图像处理算法相比，可以达到较为满意的图像分解效果[16]。同时，与复杂的非下采样多尺度变换算法相比，LPT 算法具有更低的计算复杂度和更少的子图像。然而，单靠 LPT 对源图像进行分解后直接进行图像融合，通常无法获得良好的图像融合质量[16]。

PCNN 是 Eckhorn 等人[17-19]设计的一种基于生物启发的神经网络模型，它同时也是一种模拟猫视觉皮层神经元信息处理机制的单层人工神经网络模型。在 PCNN 中，具有相似输入的神经元在耦合作用下发出同步脉冲，这些脉冲能够有效地描述输入信号的特征信息，并可作为输入信号的特征描述[20,21]。近年来，PCNN 模型在图像处理领域得到了广泛的应用，并显示出突出的性能。在图像融合领域，PCNN 是一种全局和局部结合的特征提取模型，原理上比较符合人类视觉系统(human visual system，HVS)的生理特点[2]。但是，经典 PCNN 模型有七个参数需要设置。这些参数通常是手动设置的，既复杂又耗时，而且还会导致结果的不一致性。因为对于 PCNN 的所有参数还没有公认且有效的设置方法，所以许多研究者一直尝试部分 PCNN 参数的自动化设置。具体的 PCNN 理论介绍可见 5.2 章节。

空间频率 SF 作为一种常用的图像质量评价方法，能够描述图像的区域信息，在区域特征方面较为符合 HVS 特点[22]。2001 年，Li 等人提出了一种基于 SF 的图像融合方法，并取得了良好的性能，证明了 SF 可以应用于图像融合领域[23]。随后，有学者基于 SF[24]设计了多种图像融合方法。SF 可以由两个简单的数学公式描述，通过像素的行列计算即可实现局部特征描述，其计算并不复杂。因此，本章采用 SF 作为局部特征描述因子来提高所提图像融合方案的性能。

为了提高图像融合质量，降低计算复杂度，本章提出了一种结合 LPT 和 PCNN 模型的轻量级图像融合方案。这种方法结合这两种模型的优点，同时抑制了传统图像融合方法缺点的影响。与基于简单变换和非下采样多尺度变换的图像融合方法相比，本章提出的图像融合方法计算复杂度适中，易于实现。该方案首先利用 LPT 将源图像分解为相应的子图像，该过程简单且易于实现，计算复杂度低。然后采用自适应 PCNN 得到子图像的点火统计图 FSM，其中包含子图像的纹理、边缘和区域分布信息。在自适应 PCNN 模型中，SF 作为 PCNN 的 $\beta$ 参数，因此 $\beta$ 可以根据子图像自动调整。这使得该方法比一般的 PCNN 模型更有效地提取图像特征。在该方案中，由于 LSF 可以根据图像的区域信息有效地描述图像的清晰度，因此采用 LSF 来增强 FSM 的局部特征，使子图像的特征更易于提取。最后，根据 LSF 的值，从不同的子图像中选择相应的系数，并将其作为融合图像的新系数。实验结果表明，本章提出的算法比其他常用图像融合算法更为有效。

## 6.2　图像的拉普拉斯金塔分解

LPT 变换是在高斯金字塔分解的基础上实现的，由两个步骤组成：第一步是高斯金字塔变换，第二步是 LPT 变换[15]。

### 6.2.1　高斯金字塔分解

在高斯金字塔中，对源图像重复进行高斯低通滤波与下采样操作以得到对应的高斯金字塔子图像。若将源图像表示为 $G_0$，可被认为是金字塔的最底层，第 $l$ 层用 $G_l$ 表示，则高斯金字塔分解如下：

$$G_l(i,j) = \sum_{m=-2}^{2}\sum_{n=-2}^{2}\omega(m,n)G_{l-1}(2i+m, 2j+n) \tag{6-1}$$
$$(1 \leqslant l \leqslant N, 0 \leqslant i < R_l, 0 \leqslant j < C_l)$$

其中，$(i,j)$ 表示像素位置，$G_l(i,j)$ 表示高斯金字塔的第 $l$ 层，$N$ 表示高斯金字塔的层数，$R_l$ 和 $C_l$ 分别表示高斯金字塔的第 $l$ 层的行和列，$[\omega(m,n)]$ 为一个 5×5 的卷积窗口，$(m, n \in [-2,2])$ 具有低通电阻，$\omega(m,n)$ 是位置 $(m,n)$ 处矩阵元素的值。矩阵 $\omega$ 的定义如下：

$$\omega = \frac{1}{256}\begin{bmatrix} 1 & 4 & 6 & 4 & 1 \\ 4 & 16 & 24 & 16 & 4 \\ 6 & 24 & 36 & 24 & 6 \\ 4 & 16 & 24 & 16 & 4 \\ 1 & 4 & 6 & 4 & 1 \end{bmatrix} \tag{6-2}$$

### 6.2.2　拉普拉斯金塔分解

在高斯金字塔中，当前层子图像的大小是上一层的 1/4。然后，通过差值对高斯金字塔进行膨胀操作，使得 $G_l$ 层的大小与 $G_{l-1}$ 一致。LPT 的膨胀操作可被描述为式(6-3)～式(6-5)，$(i,j)$ 表示像素所在金字塔的位置：

$$G_l^*(i,j) = 4\sum_{m=-2}^{2}\sum_{n=-2}^{2}\omega(m,n)G_l\left(\frac{i+m}{2}, \frac{j+n}{2}\right), (0 < l \leqslant N, 0 \leqslant i < R_l, 0 \leqslant j < C_l)$$

$$\tag{6-3}$$

其中，

$$G_l\left(\frac{i+m}{2},\frac{j+n}{2}\right)=\begin{cases}G_l\left(\frac{i+m}{2},\frac{j+n}{2}\right); & \frac{i+m}{2},\frac{j+n}{2}\text{为整数}\\ 0; & \text{其他}\end{cases} \quad (6\text{-}4)$$

同时，

$$\begin{cases}LP_l=G_l-G_{l+1}^*, & 0\leqslant l<N\\ LP_N=G_N, & l=N\end{cases} \quad (6\text{-}5)$$

其中，$N$ 表示 LPT 的层数，$G_l$ 表示高斯金字塔的第 $l$ 层，$G_{l+1}^*$ 表示高斯金字塔膨胀后的第 $l$ 层，$LP_l$ 表示 LPT 的第 $l$ 层。$LP_0, LP_1, \cdots, LP_N$ 为 LPT 的各个层。

### 6.2.3 拉普拉斯金字塔图像重构

可以根据(6-5)，得到 LPT 的重建公式：

$$\begin{cases}G_N=LP_N, & l=N\\ G_l=LP_l+G_{l+1}^*, & 0\leqslant l<N\end{cases} \quad (6\text{-}6)$$

从式(6-6)中可以看出，LPT 可以通过差值操作逐层获取；通过这种方式，当前层的尺寸就与较低一层的大小相同。因此，源图像可通过逐层相加得到。

图 6.1 LPT 图像分解案例：(a) 源图像 $A$ 及其对应的高频细节子图像；(b) 源图像 $B$ 及其对应的高频细节子图像

## 6.3 灰度多聚焦图像融合方案

本节将详细介绍所提出的图像融合方案，示意图如图 6.2 所示。该方案将所有的输入图像通过 LPT 分解为相应的子图像。然后，利用基于 SF 的自适应 PCNN 提取 LPT 子图像的特征，再利用 LSF 增强其特征区域，使特征易于提取。进而通过融合规则确定需要被保留的 LPT 子图像像素。最后，根据新的融合子图像系数进行逆 LPT 处理，得到融合后的图像。

本章提出一种轻量级的图像融合方案，该方案能够在融合性能和融合复杂度之间保持平衡。试图将简单有效的方法有机地结合起来，提高图像融合方法性能的同时降低计算开销。该方法的基础是利用 LPT 将源图像的重要特征在不同尺度上进行分层分解，如图 6.1 所示，通过 LPT 得到的子图像可以有效地表示输入源图像的高频细节信息。故可以使用 PCNN 来提取这些子图像的互补和冗余特征；如图 6.4 所示，PCNN 的生物学特性和有效的计算机制可以提供令人满意的性能来完成这一阶段的任务。此外，计算子图像的 SF 作为 PCNN 的参数，减少了参数设置的数量，也可以提高这些子图像特征提取的适应性和准确性。LSF 提供了精确表示高频子图像细节信息的可能性；如图 6.5 所示，利用 FSM 对子图像的区域特征进行增强。通过对每个子图像系数实施基于融合规则的选择操作，即可实现源图像的特征融合。

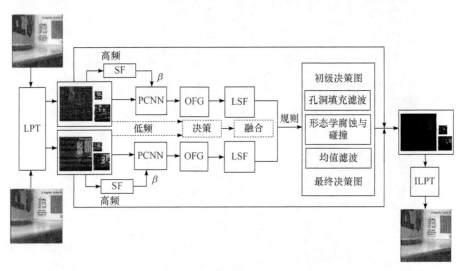

图 6.2　图像融合方法示意图

### 6.3.1　基于 PCNN 的图像特征提取

在 PCNN 神经网络中，每个神经元都可分为三个部分：接受域、调制域、脉冲生成器[25]，如图6.2所示。具体公式为式(6-8)～式(6-12)，式中$(i, j)$为神经元的位置，$n$表示当前迭代次数。接受域分别用来接收外部信号输入$S_{ij}$和周围神经元的邻域输入$Y_{ij}[n]$，由输入通道$F_{ij}[n]$和链接通道$L_{ij}[n]$组成。在调制域，用参数$\beta$确定链接通道$L_{ij}[n]$的耦合强度，然后增加常数为"1"的偏置，最后与反馈通过进行调制得到内部活动状态项$U_{ij}[n]$。用脉冲生成器中的阈值调节器$\theta_{ij}[n]$和内部状态项$U_{ij}[n]$来判断是否产生脉冲。如果一个神经元激活，意味着该神经元输入一个脉冲[25]。当PCNN用于图像处理时，神经网络中所有神经元与图像像素一一对应。每次迭代中，每个神经元的输出都有两个状态：输出脉冲、无脉冲。因此，每次迭代的输出都是一个二值图[25,26]。具体的PCNN理论公式可见5.2.2节。

PCNN的链接强度$\beta$是最为重要的参数，对神经元的行为具有很大影响。在传统图像处理中，$\beta$都是通过手工设定，在一定程度上限制了它的应用。SF是图像评价的重要指标[22]，可以描述图像的局部特征。而PCNN的$\beta$恰好是用来调节神经元与其周围神经元的耦合强度。因此，本章利用图像的SF作为$\beta$，可使得神经元根据子图像局部特征的变化而变化，从而更有效地提取图像特征。$\eta$作为SF的权重系数调节幅度，本节将其设置为0.01。计算公式如下：

$$\beta = \eta \cdot \mathrm{SF} \tag{6-7}$$

其中，$\eta$为调节因子。

$$\mathrm{SF} = \sqrt{\mathrm{RF}^2 + \mathrm{CF}^2} \tag{6-8}$$

$$\mathrm{RF} = \sqrt{\frac{1}{M \times N} \sum_{i=1}^{M} \sum_{j=2}^{N} [\mathrm{im}(i, j) - \mathrm{im}(i, j-1)]^2} \tag{6-9}$$

$$\mathrm{CF} = \sqrt{\frac{1}{w^2} \frac{1}{M \times N} \sum_{i=1}^{N} \sum_{j=2}^{M} [\mathrm{im}(i, j) - \mathrm{im}(i, j-1)]^2} \tag{6-10}$$

其中，SF由行频率RF和列频率CF组成，$M$表示图像的行数，$N$表示图像的列数，$\mathrm{im}(i, j)$表示图像在位置$(i, j)$像素值。

在多数PCNN应用中，其参数设置都是通过多次重复试验进行。本章中，我们通过聂仁灿等人[27]的理论将彩色设置为：$M_{ijkl}$是$W_{ijkl} = M_{ijkl} = [(i-k)^2 - (k-l)^2]^{-1}$；PCNN的迭代次数$N$为300，$V^L$一般设为0.01，$V^F$一般设为一个比较小的数，如1；$\alpha^F$被设置为$\alpha^F = 0.0164$。$V_{ij}^{\theta}$被设置为$V^{\theta} = 62.6012$；因为$e^{-\alpha^{\theta}} < 1$，所以$\alpha^{\theta}$被设置为$\alpha^{\theta} = 0.0637$。$\theta(0)$是第一个内部阈值，我们不希望神经元在第一时间点燃，所以它必须$\theta(0) > 1$，如$\theta(0) = 1.2$。$\alpha^L$设为$\alpha^L = 0.7260$。在这些参数中，$W_{ijkl}$和$M_{ijkl}$可根据神经元的位置计算；$N$、$V^L$、$V^F$和$\theta(0)$一般是固定的。

PCNN 具有全局耦合和脉冲输出的特点。在本章方案中，PCNN 可以被用来提取子图像的互补特征和融合特征，这些特征包含了子图像的细节信息，如：纹理、边缘特征等。通过记录 PCNN 神经元在每次迭代是否会激活，从而会产生一个二值图。由于二值图可以描述图像的细节特征，可被认为是源图像的特征描述方式。通过统计神经元的二值图，可以得到 FSM，如式(6-11)所示。从图 6.3 中可以看出，子图像的特征被描述得很明显，但区域特征不显著。

$$\text{FSM}(i,j) = \sum_{n=1}^{N} Y_{ij}(n) \quad (6\text{-}11)$$

其中，$N$ 表示迭代次数，$Y_{ij}$ 表示神经元的脉冲输入$(i,j)$。

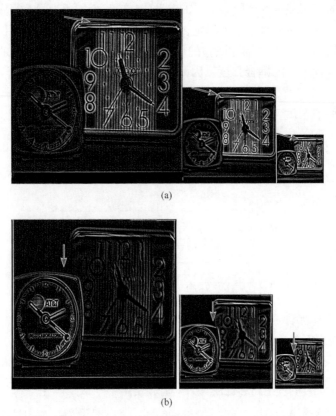

图 6.3 子图像的 FSM：(a) $A$ 子图像的 FSM；(b) $B$ 子图像的 FSM

### 6.3.2 基于 PCNN 输出的图像局部特征强化

LSF 可以有效地表示图像的局部特征，分别由局部行频率 LRF 和局部列频率 LCF 组成 [22,23]。在本章方法中，像素的 LSF 值表示子图像的局部特征，可以描述和量化特定区域中相邻像素的特征信息，如方程(6-12)~(6-14)所示。因此，通过比较 LSF 的值，可以确定融合图像的像素。图 6.4 表示 FSM 的 LSF 值，与图 6.3 相比，可以看出 FSM 中子图像的区域细节信息得到了增强。通过计算 FSM 的 LSF 值，可以使源图像的细节特征更加明显，从而使区域特征更容易提取和融合。

$$\text{LSF} = \sqrt{\text{LRF}^2 + \text{LCF}^2} \tag{6-12}$$

$$\text{LRF} = \sqrt{\frac{1}{w^2}\sum_{i=1}^{w}\sum_{j=2}^{w}[\text{FSM}(i,j) - \text{FSM}(i,j-1)]^2} \tag{6-13}$$

$$\text{LCF} = \sqrt{\frac{1}{w^2}\sum_{i=2}^{w}\sum_{j=1}^{w}[\text{FSM}(i,j) - \text{FSM}(i-1,j)]^2} \tag{6-14}$$

其中，$w$ 是窗口的大小，$\text{FSM}(i,j)$ 是像素 $(i,j)$ 处的点火统计图。

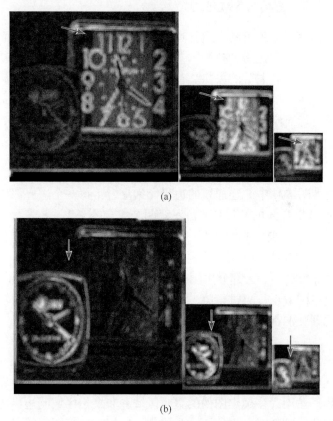

图 6.4 FSM 的 LSF 值：(a) $A$ 图像 FSM 的 LSF 值；(b) $B$ 图像 FSM 的 LSF 值

### 6.3.3 融合决策与优化

本章方法通过融合规则得到初步决策图，然后通过形态学的区域滤波实现融合决策中的小区域滤除，最后通过均值滤波实现突兀值滤除。

#### 6.3.3.1 融合规则

在图像融合方法中，融合规则用来决定哪个像素或系数可以被保留。本章根据 FSM 的 LSF 值得到初步融合决策，如式(6-15)所示。当子图像 $A$ 的系数对应的 LSF 值大于或等于子图像 $B$ 系数对应的 LSF 值时，标记为"1"，反之标记为"0"。

$$\text{Map}_{ij} = \begin{cases} 1, & \text{LSF}_{Aij} \geqslant \text{LSF}_{Bij} \\ 0, & \text{LSF}_{Aij} < \text{LSF}_{Bij} \end{cases} \tag{6-15}$$

式中，$ij$ 表示系数在子图像中的位置，$\text{Map}_{ij}$ 为对应位置的决策，$\text{LSF}_{Aij}$ 和 $\text{LSF}_{Bij}$ 为子图像对应的 LSF 值。

#### 6.3.3.2 基于形态学的区域滤波

由融合规则获得的决策图，通常具有不规则的"孔洞"，一般而言多聚焦图像焦点只有一个，因此这些"孔洞"并不应该存在。本节利用一种基于形态学的区域滤波方法实现"孔洞"的去除。首先，利用 8 连通域的方法计算决策图中的"孔洞"面积；然后，将决策图中最大"孔洞"的面积设置为阈值。最后，对小于阈值的区域进行形态学填充处理，填孔操作可以用"1"填充一个孔，从而使决策映射的值仅为"0"或"1"。该操作表示如下：

$$x_k = (x_{k-1} \oplus B) \cap A^C, \quad k = 1, 2, 3, \cdots \tag{6-16}$$

其中，$A$ 为决策图 $DM$ 中 8 连通域的边界元素集合，每一个边界都包含一个孔洞背景区域；$A^C$ 是集合 $A$ 的补集；"$\cap$"是两个集合的交集；$B$ 表示 8 连通域的结构元素模板；$x_k$ 为需要填充的孔洞；当 $x_k = x_{k-1}$ 满足时，填充操作在第 $k$ 次迭代时停止。$A$ 和 $x_k$ 包含所有孔洞和边界的像素。

第一次填充操作后，大部分黑洞被移除，然而还存在部分白色的孔洞。然后，对处理后的决策图取反，再进行第二次孔洞填充，以去除白色孔洞。最后，所得决策图的不规则孔洞都被去除了。

#### 6.3.3.3 基于均值的决策滤波

决策图在"孔洞"方面的缺陷通过小区域滤波被解决，但其边界仍存在不规则的锐利边界。然而，多聚焦图像的聚焦区域和非聚焦区域的边界通常是规则的平滑过渡。因此，需要对其进行下一步优化，以纠正决策图中的突变边。本章采用形态学处理与基于均值滤波的方法相结合实现不规则边缘的抑制，首先，采用一对形态学膨胀与腐蚀操作实现突兀区域的去除，然后，利用均值滤波器实现多聚焦和非聚焦区域的平滑过渡。

$$\text{ED\_DM} = \text{Erosion}(\text{Dilation}(DM)) \tag{6-17}$$

$$\text{ODM} = \text{imfilter}(\text{ED\_DM}) \tag{6-18}$$

其中，Erosion 是形态学腐蚀操作，Dilation 是形态学膨胀操作，$DM(i,j)$ 是图像形态学操作后的决策图；imfilter{} 是均值滤波操作；$ODM(i,j)$ 是一致性校验后的决策图。

### 6.3.4 彩色图像融合方案

RGB 彩色图像是最基本和常用的图像数据格式，可直接应用于图像显示设备，是人眼观察图像的常规彩色空间。本章在 RGB 彩色空间中对源图像进行融合，避免了彩色空间变换的操作，同时避免了非线性操作和变换误差。RGB 彩色图像由 R(红色)、G(绿色)、B(蓝色)分量组成。为了实现彩色源图像的融合，将 RGB 彩色图像的三个分量作为三个灰度图像，分别对它们进行图像融合。然后将三个融合分量组合成最终的融合彩色图像。因此，本章提出的彩色图像融合方案如图 6.5 所示。

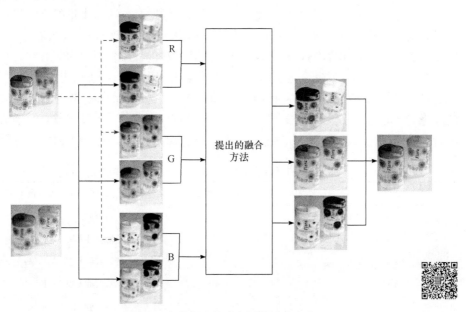

图 6.5　本章方法的彩色图像融合方案

### 6.3.5 融合步骤

本章所提出的融合步骤如下：

步骤 0：给定源图像 $A$ 和 $B$。

步骤 1：对图像 $A$ 和 $B$ 进行 LPT 分解，得到对应的几个子图像集，分别表示为 $CA_{ij}$ 和 $CB_{ij}$。

步骤 2：分别计算这些子图像的 SF 值，将其用作对应 PCNN 的连接强度 $\beta$。

步骤 3：利用 PCNN 对子图像进行处理，得到所有子图像的 FSM。

步骤 4：以窗口 $w$ 计算 FSM 的 $LSF_{ij}$ 值，本章采用 9×9 的窗口尺寸。

步骤 5：根据融合规则得到初步融合决策图。

步骤 6：利用孔洞填充去除决策图中的黑色孔洞，然后利用决策图取反去除白色孔洞。

步骤 7：采用形态学处理与基于均值滤波的方法相结合实现决策图不规则边缘的抑制。

步骤 8：利用最终决策图确定每个融合子图像系数 $FC_{ij}$。

步骤 9：利用逆 LPT 重建融合图像。

## 6.4 实验与分析

为了验证本章方法的性能，我们将常用的图像融合方法与本章的方法进行了比较。对比方法包括：PCA、WT、SWT、FSDP、GAP、PCNN、NSCT、NSST、NSCT+PCNN-LSF 和 NSST+PCNN-LSF。上述方法的详细情况见表 6.1。

为了评价不同图像融合方法的性能，本章采用了几种常用的图像融合性能指标进行量化，包括：互信息 MI、熵 EN、标准差 SD、空间频率 SF、基于相似性度量的边缘 $Q^{abf}$ 和特征互信息 FMI[28,29]。其中 $Q^{abf}$ 和 MI 是两个最重要的指标，它表示融合图像中保留的边缘特征和信息量。以上指标都是值越大，融合图像的质量越好。

表 6.1 不同融合方法的参数设置("—"表示为空)

| 方法 | 分解层数 | 分解后的子图像数量 | 融合策略(高频融合策略、低频融合策略) |
|---|---|---|---|
| PCA | — | 1 | 权重法(—,—) |
| WT | 3 | 10 | —(绝对值最大法，均值法) |
| SWT | 3 | 12 | —(绝对值最大法，均值法) |
| FSDP | 3 | 3 | —(绝对值最大法，均值法) |
| GAP | 3 | 3 | —(绝对值最大法，均值法) |
| PCNN | — | 1 | FSM 绝对值最大法(—,—) |
| NSCT | 3 | 25 | —(绝对值最大法，均值法) |
| NSST | 3 | 25 | —(绝对值最大法，均值法) |
| NSCT+PCNN-LSF | 3 | 25 | FSM 的 LSF 绝对值最大法(—,—) |
| NSST+PCNN-LSF | 3 | 25 | FSM 的 LSF 绝对值最大法(—,—) |
| 本章方法 | 3 | 3 | FSM 的 LSF 绝对值最大法(—,—) |

## 6.4.1 灰度图像融合实验与分析

本节采用几组常用的实验图像来评估不同算法的性能。第一组实验图像如图 6.1(a)和(b)所示,图像 $A$ 聚焦于右侧,图像 $B$ 聚焦于左侧。不同方法融合得到的图像如图 6.6 所示。在图 6.6 中,本章算法对源图像的特征提取和融合效果较好。

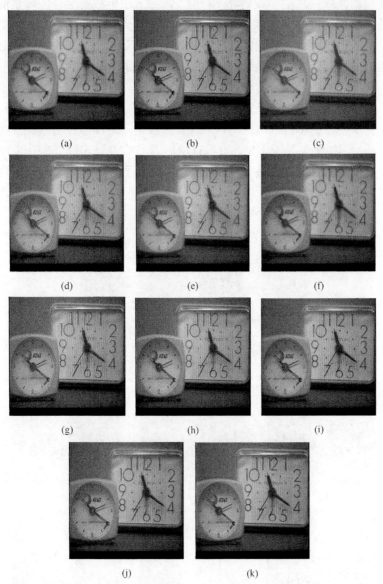

图 6.6 不同融合方法的第一组融合图像:(a) PCA;(b) WT;(c) SWT;(d) FSDP;(e) GAP;(f) PCNN;(g) NSCT;(h) NSST;(i) NSCT+PCNN-LSF;(j) NSST+PCNN-LSF;(k) 本章方法

PCA、SWT、FSDP 和 PCNN 方法的融合效果较差，出现了显著的细节损失和清晰度下降。而 PCA、SWT、FSDP、GAP 和 PCNN 方法清晰度有一定程度的下降。而 WT、NSCT、NSST、NSCT+PCNN-LSF、NSST+PCNN-LSF 与本章方法融合效果较好；对于 NSST、NSCT+PCNN-LSF 和 NSST+PCNN-LSF 方法，在大钟中存在一些模糊区域。从图 6.6(k)可以看出，本章方法生成的融合图像是清晰的，它保留了源图像的大部分细节。此外，本章方法得到的融合图像边缘更清晰、清晰度更高。与传统的变换域图像融合方法相比，本章提出的方法具有更好的图像融合性能，并且与复杂的变换域融合方法相比具有相似甚至更好的图像融合效果。第一组实验图像的融合质量指标如表 6.2 所示。

第二组实验室图像如图 6.7(a)和(b)所示。图 6.8 为不同方法生成的融合图像，其中 PCA、SWT、FSDP、GAP 和 PCNN 等方法生产的图像在清晰度方面有不同程度的下降。相比而言，WT、NSCT、NSST、NSCT+PCNN-LSF、NSST+PCNN-LSF，与本章方法生成的融合图像具有良好的融合效果。表 6.3 列出了所有融合方法的融合质量指标值。

图 6.7 源图像：(a) 源图像 $A$；(b) 源图像 $B$

图 6.8　不同融合方法的第二组融合图像：(a) PCA；(b) WT；(c) SWT；(d) FSDP；(e) GAP；(f) PCNN；(g) NSCT；(h) NSST；(i) NSCT+PCNN-LSF；(j) NSST+PCNN-LSF；(k) 本章方法

表 6.3 列出了第二组实验图像的融合质量指标值。从表 6.3 中可以看出，由本章方法生成的融合图像包含了更多信息。该方法的 MI、$Q^{abf}$ 和 FMI 值远高于其他方法，在 SD 和 SF 值方面接近于 WT 方法，与其他方法相比优势不大。在本组实验中，所有方法的 EN 值都非常接近，整体差异不大。众所周知，MI 和 $Q^{abf}$ 是最重要的质量指标，因为它们有效地指示了融合图像中保留了多少源图像信息，SF 表示图像的清晰度。本章方法的 MI、$Q^{abf}$ 和 SF 值都较高，表明该方法在融合图像质量方面优于其他方法。从表 6.3 中可以看出，由本章方法生成的融合图像包含更多信息，在指标 MI、$Q^{abf}$ 和 FMI 上比其他方法高得多。此外，本章所提出的方法和 WT 在 SD 和 SF 值方面非常接近，并且略优于其他方法；在 EN 值方面，所有方法获得的指标都非常接近。

表 6.2　第一组实验图像的客观质量评价指标

| 方法 | MI | EN | SD | SF | $Q^{abf}$ | FMI |
| --- | --- | --- | --- | --- | --- | --- |
| PCA | 7.0323 | 7.2607 | 49.3026 | 6.2804 | 0.5809 | 0.5871 |
| WT | 6.4218 | 7.3499 | 50.3684 | 9.9842 | 0.6269 | 0.5302 |
| SWT | 6.7667 | 7.3141 | 49.5989 | 8.7349 | 0.6502 | 0.5473 |
| FSDP | 6.6061 | 7.3513 | 48.9158 | 7.8771 | 0.6466 | 0.5403 |
| GAP | 6.6180 | 7.3517 | 48.9263 | 7.8441 | 0.6503 | 0.5479 |
| PCNN | 7.2103 | 7.2407 | 48.5243 | 6.6785 | 0.5756 | 0.5831 |
| NSCT | 6.6293 | **7.3683** | 51.0783 | 9.9384 | 0.6464 | 0.5334 |

续表

| 方法 | MI | EN | SD | SF | $Q^{abf}$ | FMI |
|---|---|---|---|---|---|---|
| NSST | 6.5790 | 7.0266 | 40.3836 | 7.9560 | 0.6537 | 0.5262 |
| NSCT+PCNN-LSF | 6.7606 | 7.0452 | 40.9188 | 7.5722 | 0.6419 | 0.5026 |
| NSST+PCNN-LSF | 6.7892 | 7.0297 | 40.1697 | 7.7713 | 0.6469 | 0.5363 |
| 本章方法 | **7.5136** | **7.3244** | **50.5438** | **10.1281** | **0.7008** | **0.6133** |

表 6.3 第二组图像的指标

| 方法 | MI | EN | SD | SF | $Q^{abf}$ | FMI |
|---|---|---|---|---|---|---|
| PCA | 5.1156 | 7.1269 | 46.6337 | 12.5169 | 0.5432 | 0.5522 |
| WT | 4.9994 | **7.2570** | 49.9910 | 20.7589 | 0.6927 | 0.5444 |
| SWT | 5.0693 | 7.1935 | 48.2098 | 19.2108 | 0.6852 | 0.5399 |
| FSDP | 4.7994 | 7.1037 | 45.1496 | 16.8564 | 0.6814 | 0.5354 |
| GAP | 4.8063 | 7.1030 | 45.1749 | 16.7921 | 0.6844 | 0.5421 |
| PCNN | 5.2851 | 7.1248 | 45.3378 | 12.4169 | 0.5204 | 0.5460 |
| NSCT | 5.5131 | 7.2338 | 49.5630 | 20.6054 | 0.7290 | 0.5805 |
| NSST | 5.4564 | 7.2330 | 49.5148 | 20.6132 | 0.7246 | 0.5716 |
| NSCT+PCNN-LSF | 5.3434 | 7.2121 | 49.1758 | 19.8554 | 0.6781 | 0.5394 |
| NSST+PCNN-LSF | 5.5516 | 7.2325 | 20.6346 | 20.6346 | 0.7121 | 0.5536 |
| 本章方法 | **6.6954** | 7.2448 | **50.2184** | **20.8252** | **0.7481** | **0.6283** |

从图 6.6 和图 6.8 可以看出,本章方法生成的融合图像边缘较为清晰,并且保留了源图像中的大部分纹理和细节。表 6.3 得出的评估结论与表 6.2 相同,本章方法在客观指标上具有一定的优势。本章方法能够从源图像中提取主要特征,并将其有效地融合,获得了优于传统方法的融合效果。总体而言,无论是从主观方面还是客观方面两组图像的实验结果都是一致的。

### 6.4.2 彩色图像融合实验与分析

本节采用几组常用的彩色图像来评估图像融合算法的性能。第一组彩色图像如图 6.9 所示。不同方法生成的融合图像如图 6.10 所示,本章算法能很好地提取源图像的特征,融合后的图像具有较为自然的颜色,且包含更多的边缘、纹理、细节和较少的伪影,与源图像最为接近。除了黑色单词"Flora"附近有一些颜色失真外,本章方法生成的融合图像大体优于其他算法。而 WT、NSCT、NSST、NSCT+PCNN-LSF 和 NSST+PCNN-LSF 等方法生成的融合图像中存在一些伪影,PCA、SWT、FSDP、GAP 和 PCNN 的清晰度有一定程度的下降。从图 6.10 中的融合图像中,可以看出本章算法比大多数其他图像融合方法更为有效。

第 6 章　基于拉普拉斯金字塔与脉冲耦合神经网络的多聚焦图像融合

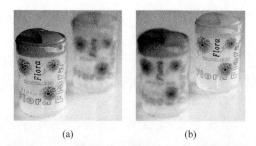

图 6.9　源图像：(a) 源图像 $A$；(b) 源图像 $B$

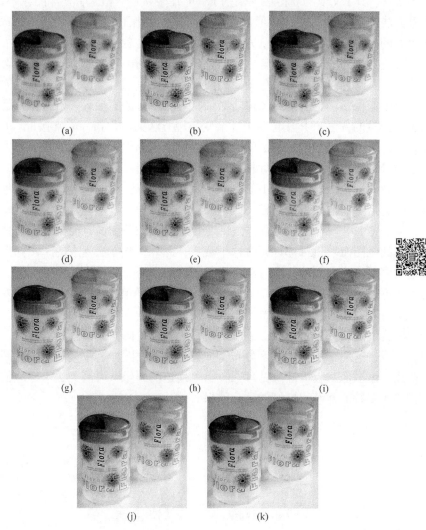

图 6.10　不同融合方法的第一组彩色融合图像：(a) PCA；(b) WT；(c) SWT；(d) FSDP；(e) GAP；(f) PCNN；(g) NSCT；(h) NSST；(i) NSCT+PCNN-LSF；(j) NSST+PCNN-LSF；(k) 本章方法

第二组彩色源图像如图 6.11 所示,通过不同方法生成的融合图像如图 6.12 所示。从图中可以看出,PCA、SWT、FSDP、GAP 和 PCNN 方法得到的融合图像在清晰度方面存在一定程度的下降。与传统的变换域图像融合方法相比,本章方法取得了更好的融合效果,并且与复杂的变换域图像融合方法产生的融合效果相似。

表 6.4 列出不同方法在本组彩色图像上的融合质量指标值。本章方法获得的 $Q^{abf}$ 值明显高于其他图像融合方法。本章方法的 MI 指标非常接近 PCNN,均大于其他方法;其 EN 值与获得最大值的 FSDP 比较接近。相比于其他图像融合方法,本章方法的 SF、SD 和 FMI 值也处于较高水平。由于 $Q^{abf}$ 和 MI 是图像融合中较为重要的两个质量指标,本章方法在这两个指标上总体高于其他方法,可以看出本章方法生成的融合图像包含更多信息。表 6.5 列出第二组彩色图像的融合质量指标值,其结果与第一组彩色图像相似。本章方法的 $Q^{abf}$ 值远高于其他方法,表明融合图像保留了更多的源图像边缘信息。本章方法的多数评价指标都优于基于简单变换域的方法,并且与基于复杂变换域方法的评价指标非常接近。从表 6.4 和表 6.5 可以看出,本章方法的大部分评价指标都优于常用的图像融合方法,且与复杂的融合方法的评价指标相似。实验结果表明,该方法对彩色图像融合总体上是有效的。实验结果图 6.11 及图 6.12 表明,该方法生成彩色图像的颜色保存良好,融合后的图像颜色失真较小。

从表 6.1 可以看出,本章方法只需要处理 3 个子图像,而其他大多数方法需要处理的子图像数量都远远超过这个数字;此外,该方法生成的子图像尺寸小于其他大多数方法。因此,该方法在进行图像融合时需要较少的存储空间。此外,LPT 是该方案的关键过程,其具有易于实现、计算复杂度低的特点。从表 6.2～表 6.5 可以发现,无论是本章提出的方法还是其他方法,在彩色图像融合和灰度图像融合的效果都是不同的。一般来说,一幅彩色图像是由 R、G、B 三个通道组合而成,这三个通道的灰度分布特征与正常灰度图像有很大的不同。因此,直接应用灰度图像融合方法来处理三种颜色通道的图像,可能无法很好地捕捉彩色图像的主要特征并获得更好的融合效果。

(a)　　　　　　　　(b)

图 6.11　源图像:(a) 源图像 $A$;(b) 源图像 $B$

图 6.12 不同融合方法的第二组彩色融合图像：(a) PCA；(b) WT；(c) SWT；(d) FSDP；(e) GAP；(f) PCNN；(g) NSCT；(h) NSST；(i) NSCT+PCNN-LSF；(j) NSST+PCNN-LSF；(k) 本章方法

表 6.4 第一组彩色图像融合客观指标

| 方法 | MI | EN | SD | SF | $Q^{abf}$ | FMI |
| --- | --- | --- | --- | --- | --- | --- |
| PCA | 5.5187 | 7.4400 | 65.0749 | 12.5519 | 0.5428 | 0.4463 |
| WT | 5.4764 | 7.4462 | 66.6051 | 20.2402 | 0.6883 | 0.4580 |
| SWT | 5.5171 | 7.4512 | 65.9068 | 19.2924 | 0.6684 | 0.4543 |
| FSDP | 5.3779 | **7.4610** | 64.9163 | 17.6776 | 0.6508 | 0.4338 |
| GAP | 5.3767 | 7.4606 | 64.9267 | 17.6800 | 0.6513 | 0.4339 |
| PCNN | **6.2967** | 7.4153 | 64.8964 | 13.1721 | 0.5497 | 0.4544 |
| NSCT | 5.4752 | 6.9417 | 78.6727 | 27.0843 | 0.6986 | **0.5874** |
| NSST | 5.4697 | 6.9456 | 78.7049 | 27.1211 | 0.6982 | 0.5866 |

| 方法 | MI | EN | SD | SF | $Q^{abf}$ | FMI |
| --- | --- | --- | --- | --- | --- | --- |
| NSCT+PCNN-LSF | 5.5506 | 6.9153 | 79.0239 | 26.8076 | 0.6915 | 0.5849 |
| NSST+PCNN-LSF | 5.5161 | 6.9354 | **79.1791** | **27.3050** | 0.6951 | 0.5841 |
| 本章方法 | 5.8324 | 7.4348 | 67.4517 | 20.2595 | **0.7002** | 0.4559 |

表 6.5 第二组彩色图像融合客观指标

| 方法 | MI | EN | SD | SF | $Q^{abf}$ | FMI |
| --- | --- | --- | --- | --- | --- | --- |
| PCA | 5.5986 | 6.9854 | 75.9627 | 13.2311 | 0.6295 | 0.5739 |
| WT | 5.3724 | 7.0008 | 78.4287 | 20.9346 | 0.6962 | 0.5501 |
| SWT | 5.5166 | 6.9950 | 76.9173 | 19.1031 | 0.6891 | 0.5566 |
| FSDP | 5.2554 | **7.1751** | 74.0235 | 16.6046 | 0.6751 | 0.5324 |
| GAP | 5.2585 | 7.1741 | 74.0293 | 16.5874 | 0.6759 | 0.5339 |
| PCNN | **5.8213** | 6.8647 | 74.4401 | 13.9752 | 0.5995 | 0.5497 |
| NSCT | 5.4752 | 6.9417 | 78.6727 | 27.0843 | 0.6986 | **0.5874** |
| NSST | 5.4697 | 6.9456 | 78.7049 | 27.1211 | 0.6982 | 0.5866 |
| NSCT+PCNN-LSF | 5.5506 | 6.9153 | 79.0239 | 26.8076 | 0.6915 | 0.5849 |
| NSST+PCNN-LSF | 5.5161 | 6.9354 | **79.1791** | **27.3050** | 0.6951 | 0.5841 |
| 本章方法 | 5.6087 | 6.9755 | 78.8866 | 21.3086 | **0.7152** | 0.5588 |

## 6.5 小　　结

本章提出了一种结合 LPT、PCNN-LSF、图像形态学的多聚焦图像融合方案，所提出的图像融合方案具有空间要求低、易于实现和计算复杂度适中的优点。LPT 算法可以将重要的图像特征分解为不同尺度和层次的子图像；采用 SF 指标实现 PCNN 的关键参数自适应，可以有效地提取图像特征和降低人工参与度；利用 LSF 增强子图像的局部特征，可以使得图像的特征易于融合。与常用的图像融合算法相比，该算法只需要处理较少的子图像，易于实现。对灰度图像和彩色图像的实验结果表明，本章所提出的图像融合方法能够融合源图像聚焦区域，融合后的图像包含了源图像的主要信息。与常用的融合算法相比，该算法具有更好的融合性能，能很好地提取源图像的边缘、纹理和细节等特征。

### 参 考 文 献

[1] Naidu V. Hybrid DDCT-PCA Based multi sensor image fusion[J]. Journal of Optical, 2014, 43(1): 16-48.

[2] Li S, Kang X, Fang L, et al. Pixel-level image fusion: A survey of the state of the art[J].

Information Fusion, 2017, 33: 100-112.

[3] Jin X, Jiang Q, Yao S, et al. A survey of infrared and visual image fusion methods[J]. Infrared Physics and Technology, 2017, 85: 478-501.

[4] Wang Q, Gao Q, Gao X, et al. L2, p-norm based PCA for Image Recognition[J]. IEEE Transactions on Image Processing, 2018, 27(3): 1336-1346.

[5] Benjamin J R, Jayasree T. Improved medical image fusion based on cascaded PCA and shift invariant wavelet transforms[J]. International Journal of Computer Assisted Radiology and Surgery, 2018, 13(2): 229-240.

[6] Burt P J. A Gradient pyramid basis for pattern-selective image fusion[C]. Proceedings of the Society for Information Display Conference, San Jose, USA, 1992: 467-470.

[7] Cheng J, Liu H, Liu T, et al. Remote sensing image fusion via wavelet transform and sparse representation[J]. SPRS Journal of Photogrammetry and Remote Sensing, 2015, 104: 158-173.

[8] Jiang Q, Jin X, Lee S J, et al. A novel multi-focus image fusion method based on stationary wavelet transform and local features of fuzzy sets[J]. IEEE Access, 2018, 18(6): 2494-2505.

[9] Bhateja V, Patel H, Krishn A, et al. Multimodal medical image sensor fusion framework using cascade of wavelet and contourlet transform domains[J]. IEEE Sensors Journal, 2015, 15(12): 6783-6790.

[10] Adu J, Gan J, Wang Y, et al. Image fusion based on nonsubsampled contourlet transform for infrared and visible light image[J]. Infrared Physics & Technology, 2013, 61: 94-100.

[11] Li H, Qiu H, Yu Z, et al. Infrared and visible image fusion scheme based on NSCT and low-level visual features[J]. Infrared Physics & Technology, 2016, 76: 174-184.

[12] Ganasala P, Kumar V. Feature-motivated simplified adaptive PCNN-based medical image fusion algorithm in NSST domain[J]. Journal of Digital Imaging, 2016, 29(1): 73-85.

[13] Qu X B, Yan J W, Xiao H Z, et al. Image fusion algorithm based on spatial frequency-motivated pulse coupled neural networks in nonsubsampled contourlet transform domain[J]. Acta Automatica Sinica, 2008, 34(12): 1508-1514.

[14] Gao X, Zhang H, Chen H, et al. Multi-modal image fusion based on ROI and Laplacian Pyramid[C]. Sixth International Conference on Graphic and Image Processing (ICGIP 2014), Beijing, Int Assoc Comp Sci & Informat Technol, 2015:94431A.

[15] Frejlichowski D, Wanat R. Application of the Laplacian pyramid decomposition to the enhancement of digital dental radiographic images for the automatic person identification[J]. Image Analysis and Recognition, Lecture Notes in Computer Science, 2010, 6112: 151-160.

[16] Bulanon D M, Burks T F, Alchanatis V. Image fusion of visible and thermal images for fruit detection[J]. Biosystems Engineering, 2009, 103 (1): 12-22.

[17] Eckhorn R, Reitboeck H J, Arndt M, et al. A Neural Network for Feature Linking via Synchronous Activity: Results from Cat Visual Cortex and from Simulations[M]//Models of Brain Function. Cambridge: Cambridge University Press, 1989.

[18] Eckhorn R, Reitboeck H J, Arndt M, et al. Feature linking via synchronization among distributed assemblies: simulation of results from cat cortex[J]. Neural Computation, 1990, 2: 293-307.

[19] John J L, Padgett M L. PCNN models and applications[J]. IEEE Transaction on neural networks, 1999, 10(3): 480-498.

[20] Jin X, Chen G, Hou J, et al. Multimodal sensor medical image fusion based on nonsubsampled shearlet transform and S-PCNNs in HSV space[J]. Signal Processing, 2018, 153: 379-395.

[21] Jin X, Nie R, Zhou D, et al. A novel DNA sequence similarity calculation based on simplified pulse-coupled neural network and Huffman coding[J]. Physica A Statistical Mechanics & Its Applications, 2016, 461(2016): 325-338.

[22] Eskicioglu A M, Fisher P S. Image quality measures and their performance[J]. IEEE Transactions on Communications, 1995, 43(12): 2959-2965.

[23] Li S, Kwok J, Wang Y. Combination of images with diverse focuses using the spatial frequency[J]. Information Fusion, 2001, 2(3): 169-176.

[24] Yang B, Li S T. Multi-focus image fusion based on spatial frequency and morphological operators[J]. Chinese Optics Letters, 2007, 5(8): 452-453.

[25] Jin X, Zhou D, Yao S, et al. Remote sensing image fusion method in CIELab color space using nonsubsampled shearlet transform and pulse coupled neural networks[J]. Journal of Applied Remote Sensing, 2016, 10(2): 025023.

[26] Xiang T Z, Yan L, Gao R R. A fusion algorithm for infrared and visible images based on adaptive dual-channel unit-linking PCNN in NSCT domain[J]. Infrared Physics & Technology, 2015, 69: 53-61.

[27] 聂仁灿. 脉冲耦合神经网络关键特性的理论分析及应用研究[D]. 昆明：云南大学, 2013.

[28] Haghighat M B A, Aghagolzadeh A, Seyedarabi H. A non-reference image fusion metric based on mutual information of image features[J]. Computers and Electrical Engineering, 2011, 37(2011): 744-756.

[29] Hong R, Cao W, Pang J, et al. Directional projection based image fusion quality metric[J]. Information Sciences, 2014, 281: 611-619.

# 第 7 章　结合密集跳层与多尺度卷积的无监督多聚焦图像融合

多聚焦图像融合技术可以解决光学镜头景深有限的问题，它可以提取不同图像的聚焦区域以合成全聚焦图像。本章针对多聚焦图像融合任务，提出了一种基于无监督思想的密集跳层网络结构。该网络采用多尺度特征提取模块提取源图像不同尺度的空间细节，利用卷积注意力模块选择重要的深度特征，利用残差模块有效优化网络性能。通过这三个模块的引入使得该网络可以有效地提取源图像的细节特征和重要视觉信息。此外，还利用改进的高斯拉普拉斯能量和(Gaussian-based sum-modified-laplacian，GSML)计算特征的活动水平，以生成决策映射。

## 7.1　概　　况

图像融合技术广泛应用于各种领域[1]。图像融合可分为三个层次：像素级融合、特征级融合和决策级融合。像素级融合算法直接针对图像像素进行操作，也可以作为特征级和决策级融合的基础。由于成像系统和物理条件的限制，摄像设备(例如数码单反相机)很难捕获所有对象或所有场景都在焦点的全聚焦图像，并且捕获的图像中只有特定景深对象可以清晰呈现，而其他对象相对模糊。为了获得全聚焦的图像，学者们提出了多聚焦图像融合技术，该技术将同一场景的多个源图像融合在一起，形成一个全聚焦的图像，其中所有对象都清晰可见[2]。多聚焦图像融合技术可以在较大程度地保留源图像中的聚焦区域，去除散焦区域。

传统非深度学习的多聚焦图像融合技术得到了深入且广泛的研究，如：压缩感知[3]、滤波技术[4]、WT[5]、PCA[6]、基因优化算法[7]、聚焦区域检测方法[8]等方法都被用于该领域。随着计算机硬件和理论的不断发展，深度学习在许多领域取得了前所未有的成功[9]。因此，利用深度学习进行图像融合也成为一个热门话题。Liu 等人[10]首先提出了基于 CNN 的多聚焦图像融合方法，该方法采用深度学习模型代替传统方法中的两个关键操作(即特征提取和融合规则)。在深度学习的方法中，特征提取和融合规则可以结合为一个端到端的分类任务。深度学习模型根据源图像的特征生成相应的决策图，然后根据决策图对源图像进行融合。除此之外，有人提出了几种基于 CNN 的改进融合方法，它们都具有相似的网络框架。Guo

等人[11]基于深度全卷积神经网络提出了一种多聚焦图像融合,取得了较为优异的融合性能。Amin-Naji 等人[12]提出了一种基于集成学习技术的图像融合方法,有效地提高了 CNN 模型的分类精确度。针对多聚焦图像融合任务,Yang 等人[13]提出了一种用于多层特征提取的 CNN 模型,该方法有效提高了网络的特征提取效果。Du 等人[14]将深度学习与支持向量相结合,提出了一种多聚焦图像融合方法。除了 CNN 之外,Guo 等人还将 GAN 引入了图像融合领域[15],杨晓莉等人[16]也开展了相关的研究工作。李和吴提出了无监督式的 DenseFuse[17]网络,该方法利用编码器-解码器提取红外和可见光图像中的有效特征,并采用 L1 范数和加法策略进行融合。

然而,当前大多数深度学习方法都是监督式学习模型,并且总是需要大量的标签数据集进行模型训练。然而,能够用于多聚焦图像融合模型训练的理想图像数据集不多且质量不完美,数据集的缺乏也会导致模型融合性能的下降。因此,这些方法需要手动构建标签数据集,这会成为一项艰巨而费力的任务。针对这一问题,本章提出了一种用于多聚焦图像融合的无监督密集网络。受 DenseFuse 的启发,本章方法结合 CNN 和基于高斯改进拉普拉斯能量和(GSML)[18]提出了一种无监督多聚焦图像融合方法,其能够更好地实现多聚焦图像融合任务。该方法具有以下优点:

(1) 所构建的网络模型是一个无监督网络,不需要构建标签图像进行深度神经网络训练。

(2) 为了有效地从源图像中提取浅层特征和深层特征,本章引入了三个模块并将每个模块有机连接起来,其中包括多尺度特征提取模块、卷积注意力模块和残差模块。

(3) 为了有效地训练所构建的网络模型,本章引入了结构相似度(structural similarity,SSIM)[19]损失函数和平滑平均绝对误差(smooth mean absolute error,SMAE)损失函数,以及一个新的激活函数 Mish[20]来更好地实现参数优化。

## 7.2 无监督彩色多聚焦图像融合模型

本节分为五个部分介绍所提出的多聚焦图像融合模型。

### 7.2.1 方法概述

多聚焦图像融合任务通常可以被视为二分类问题,即对图像的聚焦和散焦区域进行分类。融合方法的过程示意图如图 7.1 所示。该方法可分为特征提取、特征融合、生成融合图像三个步骤。

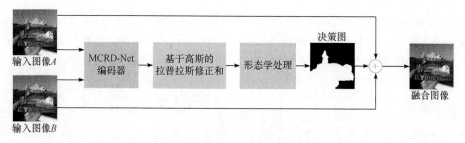

图 7.1 该方法的流程示意图

步骤 1：在特征提取阶段，通过训练自动编码器和解码器来提取源图像的浅层特征和深层特征。在第二阶段开始之前，编码器和解码器的网络权重参数已经固定。

步骤 2：在特征融合阶段，采用基于 GSML 融合策略对编码器得到的浅层特征和深度特征进行计算和对比分析，以得到初始的融合决策图，之后采用一些形态学处理方法来消除细小误差，以获得改进后的决策图 $Ds$。

步骤 3：在生成融合图像阶段，基于步骤 2 中获得了 $Ds$，通过 $F_c = D_s \times A_c + (1 - D_s) \times B_c$ 获得最终的融合图像，其中 $c$ 表示颜色通道。

### 7.2.2 MCRD-Net 结构

本章方法中的编码器-解码器网络结构如图 7.2 所示。在本方法中，编码器结构主要由两部分组成，分别为 E1 层、E2 层和 6 个密集连接的多尺度卷积注意力残差块(multi-scale convolutional attention residual block，MCRD)组成，编码器的作用是提取浅层特征和深层特征。解码器由 D3、D4、D5 和 D6 组成，以重建输入图像。其中，D1 层和 D2 层都包含步长为 1 的 3×3 卷积操作，用来提取编码器网络中源图像的低频信息或浅层特征，例如纹理特征、形状表示等。每个 MCRD 包含多尺度特征提取模块(multi-scale feature extraction module，MFEM)、卷积注意

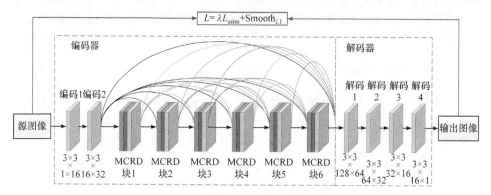

图 7.2 训练过程的详细框架图

力模块(convolutional block attention module，CBAM)[21]和残差模块(residual module，RM)。六个 MCRD 紧密连接以提取图像的深层特征，这样做的目的是尽可能多地从源图像中提取重要特征信息。图 7.3 展示了 MCRD 的结构。

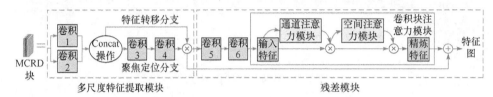

图 7.3　MCRD 模块结构

#### 7.2.2.1　多尺度特征提取模块

MFEM 模块可以从不同的空间尺度中提取源图像的重要特征信息，以实现多源特征的互补效果。如图 7.3 所示，在 MFEM 中，第一步使用标准卷积核从两个空间尺度中提取互补特征，第二步通过将特征转移支路和聚焦定位支路的特征参数相乘来生成最终的特征图。我们通过卷积输出不同数量的特征通道，从而提取不同的空间特征信息。特征转移支路只负责传输第一步生成的特征图，而聚焦定位支路则用于定位聚焦区域。两个分支的乘法在数学上表示为：

$$m_c = f_c(x) \cdot l_c(x) \tag{7-1}$$

其中，$f_c(x)$，$l_c(x)$ 和 $m_c$ 分别代表特征转移支路，聚焦定位支路和 MFEM 输出。

#### 7.2.2.2　结合注意力机制的卷积模块

本章方法引入结合注意力机制的卷积模块[21]可以帮助网络模型准确地区分聚焦区域和散焦区域，从而有效地提取深层信息。CBAM 从通道和空间两个维度计算特征图的注意力图，然后将注意力图与输入的特征图相乘以进行自适应学习。与通道注意力机制(squeeze-and-excitation networks，SENET)[22]相比，CBAM 可以取得更好的效果。CBAM 使用最大池化层和平均池化层，这意味着提取的特征更加丰富。

#### 7.2.2.3　残差模块

引入残差模块 RM 可以提高网络的性能，使得网络更容易优化。图 7.4 显示了 RM 的基本结构，其包含两层卷积和一个跳层连接。同时，我们在 CBAM 中加入残差块 RM，可计算在通道和维度上的注意力，以优化网络性能。

编码器的设计有两个优点。首先，将 CBAM 中的空间注意力模块的卷积核大小设置为 7×7，并且将 E1-2、D1-4 及 Conv1-6 中的卷积核大小统一设置为 3×3。这种方法可以增加网络的非线性表达能力，减少参数数量。其次，MCRD 可以有效地提取源图像中的多尺度空间互补信息和深层特征,并定位聚焦区域。在这个方法中,MCRD-Net 中的所有激活函数都是 Mish[20],它是一种自调节非单调的激活函数,可以在数学上定义为:

$$F_i = (W_i * F_{i-1} + b_i)\tanh(\text{softplus}(W_i * F_{i-1} + b_i)) \qquad (7\text{-}2)$$

其中,$W_i$、$b_i$ 和 $F_i$ 分别表示第 $i$ 个卷积层的卷积核、偏置和输出特征图,$F_0$ 表示输入源图像。"*"表示卷积操作。

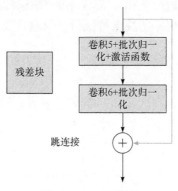

图 7.4  RM 结构图

### 7.2.3 损失函数

本章将 SSIM[19]损失函数和 SMAE 损失函数结合起来作为总损失函数,对编码器和解码器进行优化,从而使输入的源图像准确重构,如式(7-3)所示。SMAE 不仅可以保持损失函数的连续可导性,而且对异常值也有很好的鲁棒性。因为 SMAE 和 SSIM 损失函数具有数量级差异,所以使用 $\lambda$ 来平衡两个损失的重要程度。

$$L = \lambda L_{\text{ssim}} + \text{Smooth}_{L1} \qquad (7\text{-}3)$$

SSIM 可计算两个图像之间的感知差异,其定义如下:

$$\text{SSIM}(O, I) = \frac{(2\bar{x}_O \bar{x}_I + C_1)(2\sigma_{x_O}\sigma_{x_I} + C_2)}{(\bar{x}_O^2 + \bar{x}_I^2 + C_1)(\sigma_{x_O}^2 + \sigma_{x_I}^2 + C_2)} \qquad (7\text{-}4)$$

其中,($I$)和($O$)分别表示输入图像和输出图像,$x_O$ 和 $x_I$ 分别是 $O$ 和 $I$ 的滑动窗口,$\bar{x}_O$ 是 $x_O$ 的平均值,$\bar{x}_O^2$ 是 $x_O$ 的方差,$\sigma_{x_O}\sigma_{x_I}$ 是 $x_O$ 和 $x_I$ 的协方差,$C_1$ 和 $C_2$ 是系数,SSIM 损失函数公式如下:

$$L_{\text{ssim}} = 1 - \text{SSIM}(O, I) \qquad (7\text{-}5)$$

SMAE 损失函数由式(7-6)获得:

$$\text{Smooth}_{L1} = \frac{1}{M \times N}\sum_{i=1}^{M}\sum_{j=1}^{N}\begin{Bmatrix}0.5 \times (O(i,j) - I(i,j))^2, & \text{if } t < 1\\ |O(i,j) - I(i,j)| - 0.5, & \text{otherwise}\end{Bmatrix} \qquad (7\text{-}6)$$

其中，$M$ 和 $N$ 表示源图像的大小，$O(i,j)$ 表示图像在位置 $(i,j)$ 处的像素值。$t$ 可由式(7-7)得到：

$$t = |O(i,j) - I(i,j)| \tag{7-7}$$

### 7.2.4 融合策略

通过比较编码器得到特征图的 GSML 大小，能够生成初始决策图，然后利用形态学处理方法对决策图进行优化，以得到最终决策图。GSML 可以有效地反射边缘特征信息，从而获得更好的视觉特征信息及融合效果。GSM 公式表达为：

$$\text{GSML}(i,j) = \sum_{i=m-p}^{m+p} \sum_{j=n-q}^{n+q} \nabla^2 I(i,j) \tag{7-8}$$

其中，$p$ 和 $q$ 表示聚焦的窗口大小，在本章中 $p$ 和 $q$ 数值设置为 5；$\nabla^2 I(i,j)$ 表示梯度，如式(7-9)所示：

$$\begin{aligned}\nabla^2 I(i,j) = &|2G*I(i,j) - G*I(i-\text{step},j) - G*I(i+\text{step},j)| \\ &+ |2G*I(i,j) - G*I(i,j-\text{step}) - G*I(i,j+\text{step})|\end{aligned} \tag{7-9}$$

其中，$I(i,j)$ 表示位置 $(i,j)$ 处的像素值，步长 "step" 参数可使模型更好地适应纹理元素大小的变化。一般情况下，步长设置为 "1" 即可获得良好的融合结果。GSML 能够提高 SML 的鲁棒性，因为在计算 SML 之前，我们通过在图像像素和高斯核的卷积来获得基于高斯的改进拉普拉斯能量和。高斯核 $G$ 的数学表达式如下：

$$G(i,j) = \begin{cases} 1, & \text{if } i=s \text{ and } j=s \\ \dfrac{1}{\sqrt{(i-s)^2 + (j-s)^2}}, & \text{otherwise} \end{cases} \tag{7-10}$$

其中，$(s,s)$ 是高斯核的中心位置。

因此，我们可以计算源图像 $A$ 的 GSML(作为 GSML1)和源图像 $B$ 的 GSML(作为 GSML2)，然后比较这两个 GSML 值以获得初始决策图 $D$，如下所示：

$$D(i,j) = \begin{cases} 1, & \text{if GMSL}(i,j) \geq \text{GSML2}(i,j) \\ 0, & \text{otherwise} \end{cases} \tag{7-11}$$

生成的决策图 $D(i,j)$ 不可避免地会在邻近区域有小的误差。因此，我们采用了一些形态学处理方法来消除这些噪声。形态处理流程如图 7.5 所示。首先，使用圆形模板的"开"操作来处理决策图 $D(i,j)$，以消除非聚焦域中的大部分噪声。其次，采用"孔洞"去除策略去除非聚焦域中残留的微小噪声点。最后，通过"闭"运算和"孔洞"去除策略滤除聚焦区域的噪声点，得到最终的决策图 $D_s(i,j)$。

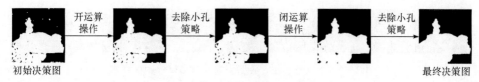

图 7.5　形态学处理的流程图

#### 7.2.5　模型训练策略

本章使用公共的 COCO 数据集[23]训练网络模型。由于采用了无监督策略，所以无需手动制作多源图像数据集。COCO 数据集有较多的目标场景图像，这可以有效提高模型对细节特征的学习能力。该数据集的训练集中有 82783 张图像，验证集有 40504 张图像。在训练阶段，将所有图像的大小调整为 256×256 像素，并将彩色图像转换为灰度图像。无论输入是彩色图像还是灰度图像，都采用统一的融合步骤处理，使模型不仅能融合灰度图像，还能融合彩色图像。使用 Adam 作为网络的优化器，初始学习率设置为 0.0001。epochs 设置为 30。

### 7.3　实验分析

本章节首先通过消融实验来验证模型的有效性，之后通过对比实验评估不同图像融合方法在视觉质量和客观度量方面的性能。

#### 7.3.1　实验设置

实验设置配置 32GB 内存、Intel Core i9-9900K@3.60GHz 八核 CPU 和 GTX 2080 Ti GPU。实验系统为 Windows10，编程语言为 Python 3.7.7，深度学习框架为 Pytorch 1.5.0。使用基准数据集 Lytro[24]和常用的 Grayscale 数据集来验证该算法的性能。图 7.6 和图 7.7 显示了 Lytro 和 Grayscale 数据集中的几对图像。

为了验证方法的性能，本节选择了 9 种多源图像融合方法进行综合比较，包括 CSR[25]、基于多尺度变换的稀疏表示法(sparse representation method based on multi-scale transform, MSTSR)[26]、GFF[27]，基于多尺度加权梯度(a method based on multi-scale weighted gradient, MWGF)[28]的方法，基于边界发现(a method based on boundary discovery, BF)[29]的方法，基于深度学习的方法包括 CNN[10]、ECNN[12]、SESF[30]和 IFCNN[31]。这些方法都为公开代码，参数是默认值，没有任何修改。

图 7.6　来自 Lytro 数据集的 5 对多聚焦图像样本

图 7.7 来自 Grayscale 数据集的 5 对多聚焦图像样本

### 7.3.2 消融实验

在本节中，我们使用不同的融合策略来验证所提出的模型，采用像素和融合策略记为 MCRD-SUM，像素绝对值融合策略记为 MCRD-ABS，像素平均融合策略记为 MCRD-MEAN，SML 融合策略记为 MCRD-SML，GSML 融合策略记为 MCRD-GSML，以及无形态处理融合策略记为 MCRD-NMP。本章使用的融合策略是 MCRD-GSML。使用基准数据集 Lytro[24]来评估不同融合策略的融合性能。表 7.1 显示了 5 种融合策略的平均得分。所有融合策略的最佳性能指标都用粗体值表示。MCRD-GSML 在 5 个评估指标中都获得了最高值，最差性能的是 MCRD-MEAN。GSML 融合策略比 SML 融合策略具有更高的 MI，表明从源图像中提取的信息量更丰富。同样，如果不进行形态学处理，MI 也会减少。为了充分验证 MCRD 模块的作用，在没有该模块的情况下训练和测试模型，如图 7.8 所示，其中黑色框标出的为聚焦和非聚焦区域的交界部分，并进行局部放大展示。实验结果表明，无 MCRD 模块时，融合图像的清晰度会下降，并且存在瑕疵和信息丢失的缺点，如"栅栏"和"考拉"的耳朵。相反的是，有 MCRD 模块时，融合图像比较清晰并且较好地保留了源图像的特征信息，这表明 MCRD 在模型中起着重要作用。显然，同时使用 MCRD 模块和 GSML 融合策略用于多源图像融合可以取得更好的效果。

表 7.1 基于 LYTRO 数据集上 10 种图像融合方法的平均值

| 方法 | MI | $Q^{abf}$ | $Q^{CB}$ | SF | AG |
|---|---|---|---|---|---|
| MCRD-SUM | 8.1996 | 0.7280 | 0.5875 | 19.3064 | 8.0909 |
| MCRD-ABS | 8.1828 | 0.7206 | 0.5905 | 18.6144 | 7.8146 |
| MCRD-MEAN | 8.0954 | 0.6168 | 0.5520 | 16.9043 | 6.3450 |
| MCRD-SML | 8.2603 | 0.7447 | 0.6029 | 19.4859 | 8.2802 |
| MCRD-GSML | **8.3051** | **0.7459** | **0.6047** | **19.4994** | **8.2963** |
| MCRD-NMP | 8.2467 | 0.7445 | 0.6028 | 19.4906 | 8.2949 |

(a) 无MCRD模块　　(b) 有MCRD模块　　(c) 无MCRD模块　　(d) 有MCRD模块

图 7.8 MCRD 模块的消融实验

### 7.3.3 主观分析

在图像融合领域,通过分析图像的视觉质量可以定性地评价不同融合算法的性能,因此,将本章方法与其他 9 种方法进行实验对比。从 Lytro 数据集和 Grayscale 灰度数据集中选择 8 幅样本图像进行测试,为了更清楚地观察图像的细节,选择一个聚焦和散焦区域的交界边缘(用方框标记),并在图像的左下角及右下角呈现其放大图。

图 7.9 显示了 Lytro 数据集中"悉尼歌剧院"图像对的融合结果。CSR 和 GFF 方法在"考拉"的头部和"雕塑"的上边缘有一些噪声。BF 和 ECNN 方法在"考拉"的耳朵边界周围产生明显的伪影及边缘不完整。MST-SR 和 MWF 方法可以有效的保留源图像的细节信息,但在融合图像中仍然存在一些伪影和噪声,可在方框中可以清楚地看到。CNN、SESF 和 IFCNN 总体结果较好,但是放大图中可看出清晰度有所下降,如"考拉"的耳朵部分。通过本组实验可以看出,本章方法在视觉质量方面表现更好,在融合图像中几乎不产生伪影或模糊。

图 7.10 显示了第二组图片"球体"的实验。可以发现,BF 的融合效果最差,其在"手"和"球体"的边缘处有严重的伪影和颜色畸变。CSR 算法在一定程度上降低了边缘的清晰度。MST-SR 和 GFF 的对比度在部分区域相对较低。ECNN 的放大图中可以观察到严重的伪影。与这些结果相比,本章方法得到的融合图像边缘清晰,对比度更高。

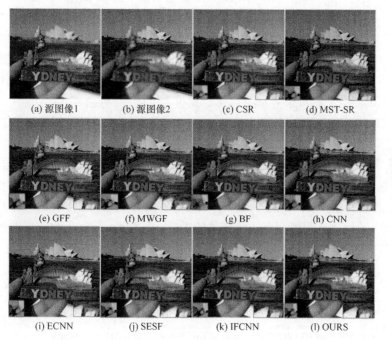

图 7.9 不同融合方法对"悉尼歌剧院"图像的融合结果

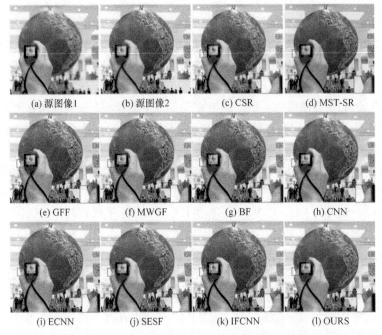

图 7.10 不同融合方法对"球体"图像的融合结果

在图 7.11 中可看出,BF 和 ECNN 算法有部分的细节信息丢失。由 CSR、MST-SR 和 GFF 获得的融合图像存在细节丢失和边缘模糊的现象,并且整个图像的颜色相对较暗。在图 7.12 中,BF 和 ECNN 算法获得的融合图像也有边缘细节损失。MWGF 算法左半部分的背景严重模糊。尽管 CSR、MST-SR 和 CFF 方法能够获得清晰的融合图像,但是会出现色彩溢出的现象。与其他方法相比,本章方法得到的融合图像在边界处更自然,更符合人类的视觉感知。

在 Grayscale 灰度数据集实验中,图 7.13 显示了"Temple"源图像的融合实验结果。可以看出,CSR、GFF、MST-SR 和 IFCNN 都有严重的伪影(如第一个红框),这表明决策图中存在大量误差。BF 和 MWF 融合结果中出现模糊边缘。由于聚焦区域和散焦区域之间的交界线不平滑,ECNN 的边界线呈锯齿状。基于 CNN 的算法和基于 SESF 的算法产生了良好的融合效果,融合结果包含了大量的细节信息,但 CNN 仍然存在边缘细节的丢失。与 Lytro 数据集的例子类似,我们提出的方法也具有良好的灰度图像融合性能,并保留了更多的边缘信息。

如图 7.14 中的"瓶子"图像所示,CSR 和 MST-SR 的融合结果显示出模糊伪影。GFF、BF 和 MWF 在"瓶子"周围产生一些细小的缺陷。CNN、ENN、SESF 和 IFCNN 在图 7.14 和图 7.15 中显示了良好的融合效果,但在图 7.16 中,在聚焦区域和散焦区域之间的边界处存在一些模糊的伪影。此外,在图 7.16 中,IFCNN 获得的融合图像背景有一些失真。实验结果表明,本章方法的融合结果在大多数情况下比其他方法要更优越。

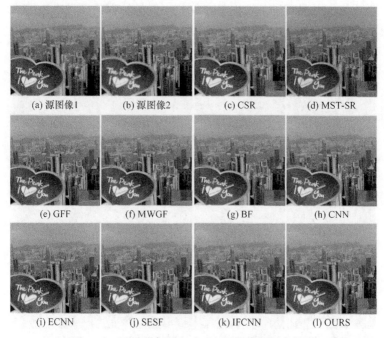

图 7.11 不同融合方法对"心"图像的融合结果

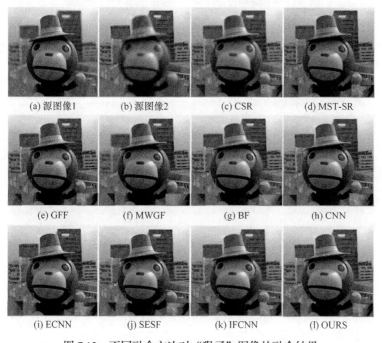

图 7.12 不同融合方法对"猴子"图像的融合结果

通过以上分析，与其他方法相比，本章方法在 8 对源图像中具有更好的融合效果和视觉质量，并且能够从源图像中保留大量的纹理信息和边缘细节。

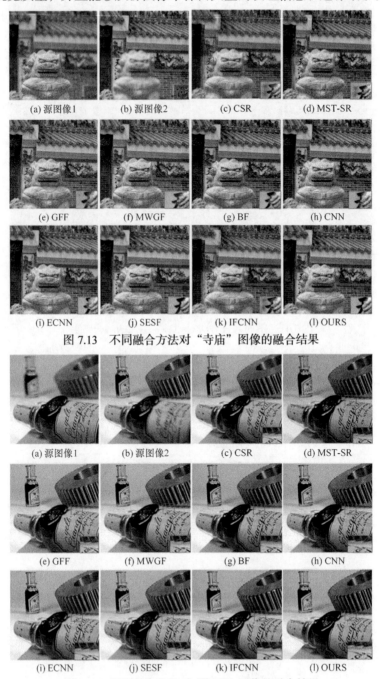

图 7.13 不同融合方法对"寺庙"图像的融合结果

图 7.14 不同融合方法对"瓶子"图像的融合结果

图 7.15 不同融合方法对"书"图像的融合结果

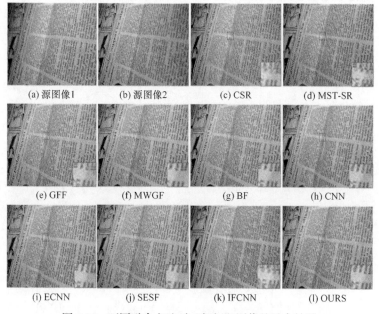

图 7.16 不同融合方法对"新闻"图像的融合结果

### 7.3.4 客观分析

本节使用常用的五个融合指标：MI、$Q^{abf}$、$Q^{CB}$、SF 和 AG 来定量分析不同融合算法的融合性能。图 7.17 是通过折线图对不同算法在 Lytro 数据集上的融合结果进行定量的分析比较。此外，表 7.2 列出了本章算法和其他融合方法在 Lytro 数据集上获得的平均数值。每个指标的最佳结果以粗体显示。从表 7.2 中可以看出，本章算法在 MI[32]、$Q^{abf}$[33]、$Q^{CB}$[34]、SF[35] 和 AG[36] 这五个指标上均为最大值。$Q^{abf}$ 和 MI 是衡量算法融合性能的重要指标，其值越高则表明从源图像中获得的信息越多。表 7.3 显示了 Grayscale 数据集的客观评估指标平均值，可以看出本章算法在 MI、$Q^{abf}$、$Q^{CB}$ 和 SF 四个指标上获得了最大的平均值；对于 AG，本章算法仅次于 IFCNN 和 ECNN。

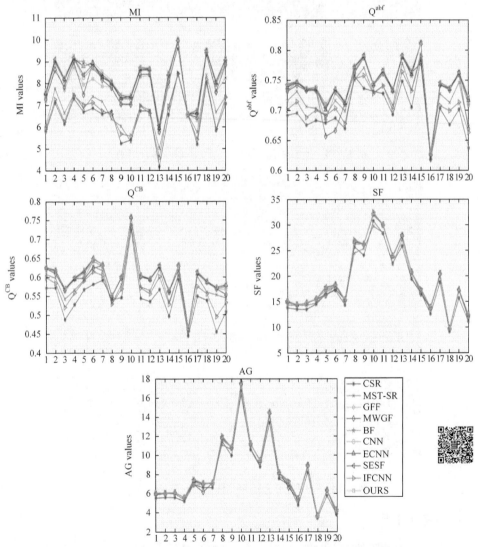

图 7.17　对 Lytro 数据集的 20 对图像进行了五项指标的客观评估

从客观指标的分析可以推断,本章算法可以从源图像中提取更多有价值的特征信息,具有更好的对比度和清晰度,并且更多地保留了源图像中的纹理和边缘信息。五个客观指标的平均数值证实了本章算法优异的融合质量。总体而言,本章算法在客观评价方面优于所有其他比较方法。

表 7.2 基于 LYTRO 数据集上 10 种图像融合方法的平均值

| 方法 | MI | $Q^{abf}$ | $Q^{CB}$ | SF | AG |
| --- | --- | --- | --- | --- | --- |
| CSR[25] | 6.4619 | 0.7000 | 0.5469 | 18.1084 | 7.6981 |
| MST-SR[26] | 6.7945 | 0.7229 | 0.5813 | 18.5934 | 7.9897 |
| GFF[27] | 7.8329 | 0.7429 | 0.5994 | 19.3593 | 8.2411 |
| MWGF[28] | 7.9129 | 0.7307 | 0.5970 | 19.2383 | 8.1403 |
| BF[29] | 8.1650 | 0.7395 | 0.6005 | 19.1835 | 8.1760 |
| CNN[10] | 8.1190 | 0.7442 | 0.6027 | 19.2989 | 8.2175 |
| ECNN[12] | 8.2065 | 0.7424 | 0.6027 | 19.4419 | 8.2673 |
| SESF[30] | 8.2178 | 0.7446 | 0.6038 | 19.4870 | 8.2863 |
| IFCNN[31] | 6.6235 | 0.7126 | 0.5692 | 19.4403 | 8.2949 |
| OURS | **8.3051** | **0.7459** | **0.6047** | **19.4994** | 8.2963 |

表 7.3 基于 Grayscale 数据集上 10 种图像融合方法的平均值

| 方法 | MI | $Q^{abf}$ | $Q^{CB}$ | SF | AG |
| --- | --- | --- | --- | --- | --- |
| CSR[25] | 5.1671 | 0.6252 | 0.6829 | 27.3688 | 12.3764 |
| MST-SR[26] | 5.1276 | 0.6275 | 0.7179 | 27.4029 | 12.5537 |
| GFF[27] | 5.5125 | 0.6399 | 0.7368 | 28.6631 | 13.0318 |
| MWGF[28] | 5.6124 | 0.6384 | 0.7410 | 28.8557 | 13.1729 |
| BF[29] | 5.7651 | 0.6422 | 0.7439 | 28.7713 | 13.1472 |
| CNN[10] | 5.6817 | 0.6424 | 0.7447 | 28.7666 | 13.1189 |
| ECNN[12] | 5.7579 | 0.6404 | 0.7399 | 28.9186 | 13.2617 |
| SESF[30] | 5.7494 | 0.6428 | 0.7472 | 28.8505 | 13.1782 |
| IFCNN[31] | 5.0701 | 0.6021 | 0.6935 | 28.7218 | **13.3994** |
| OURS | **5.7715** | **0.6435** | **0.7481** | **28.9691** | 13.2546 |

## 7.4 小 结

本章介绍了一种结合密集跳层与多尺度卷积的无监督多聚焦图像融合方法。模型构建中结合 SSIM 和 SMAE 作为总损失函数进行模型训练。首先,采用无监督学习方法训练编码器-解码器网络以获得源图像的浅层和深层特征;其次,利用 GSML 计算浅层和深层特征的特征活动水平,生成初始决策图;最后,对初始决策图进行形态学处理,得到最终的决策图。实验结果表明,与现有的融合方法相比,本章方法在视觉质量和客观度量方面表现出良好的融合性能。研究表明,本章提出的深度神经网络可以有效地提取源图像的聚焦信息,从而结合本章融合策略有效地实现融合决策的优化。

## 参 考 文 献

[1] Jin X, Jiang Q, Chu X, et al. Brain medical image fusion using L2-norm-based features and fuzzy-weighted measurements in 2-D littlewood-paley EWT domain[J]. IEEE Transactions on Instrumentation and Measurement, 2020, 69(8): 5900-5913.

[2] Jin X, Huang S, Jiang Q, et al. Semi-supervised remote sensing image fusion using multi-scale conditional generative adversarial network with siamese structure[J]. IEEE Journal of Selected Topics in Applied Earth Observations and Remote Sensing, 2021, 14: 7066-7084.

[3] Yang Z Z, Yang Z. Novel multifocus image fusion and reconstruction framework based on compressed sensing[J]. IET Image Processing, 2013, 7(9): 837-847.

[4] Kumar S, B. K. Image fusion based on pixel significance using cross bilateral filter[J]. Signal Image & Video Processing, 2015, 9(5): 1193-1204.

[5] Kumar B. Multifocus and multispectral image fusion based on pixel significance using discrete cosine harmonic wavelet transform[J]. Signal, Image&Video Processing, 2013,7(6): 1125-1143.

[6] Tao W, Zhu C, Qin Z. Multifocus image fusion based on robust principal component analysis[J]. Pattern Recognition Letters, 2013, 34(9): 1001-1008.

[7] Kong J, Zheng K, Zhang J, et al. Multi-focus image fusion using spatial frequency and genetic algorithm[J]. International Journal of Computer Science & Network Security, 2008, 8(2): 220-224.

[8] Wei H, Jing ZL. Evaluation of focus measures in multi-focus image fusion[J]. Pattern Recognition Letters, 2007, 28(4): 493-500.

[9] Bianco S, Celona L, Napoletano P, et al. On the use of deep learning for blind image quality assessment[J]. Signal Image & Video Processing, 2018, 12(2): 355-362.

[10] Liu Y, Chen X, Peng H, et al. Multi-focus image fusion with a deep convolutional neural network[J]. Information Fusion, 2017, 36: 191-207.

[11] Guo X, Nie R, Cao J, et al. Fully convolutional network-based multifocus image fusion[J]. Neural Computation, 2018, 30(7): 1775-1800.

[12] Amin-Naji M, Aghagolzadeh A, Ezoji M. Ensemble of CNN for multi-focus image fusion[J]. Information Fusion, 2019, 51: 201-214.

[13] Yang Y, Nie Z, Huang S, et al. Multi-level features convolutional neural network for multi-focus image fusion[J]. IEEE Transactions on Computational Imaging, 2019, 5(2): 262-273.

[14] Du C B, Gao S S, Liu Y, et al. Multi-focus image fusion using deep support value convolutional neural network[J]. Optik, 2019, 176: 567-578.

[15] Guo X, Nie R, Cao J, et al. FuseGAN: Learning to fuse multi-focus image via conditional generative adversarial network[J]. IEEE Transactions on Multimedia, 2019, 21(8): 1982-1996.

[16] 杨晓莉, 蔺素珍, 禄晓飞, 等. 基于生成对抗网络的多模态图像融合[J]. 激光与光电子学进展, 2019, 56(16): 40-49.

[17] Hui L, Wu X J. DenseFuse: A Fusion Approach to Infrared and Visible Images[J]. IEEE

Transactions on Image Processing, 2019, 28(5): 2614-2623.
[18] Wei, Huang, and, et al. Evaluation of focus measures in multi-focus image fusion[J]. Pattern Recognition Letters, 2007, 28(4): 493-500.
[19] Zhou W, Bovik A C, Sheikh H R, et al. Image quality assessment: from error visibility to structural similarity[J]. IEEE Transactions on Image Processing, 2004, 13(4): 600-612.
[20] Misra D. Mish: A Self Regularized Non-Monotonic Neural Activation Function[EB/OL]. 2019. https://arxiv.org/abs/1908.08681v2
[21] Woo S, Park J, Lee J Y, et al. CBAM: Convolutional block attention module[C]. European Conference on Computer Vision, Munich, Berlin: Springer-Verlag, 2018(11211): 3-19.
[22] Hu J, Shen L, Albanie, S, et al. Squeeze-and-excitation networks[J]. IEEE Transactions on Pattern Analysis and Machine Intelligence, 2020, 42(8): 2011-2023.
[23] Lin T Y, Maire M, Belongie S, et al. Microsoft COCO: Common objects in context[C]. European Conference on Computer Vision, Zurich, Berlin: Springer-Verlag, 2014(8693): 740-755.
[24] N Mansour, S Shadrokh, S Shahram. Multi-focus image fusion using dictionary-based sparse representation[J]. Information Fusion, 2015, 25: 72-84.
[25] Yu L, Xun C, Ward R K, et al. Image fusion with convolutional sparse representation[J]. IEEE Signal Processing Letters, 2016, 23(12): 1882-1886.
[26] Yu L, Liu S, Wang Z. A general framework for image fusion based on multi-scale transform and sparse representation[J]. Information Fusion, 2015, 24: 147-164.
[27] Li, S., Kang, et al. Image fusion with guided filtering[J]. IEEE Transactions on Image Process, 2013, 22(7): 2864-2875.
[28] Zhou Z, Li S, Wang B. Multi-scale weighted gradient-based fusion for multi-focus images[J]. Information Fusion, 2014, 20: 60-72.
[29] Yu Z, Bai X, Tao W. Boundary finding based multi-focus image fusion through multi-scale morphological focus-measure[J]. Information Fusion, 2017, 35: 81-101.
[30] Ma B, Zhu Y, Yin X, et al. SESF-Fuse: An unsupervised deep model for multi-focus image fusion[J]. Neural Computing and Applications, 2021, 33(11): 5793-5804.
[31] Yu Z A, Yu L B, Peng S C, et al. IFCNN: A general image fusion framework based on convolutional neural network[J]. Information Fusion, 2020, 54: 99-118.
[32] Hossny M, Nahavandi S, D Creighton. Comments on 'Information measure for performance of image fusion[J]. Electronics Letters, 2008, 44(18): 1066-1067.
[33] Xydeas C S, Pv V. Objective image fusion performance measure[J]. Electronics Letters, 2000, 36(4): 308-309.
[34] Yin C, Blum R S. A new automated quality assessment algorithm for image fusion[J]. Image and Vision Computing, 2009, 27(10): 1421-1432.
[35] Eskicioglu A M, Fisher P S. Image quality measures and their performance[J]. IEEE Transactions on Communications, 1995, 43(12): 2959-2965.
[36] Chai P, Luo X, Zhang Z. Image fusion using quaternion wavelet transform and multiple features[J]. IEEE Access, 2017, 5: 6724-6734.

# 第8章 基于非下采样剪切波变换域子带系数统计的彩色图像融合方法

本章基于 NSST 分解的子带系数统计提出了一种彩色图像融合算法。该算法首先将三通道的 RGB 彩色图像转化为二维的灰度特征图像，以人眼特性为依据将彩色图像的 R、G、B 三通道权重系数分别设置为 65%、33%、2%，使其与人眼的视锥细胞比例一致。然后，通过 NSST 变换把灰度特征图像分解成不同尺度和方向的子图像，包括一个低频子图像和若干高频子图像。再通过比对不同的 NSST 各层子带系数，得到相应的决策图；然后将各层的决策图相加，得到决策图之和；从而根据决策图之和进行对比，以得到空域像素的融合决策。最后，根据空域决策图选择不同源图像的像素来融合新图像。该方法避免了传统多尺度变换方法的正向变换和逆变换，但同时利用了变换域方法的多尺度分析的优点，在空域实现了图像融合。和传统的变换域算法相比，本章方法可以使用 NSST 的图像特征分解能力准确识别图像细节，并且将源彩色图像转化为二维灰度特征图像的处理可以有效降低计算量和 NSST 逆变换的误差，实验验证了本章彩色图像融合算法的效果。

## 8.1 概　　况

多聚焦图像融合逐渐成为一个广泛研究的热点领域[1]，其经常被用于数码摄像、智能机器人和计算机视觉等领域[2,3]。彩色图像融合可以被认为是多聚焦图像融合的一种特殊情况。彩色图像包含了丰富的色彩和亮度信息，而灰度图像仅能体现图像亮度信息，因此彩色图像包含更多对人眼视觉有用的细节信息[4]。除此之外，人眼在彩色图像上对颜色信息识别的程度也高于灰色图像[5]。目前专门针对彩色图像融合领域的研究相对较少。已有的部分研究，对图像色彩的考虑不足，一般将彩色图像当作灰度图像进行融合研究。在部分特殊场景下，针对彩色图像融合技术的研究是必要且具有价值的[6]。

彩色图像由不同的亮度和颜色的组合而成，在 RGB 彩色空间一般包含三个颜色通道。在常用的图像融合研究方面，从简单的像素平均方法到小波变换或金字塔分析等方法都得到了深入的研究。根据图像融合操作的域，可以将常见融合方法分为空间域和变换域[7]。有一些简单的算法，比如平均法、PCA[7]和 HIS[8]等，这些方法很容易被实现，但是往往效果较为一般。基于变换域的复杂图像融合算法，如 PT[9]、WT[10]和 CNT[11]。2005 年，Labate 等人创造了一种新的转换方法 ST[12]。这种方法的一个优点是可以使用广义多分辨率分析来构造，而且可以使用传统的级联算法进行高效地实施[13]。随着研究的深入，传统下采样的多尺度分析算法常常会导致图像细节丢失的问题。因此，学者们基于 CNT 和 ST 提出了一些新型多尺度几何分析方法，这些方法也被引入到图像融合领域，并取得了优异的融合效果，例如，NSCT、NSST[14]。此类多尺度几何分解方法具有多方向、多尺度、非下采样等特点，其中 NSST 方法计算复杂度比 NSCT 低且图像细节表达能力更强，使得 NSST 能够很好地描述源图像的轮廓和方向纹理信息，并广泛应用于图像融合领域。

传统多尺度几何分析算法通常用于像素级图像融合，融合效果较为理想，但需要对 RGB 彩色图像的三色彩分量分别进行融合，一般会导致运算量较大。此外，这类方法一般需要正向变换和逆向变换，以实现变换域的子带图像融合，但这种变换会导致计算量较大且伴随一些失真。在图像融合领域，简单的算法通常运算量很小，但其效果不是很好；复杂的算法有很好的效果，但计算量一般较大。因此，探索性能与复杂度折中的方法一直是学者们探索的重要研究领域。

基于以上分析，本章提出了一种基于 NSST 的子带系数统计的彩色图像融合算法。首先将三通道 RGB 彩色图像转换为二维灰度特征图。然后，利用 NSST 将灰度特征图分解成一些不同尺度和方向的子图像；再根据子带图像的统计数据分析，得到图像融合的索引矩阵。根据融合索引矩阵，在空域选择不同源图像的像素来实现图像融合。该算法可以避免逆变换，因此可在一定程度上降低运算量，同时避免正逆变换导致的误差。实验表明，本章算法可以较好地融合彩色图像的颜色、边缘、纹理等特征。

## 8.2　相关理论介绍

NSST 算法是在 ST 基础上提出的理论[12]。在滤波操作中，为了消除上采样和下采样的影响，ST 使用非下采样拉普拉斯金字塔滤波器替代 ST 的下采样操作。同时，NSST 的离散化过程分为多尺度分解和多向分解两个阶段，非下采样拉普拉斯金字塔滤波器完成多尺度分解。第一阶段采用 $k$ 类双通道非下采样滤波器得到一幅低频图像和 $k$ 幅高频图像。NSST 的多方向分解基于改进的 ST 实现，这些滤波器是通过避免子采样来满足移位不变性的特性而形成的。ST 允许对非下采样拉普拉斯金字塔的高频图像在每一层进行 $l$ 阶方向分解，生成与源图像大小相同的 $2^l$ 个方向子图像[15,16]。图 8.1 和图 8.2 给出了两幅图像的二层 NSST 分解，从案例中可以发现 NSST 有效地分解了源图像的细节信息，并通过子带图像表示了这些特征。详细的 NSST 理论介绍可见 5.2.2 节。

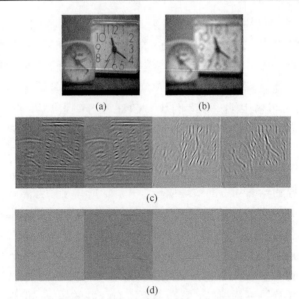

图 8.1　NSST 示意图：(a) 源图像 $A$；(b) NSST 的低频子带系数图像；(c) 第一层高频细节子图像；(d) 第二层高频细节子图像

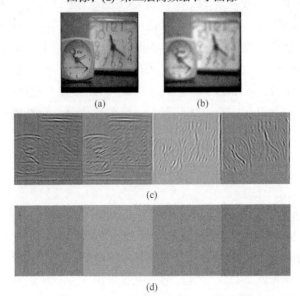

图 8.2　NSST 示意图：(a) 源图像 $B$；(b) NSST 的低频子带系数图像；(c) 第一层高频细节子图像；(d) 第二层高频细节子图像

## 8.3　基于子带系数统计的彩色图像融合方法

本章算法的框架如图 8.3 所示。在本算法中，首先将三通道 RGB 彩色图像转换为二维灰度特征图像；然后利用 NSST 将特征图像分解为多尺度、多方向的子图像；再通过对系数进行对比统计，获得融合决策的投票结果；最后，根据投票结果得到融合后的彩色图像。该算法只需处理二维灰度特征图像，且没有 NSST 逆变换过程，就可以根据索引矩阵(决策图)得到新的融合彩色图像。

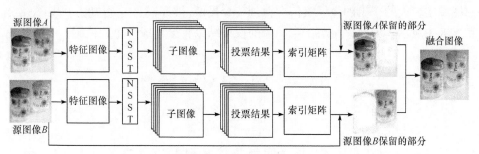

图 8.3　算法原理图

## 8.3.1　彩色空间转换特征图像

RGB 彩色图像几乎包含了人类视觉所能感知到的所有基本颜色，但是各分量之间的相关性非常强，因此如果有一个分量发生了变化，图像的颜色就会随之发生变化。这使得 RGB 彩色图像非常难以处理，且容易导致颜色畸变。传统的彩色图像融合方法一般在 RGB、HSV、HIS、CMY、CMYK 等彩色空间实施，因此需要处理三个通道的图像信息[17,18]。为了降低图像融合的计算成本，本章根据人眼视觉特性将三通道的 RGB 图像转换成二维灰度特征图像，其包含源彩色图像的大部分特征。在本章方法中，彩色图像中 R、G、B 的比例与人眼视锥细胞的比例相同，具体为：视锥细胞 65%是对红色敏感，33%对绿色敏感，2%对蓝色敏感，计算方法如式(8-1)，部分案例如图 8.4 所示。

$$\mathrm{CI} = 0.65 \cdot R + 0.33 \cdot G + 0.02 \cdot B \tag{8-1}$$

其中，CI 代表灰度特征图像，$R$ 代表红色通道，$G$ 代表绿色通道，$B$ 代表蓝色通道。

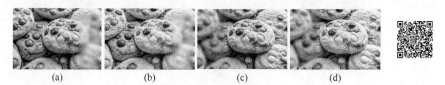

图 8.4　源图像和特征图像：(a) 源图像 $A$；(b) 特征图像 $A$；(c) 源图像 $B$；(d) 特征图像 $B$

## 8.3.2　投票规则

在 NSST 域中，低频图像和高频图像的像素值表征了该位置上的像素特征动态，所以传统融合算法主要关注于子带系数的选择。因此，许多学者提出了不同的特征增强和融合方法,进行子带图像系数选择。源图像在 NSST 域的子图像系数可以表示源图像的特征强度,且子图像的尺寸大小与源图像相同。因此,可以认为每个位置的子带系数可以被直接用于表示空域图像像素的特征信息。所以,可以为子带图像的每个像素赋予一次投票的权利,以用于空域源图像像素的选择。源图像中较大的子带图像像素值会得到一个投票,被标记为 1,否则为 0,如式(8-2)和式(8-3)所示。因此,每对子带图像的投票结果将会形成一个二值图。

$$R_A = \begin{cases} 0, & C_A > C_B \\ 1, & C_A \leqslant C_B \end{cases} \tag{8-2}$$

$$R_B = \begin{cases} 0, & C_A > C_B \\ 1, & C_A \leqslant C_B \end{cases} \tag{8-3}$$

其中,$R_A$ 和 $R_B$ 代表投票的结果,$C_A$ 和 $C_B$ 代表子图像的系数。

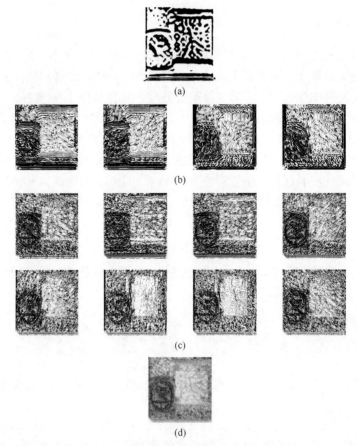

图 8.5 源图 A 的投票结果:(a) NSST 的低频子带系数图像的投票结果;(b) 第一层高频细节子图像的投票结果;(c) 第二层高频细节子图像的投票结果;(d) 所有层投票结果的总和

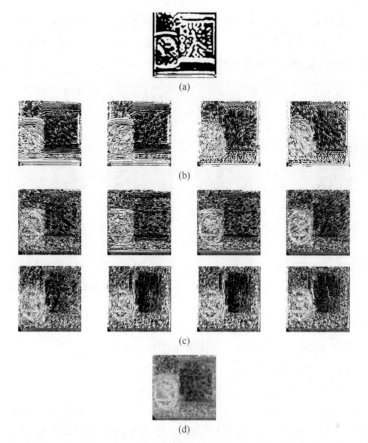

图 8.6 源图 $A$ 的投票结果：(a) NSST 的低频子带系数图像的投票结果；(b) 第一层高频细节子图像的投票结果；(c) 第二层高频细节子图像的投票结果；(d) 所有层投票结果的总和

图 8.5 和图 8.6 中，白色代表该像素得到了投票，黑色代表没有得到投票的像素。从图 8.5 和图 8.6 可以看出，随着层数的增高，图像的细节也会变得越来越具体，体现了多尺度、多方向的特性，这表明 NSST 算法能够有效地表达图像的细节。最后，算法将所有投票结果相加作为索引矩阵，如式(8-4)和式(8-5)所示，最终的索引矩阵如图 8.5(d)和图 8.6(d)所示。

$$\mathrm{In}_A = \sum R_B \tag{8-4}$$

$$\mathrm{In}_B = \sum R_A \tag{8-5}$$

其中，$\mathrm{In}_A$ 和 $\mathrm{In}_B$ 代表索引矩阵，$R_A$ 和 $R_B$ 代表投票的结果。

### 8.3.3 融合规则

如图 8.7(a)和图 8.7(c)所示，白色代表得票更多的区域，灰色代表得票较少的区域,黑色代表没有得票的区域。算法选择获得投票更多的作为融合像素,如式(8-6)所示。如图 8.7(b)和图 8.7(d)所示,彩色区域是源图像中用于融合彩色图像的像素,可以看出此算法能够准确提取出清晰区域。

$$F = \begin{cases} I_A(i,j), & \text{In}_A(i,j) \geq \text{In}_B(i,j) \\ I_B(i,j), & \text{In}_A(i,j) < \text{In}_B(i,j) \end{cases} \quad (8-6)$$

其中,$F(i,j)$代表融合彩色图像的像素点,$I_A(i,j)$和$I_B(i,j)$代表源图像的像素点。

(a)      (b)      (c)      (d)

图 8.7 源图像的索引矩阵和融合结果:(a) 源图像 $A$ 的索引矩阵;(b) 源图像 $A$ 的融合区域;(c) 源图像 $B$ 的索引矩阵;(d) 源图像 $B$ 的融合区域

### 8.3.4 融合步骤

本章融合算法的框图如图 8.3,具体步骤如下:
步骤 0:给定两幅源图像 $A$ 和 $B$;
步骤 1:将 RGB 彩色源图像转换成特征图像 $C_A$ 和 $C_B$;
步骤 2:通过 NSST 对 $C_A$ 和 $C_B$ 特征图像进行分解得到高频和低频子图像;
步骤 3:比较各个子图像的频率系数,按最大值规则得到投票结果矩阵;
步骤 4:将各层所有投票结果累加,以得到索引矩阵(融合决策);
步骤 5:根据索引矩阵从源图像中得到需要融合的像素,最终获得融合的彩色图像。

## 8.4 实验和分析

为了分析不同方法算法性能,本章采用了常用多聚焦彩色图像对进行测试,如图 8.8 所示一共六组图像对。并与传统方法进行了效果对比,如 PCA[19]、DWT[19]、GAP[19]、拉普拉斯金字塔与脉冲耦合神经网络(Laplacian pyramid and pulse coupled neural network, LPCNN)[20]、MSVD[21]、FSDP[19]、MDP[19]、比率金字塔(ratio pyramid,RAT)[19]。

不同的方法的融合图像如图 8.9~图 8.14 所示。从图中可以看出,PCA、LPPCNN、MSVD 产生的图像出现了明显的清晰度下降,但色彩没有发生明显的畸变。RAT、MDP 和 DWT 融合的图像出现了整体偏暗的情况。FSDP 方法的融

# 第8章 基于非下采样剪切波变换域子带系数统计的彩色图像融合方法

图 8.8 六组实验图像对

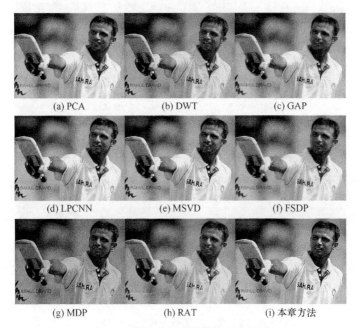

图 8.9 第一组实验图像的融合结果

合图像偏暗且细节损失较为明显。从图中可以看出，本章提出的方法产生的融合结果优于其他方法。该算法能很好地提取源图像的特征，融合后的图像更接近自然颜色，且包含更多的边缘、纹理和细节，并且最接近源图像。此外，本章方法获得的融合图像在亮度和清晰度方面也优于其他类型。为了验证该方法在图像客观质量指标方面的有效性，本章采用 MI、$Q^{abf}$、STD、FMI 来量化不同方法的性能，结果如表 8.1~表 8.6 所示。本章方法在前五组融合图像中，四个指标都明显高于传统方法，仅仅第六组的 FMI 小于 RAT 方法。结果表明在本章方法获得融合图像可以保留源图像的主要特征信息，获得了较好的客观指标。从实验中可以得出结论，本章中的方法是获得高对比度融合图像的有效方法。

表 8.1　第一组实验图像的客观指标

| | PCA | DWT | GAP | LPCNN | MSVD | FSDP | MDP | RAT | 本章方法 |
|---|---|---|---|---|---|---|---|---|---|
| MI | 8.1626 | 7.4504 | 7.4588 | 8.1126 | 7.9697 | 7.4584 | 6.9264 | 7.8973 | **8.2545** |
| $Q^{abf}$ | 0.5775 | 0.6000 | 0.5931 | 0.5704 | 0.5874 | 0.5919 | 0.5520 | 0.5055 | **0.6576** |
| STD | 67.4592 | 61.4010 | 66.1839 | 67.4577 | 67.6095 | 66.1405 | 53.4647 | 59.3395 | **68.8596** |
| FMI | 0.9485 | 0.9484 | 0.9487 | 0.9481 | 0.9456 | 0.9486 | 0.9377 | 0.9387 | **0.9524** |

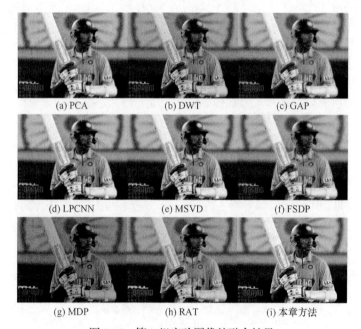

图 8.10　第二组实验图像的融合结果

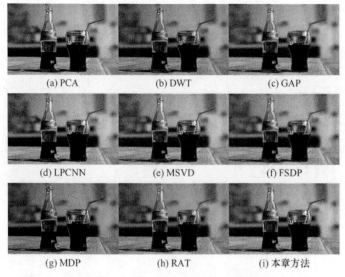

图 8.11 第三组实验图像的融合结果

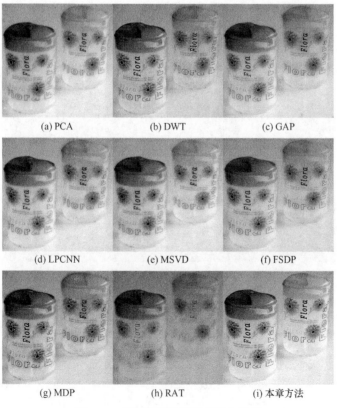

图 8.12 第四组实验图像的融合结果

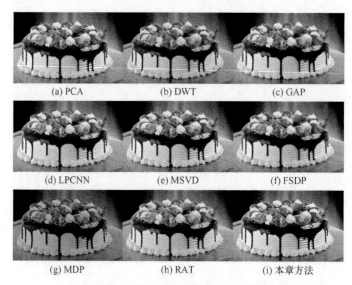

图 8.13 第五组实验图像的融合结果

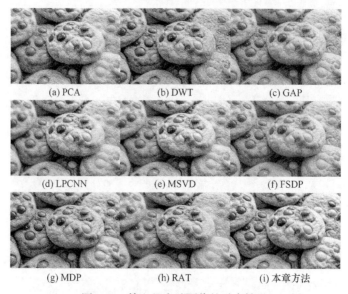

图 8.14 第六组实验图像的融合结果

表 8.2 第二组实验图像的客观指标

| | PCA | DWT | GAP | LPCNN | MSVD | FSDP | MDP | RAT | 本章方法 |
|---|---|---|---|---|---|---|---|---|---|
| MI | 7.8076 | 7.2229 | 7.0679 | 7.7607 | 7.7448 | 7.0670 | 6.5842 | 7.5778 | **7.7767** |
| $Q^{abf}$ | 0.6054 | 0.5873 | 0.5954 | 0.6022 | 0.5884 | 0.5942 | 0.5024 | 0.5388 | **0.6306** |
| STD | 75.5865 | 65.8944 | 74.0032 | 75.4952 | 75.6218 | 73.9349 | 50.8623 | 64.4132 | **77.0531** |
| FMI | 0.9388 | 0.9377 | 0.9374 | 0.9388 | 0.9337 | 0.9375 | 0.9316 | 0.9306 | **0.9413** |

表 8.3 第三组实验图像的客观指标

| | PCA | DWT | GAP | LPCNN | MSVD | FSDP | MDP | RAT | 本章方法 |
|---|---|---|---|---|---|---|---|---|---|
| MI | 8.5362 | 8.0371 | 8.1396 | 8.5063 | 8.4767 | 8.1257 | 7.4757 | 8.2009 | **8.5927** |
| $Q^{abf}$ | 0.5061 | 0.5673 | 0.5686 | 0.4992 | 0.5292 | 0.5659 | 0.5421 | 0.4351 | **0.6075** |
| STD | 59.3564 | 52.3169 | 58.9242 | 59.3628 | 59.5201 | 58.6017 | 48.1656 | 52.1224 | **60.6510** |
| FMI | 0.9261 | 0.9286 | 0.9284 | 0.9263 | 0.9235 | 0.9283 | 0.9233 | 0.9193 | **0.9311** |

表 8.4 第四组实验图像的客观指标

| | PCA | DWT | GAP | LPCNN | MSVD | FSDP | MDP | RAT | 本章方法 |
|---|---|---|---|---|---|---|---|---|---|
| MI | 5.5188 | 5.7773 | 5.5030 | 5.7067 | 5.4501 | 5.4883 | 5.0923 | 5.3225 | **6.4267** |
| $Q^{abf}$ | 0.5517 | 0.6806 | 0.6478 | 0.5176 | 0.4978 | 0.6483 | 0.6390 | 0.3460 | **0.7229** |
| STD | 65.0750 | 60.4592 | 62.6979 | 65.0368 | 65.1153 | 62.5169 | 61.8121 | 48.6752 | **66.9485** |
| FMI | 0.9185 | 0.9241 | 0.9233 | 0.9187 | 0.9125 | 0.9232 | 0.9187 | 0.8959 | **0.9266** |

表 8.5 第五组实验图像的客观指标

| | PCA | DWT | GAP | LPCNN | MSVD | FSDP | MDP | RAT | 本章方法 |
|---|---|---|---|---|---|---|---|---|---|
| MI | 7.5880 | 7.2339 | 7.1517 | 7.5053 | 7.5325 | 7.1482 | 6.4858 | 7.4869 | **7.6197** |
| $Q^{abf}$ | 0.4890 | 0.4826 | 0.4890 | 0.4835 | 0.4960 | 0.4883 | 0.4300 | 0.4561 | **0.5175** |
| STD | 79.0360 | 74.2124 | 78.0800 | 79.1625 | 79.1256 | 77.9987 | 58.4296 | 73.7823 | **80.7396** |
| FMI | 0.9351 | 0.9358 | 0.9357 | 0.9351 | 0.9306 | 0.9356 | 0.9255 | 0.9274 | **0.9389** |

表 8.6 第六组实验图像的客观指标

| | PCA | DWT | GAP | LPCNN | MSVD | FSDP | MDP | RAT | 本章方法 |
|---|---|---|---|---|---|---|---|---|---|
| MI | 5.9928 | 5.9276 | 4.8271 | 5.9586 | 5.9482 | 4.8234 | 5.4733 | 5.9069 | **6.7688** |
| $Q^{abf}$ | 0.7235 | 0.7641 | 0.7359 | 0.6998 | 0.7420 | 0.7381 | 0.7565 | 0.6835 | **0.8161** |
| STD | 61.8457 | 59.3904 | 58.0119 | 61.7413 | 62.0700 | 58.2270 | 61.2256 | 58.6831 | **65.4138** |
| FMI | 0.9140 | 0.9068 | 0.9032 | 0.9124 | 0.9175 | 0.9032 | 0.8968 | **0.9089** | 0.9056 |

更多实验结果如图 8.15 所示,(a)为源图像 $A$,(b)为源图像 $B$,(c)为融合图像。在图 8.15 中可以看出融合图像的边缘清晰,并且保留了源图像的大部分纹理;不仅如此,源图像的细节也被很好地保留了下来。结果显示本章方法可以有效提取源图像的主要特征。基于上述可以得出结论:本章方法明显优于常用的方法,与其他方法相比,本章方法在清晰度和细节方面表现出了更好的性能和视觉效果。

(a)           (b)           (c)

图 8.15 其他实验结果：(a) 源图像 $A$；(b) 源图像 $B$；(c) 融合图像

## 8.5 小 结

本章提出了一种基于 NSST 子带系数统计的彩色图像融合算法。本算法将三通道彩色图像转换为灰度特征图像，从而结合 NSST 减少计算量。NSST 算法可以将重要的图像特征根据不同的尺度和方向分解成子图像，即可容易地从源图像中提取出清晰的区域。该算法利用 NSST 域的子带图像对比获得决策，然后基于各层决策图的统计量得到索引矩阵，最后根据索引矩阵实现源图像的融合。该方法不需要进行 NSST 逆转换，这样可在一定程度上降低传统变换域算法可能导致的误差。实验结果表明，本章的彩色图像融合算法可以融合不同焦点位置的彩色图像，且融合图像包含更多的颜色、纹理和细节信息，具有较好的融合效果。

## 参 考 文 献

[1] Zhang X, Li X, Liu Z, et al. Multi-focus image fusion using image-partition-based focus detection[J]. Signal Processing, 2014, 102: 64-76.

[2] 袁明道, 谭彩, 李阳, 等. 基于图像融合和改进阈值的管道机器人探测图像增强方法[J]. 煤田地质与勘探, 2019, 47(4): 178-185.

[3] Hu Y, Wang Y, Wang S, et al. Fusion key frame image confidence assessment of the medical service robot whole scene reconstruction[J]. Journal of Imaging Science and Technology, 2021, 65(3): 1-9.

[4] 彭丽莎, 王珅, 刘欢, 等. 漏磁图像的改进灰度级—彩色变换法[J]. 清华大学学报：自然科学版, 2015, 55(5): 592-596.

[5] González-Audícana M, Saleta J L, Catalán R G, et al. Fusion of multispectral and panchromatic images using improved IHS and PCA mergers based on wavelet decomposition[J]. IEEE Transactions on Geoscience and Remote sensing, 2004, 42(6): 1291-1299.

[6] Zhou D, Jin X, Jiang Q, et al. MCRD‐Net: An unsupervised dense network with multi‐scale convolutional block attention for multi‐focus image fusion[J]. IET Image Processing, 2022, 16(6): 1558-1574.

[7] Naidu V P S. Hybrid DDCT-PCA based multi sensor image fusion[J]. Journal of Optics, 2014, 43(1): 48-61.

[8] Daneshvar S, Ghassemian H. MRI and PET image fusion by combining IHS and retina-inspired models[J]. Information Fusion, 2010, 11(2): 114-123.

[9] Wen D, Jiang Y, Zhang Y, et al. Modified block-matching 3-D filter in Laplacian pyramid domain for speckle reduction[J]. Optics Communications, 2014, 322: 150-154.

[10] Xin Y, Deng L. An improved remote sensing image fusion method based on wavelet transform[J]. Laser Optoelectronics Progress, 2013, 15: 133-138.

[11] Wang J, Peng J, Feng X, et al. Image fusion with nonsubsampled contourlet transform and sparse representation[J]. Journal of Electronic Imaging, 2013, 22(4): 043019.

[12] Labate D, Weiss G. Wavelets associated with composite dilations[R]. Raleigh: North Carolina State University, 2005: 1-10.

[13] Kong W, Wang B, Lei Y. Technique for infrared and visible image fusion based on non-subsampled shearlet transform and spiking cortical model[J]. Infrared Physics & Technology, 2015, 71: 87-98.

[14] Jin X, Nie R, Zhou D, et al. Multifocus color image fusion based on NSST and PCNN[J]. Journal of Sensors, 2016, 2016: 1-12.

[15] Singh S, Gupta D, Anand R S, et al. Nonsubsampled shearlet based CT and MR medical image fusion using biologically inspired spiking neural network[J]. Biomedical Signal Processing and Control, 2015, 18: 91-101.

[16] Kong W, Lei Y, Zhao H. Adaptive fusion method of visible light and infrared images based on non-subsampled shearlet transform and fast non-negative matrix factorization[J]. Infrared

Physics & Technology, 2014, 67: 161-172.
[17] Wang X, Zhang H. A color image encryption with heterogeneous bit-permutation and correlated chaos[J]. Optics Communications, 2015, 342: 51-60.
[18] Wang G, Liu Y, Zhao T. A quaternion-based switching filter for colour image denoising[J]. Signal Processing, 2014, 102: 216-225.
[19] Oliver R. Pixel-Level Image Fusion and the Image Fusion Toolbox [EB/OL]. 1999, http://www.metapix/toolbox.htm.
[20] Jin X, Hou J, Nie R, et al. A lightweight scheme for multi-focus image fusion[J]. Multimedia Tools and Applications, 2018, 77(18): 23501-23527.
[21] Naidu V P S. Image fusion technique using multi-resolution singular value decomposition[J]. Defence Science Journal, 2011, 61(5): 479-484.

# 第 9 章 基于深度迁移学习的彩色多聚焦图像融合

为了降低深度模型对训练样本数量的依赖和训练成本。本章利用深度迁移学习思想提出了一种多聚焦彩色图像融合模型。该方法将 VGG-19 模型结构与参数迁移到所提模型中，从而实现图像特征的提取。同时，设计了一种重构网络实现所提特征的重构决策。此外，提出一种有效的后处理方法实现融合决策整合与源图像融合操作。

## 9.1 概　　况

由于光学成像原理的限制，常规数码相机仅能对场景的部分目标进行聚焦，因此很难拍摄到全聚焦的图像。而多聚焦图像融合可将同一场景中不同图像的聚焦区域提取并融合成一张新的全聚焦图像，从而获得更完整的信息表达和更好的视觉效果。作为图像融合的一个重要的分支，多聚焦图像融合被广泛应用于工业视觉系统[1]、微距摄影[2]、显微成像[3]等领域。

以是否采用深度学习模型，可以将主流多聚图像算法分为两类：基于传统信号处理思想的融合方法和基于深度学习技术的融合方法。传统基于信号处理的方法中，最为常见的是基于空域的方法和基于变换域的方法。基于空间域的方法是通过空域融合权重实现源图像的直接融合。这些算法可以基于像素和基于块的方式实施，如 PCA[4]、ICA[5]。在变换域方法中，经典的方法包括：拉普拉斯变换[6]、交叉双侧滤波器(cross bilateral filter, CBF)[7]、DWT[6]、DCHWT[8]、DTCWT[9]、CNT[10]和 NSCT[11]等。但这些方法相对复杂，且由于多尺度分析方法的固有属性，导致其在特征提取和融合策略方面存在一定的局限性，可能产生一定的伪影。

近几年来，人工神经网络技术与计算设备的迅速发展，使得深度学习在各领域展现了强大的潜能。在图像融合领域，也有越来越多基于深度学习的多聚焦图像融合算法被相继提出[12]。传统方法中的图像特征提取模型和融合规则一般需要人工设计，以实现聚焦区域的判别和融合。因此，多聚焦图像任务常常被当作像素级分类问题。在基于深度学习的多聚图像融合领域，最著名的是 Liu 等人[13]提出的融合方法，该方法通过深度神经网络建立输入图像和融合决策之间的端到端映射，从而将传统方法中的特征提取与融合决策合并为一个分类任务，进而完成图像融合任务。2018 年，Tang 等人[14]提出了基于神经网络的像素级多聚焦图像融合方法，其根据不同的聚焦等级设置聚焦区域的标签，从而训练 p-CNN(pixel convolutional neural network)模型判断出每个像素的聚焦等级。2019 年，Liu 等人[15]提出结合神经网络和 NSST 的融合算法，该算法同时具有空间域和变换域的优点，是一种结合深度学习与传统方法的算法；同年，Li 等人[16]提出了类似于 U-NET 的网络用于图像融合任务。但是，基于深度学习的方法通常都需要借助具有标签图像的数据集进行学习，而在多聚焦图像融合算法中，仅能通过人工模拟的方式制作数据集，这是一项耗时耗力的工作，给模型训练带来了不便。另外，多数基于深度学习的方法一般需要庞大的数据集进行模型训练，该训练过程对计算设备要求较高，且需要较长的运行时间。

针对这些问题，本章提出了一种基于深度迁移学习(transfer learning, TL)思想的多聚焦图像融合算法，该方法在模型迁移的基础上进行融合任务训练，不需要大量的数据集训练即可完成多聚焦图像融合任务。首先，将彩色三通道的图像输入预训练的 VGG-19 网络中进行特征提取；然后，再将预训练的 VGG-19 网络与新构建的网络进行有机综合，以进一步实现源图像的特征提取；再将提取的特征输入到重建模块中进行融合决策；最后，设计了一种有效的后处理操作，以利用网络得到的初步决策实现融合图像。

## 9.2 相关技术原理

### 9.2.1 迁移学习

TL 的定义为：给定一个源域 $D_s$ 和源学习任务 $T_s$，一个目标域 $D_t$ 和目标学习任务 $T_t$，迁移学习的目的是利用 $D_s$ 和 $T_s$ 中的知识来提高 $D_t$ 中目标函数 $f_t(\cdot)$ 的学习效果。其中 $D_s \neq D_t$ 或者 $T_s \neq T_t$ [17]。

迁移学习的主要思想是将某个领域或任务上学习到的知识或模式应用到不同但相关的领域或问题中[18]。按照迁移学习方法可以将现有研究分为四类：基于样本的迁移(instance based TL)、基于特征的迁移(feature based TL)、基于模型/参数的迁移(parameter/model based TL)、基于关系的迁移 (relation based TL)。本章则利用最广泛使用的基于模型/参数的迁移学习方法。

基于模型/参数的迁移方法一般通过源域和目标域之间的相似性分析，找到它们共享的模型和参数信息，并以这些参数为基础实现模型迁移[19]。这种迁移的假设条件是：源域中的数据与目标域中的数据存在一些共享特征或模式，相应的任务的模型存在共享的参数。例如，源域为一个训练好的用于识别是否为吉娃娃的模型，而迁移学习需要解决的问题是如何利用已有模型来识别狗的种类是否为牧羊犬。由于吉娃娃与牧羊犬为同一类动物，具有很多公共特征。网络前面的若干个特征提取层获取的应是图像的共同特征。因此，只需在已有模型的基础上，继续复用原模型前若干层的参数和网络结构，修改后面若干个特征提取层和决策输出层；并将修改过的后若干层和决策输出层进行重新训练，这样得到的新模型便可以用于识别图像是否为牧羊犬。从而避免收集大量牧羊犬的数据集，从头开始重新训练一个新的模型用于识别牧羊犬。这样做的优点在于，数据集的构建难度将大幅度下降，同时模型构建与训练的成本也将显著减小。本章所采用的迁移思想与传统模型迁移略有不同，其原理如图 9.1 所示。

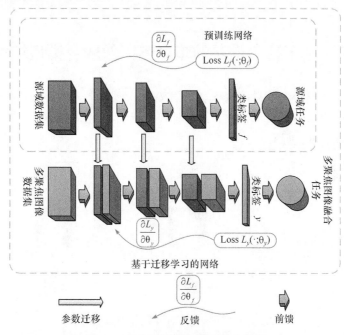

图 9.1　本章的迁移方法的基本思想

## 9.2.2　VGG-19 网络模型

VGG 网络模型是深度学习领域中非常经典的网络模型，它由牛津大学的 Visual Geometry Group 提出，故命名为 VGG。VGG 网络有两种结构 VGG-16 和 VGG-19，本章在 VGG-19 的基础上实现模型迁移，进而完成多聚焦图像融合任务。VGG-19 具有 19 层网络结构故名 VGG-19，所有卷积核大小都是 3×3，填充 (padding) 为 0，每一层卷积层后都使用线性整流函数 ReLU(rectified linear unit) 作为激活函数，网络中所有的最大池化层 (maxpooling) 的窗口都为 2×2，网络的输入为 224×224 的 RGB 图像。网络的特征提取部分可以分为 5 个模块，第一个模块有 2 层卷积层，每层含有 64 个卷积，源图像经过两个卷积层和 ReLU 层之后会被输入到一个最大池化层进行池化操作,此时输出特征图(feature maps)的大小为 112×112×64;第二个模块和第一个模块结构相同,但第二层的卷积核的个数为 128,因此第二个模块的输出特征图尺寸为 56×56×128;第三个模块和第四、第五个模块结构相同,都是四层卷积层,区别是第三个模块的卷积核数量是 256,第四、五模块的卷积核数量都是 512;第三、第四和第五模块的输出特征图尺寸分别为 28×28×256、14×14×512、7×7×512;最后面的三层分别是两层 1×4096 的全连接层和一个 softmax 分类层。本章模型是在 VGG 网络结构和参数的基础上构建的,并仅使用了 10000 对多聚焦图像融合数据集对模型进行训练就可取得较好的融合效果。

## 9.3 基于迁移学习的多聚焦图像融合模型结构

本节首先介绍模型的总体流程和网络架构,然后分别详细介绍基于迁移学习的特征提取模块、特征重构模块、跳层连接,最后给出损失函数的定义。本节方法总体思想如图 9.2 所示。

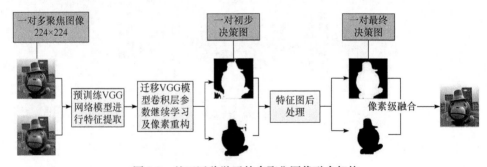

图 9.2 基于迁移学习的多聚焦图像融合架构

### 9.3.1 总体流程与模型架构

所提融合算法总体流程如图 9.3 所示,具体步骤如下:

步骤 1:给定一组 224×224 像素的多聚焦源图像。

步骤 2:将源图像输入到 VGG 网络模型中,并重载 VGG-19 的网络参数对源图像进行初步特征提取。

步骤 3:将预训练的 VGG 模型迁移至重新构建的网络结构中,从而进一步提取图像的深度特征,特征图的大小缩为源图的 1/32,即 7×7。

步骤 4:将特征提取网络获取的潜在特征图输入重建网络进行决策,在此基础上对 7×7 的特征图进行上采样(即反卷积)操作,通过 5 次反卷积之后获得 224×224 像素的初步决策图。

步骤 5：对得到的初步决策图进行整合处理，以得到二级决策图。

步骤 6：利用边缘强度评价指标对不同二级决策图产生的融合图像进行质量分析，将具有较高指标的融合图像作为最终输入。

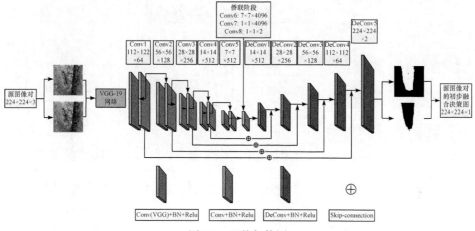

图 9.3　网络架构图

## 9.3.2　特征提取模块网络架构与迁移学习实现

本章的图像特征提取部分包含五个子模块，具体如图 9.4 所示。子模块 1 和子模块 2 的网络结构相同，子模块 3、4、5 的网络结构相同。源图像在经过特征提取模块的 5 个卷积子模块的处理之后，特征图大小变为源图像的 1/2，最后特征提取模块输出的特征图的大小由原来的 224×224 变为 7×7。

以图 9.4 中特征提取模块 1 为例介绍模型迁移的实施方式。在模块 1 中，第一层和第二层卷积层分别被命名为"Conv 1_1(VGG)"和"Conv 1_2(VGG)"，而第三层卷积层的命名为"Conv 1_3"。图 9.4 中带有"(VGG)"字样的卷积层是预训练后的 VGG-19 卷积层，本章将其卷积层参数直接迁移至新构建的网络中。与前两层不同，第 3 层中不带"(VGG)"字样的卷积层则为全新定义的卷积层，目的是在 VGG 模型迁移的基础上进一步提取图像融合任务中的特征。同理，其他特征提取子模块中的迁移也是如此实现。

为了保留更多源图像的信息减少特征损失，本章在加深网络的同时，放弃了池化降维操作。但本章将特征提取模块中最后一个卷积层的卷积核大小设置为 3×3，步长为 2，填充(padding)为 0，以达到将特征图降为原来一半的目的。这种操作在降维的同时，保留了更多的源图像细节信息。在特征提取模块中所有的卷积层中，除去最后一层是降维卷积层之外，其他的卷积层的卷积核大小都为 3×3，步长为 1，padding=SAME。

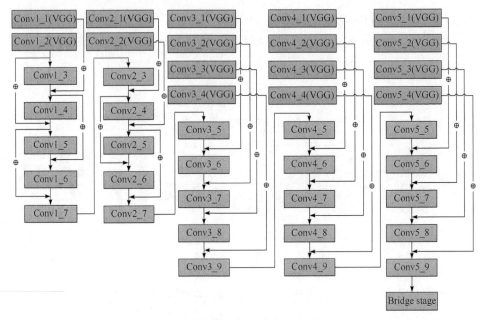

图 9.4　特征提取模块示意图

特征提取子模块 1 如图 9.5 所示，在每一个卷积层后都添加了 ReLU 层作为激活函数，而在卷积层和 ReLU 激活函数层之间添加了批归一化(batch normalization，BN)层。使用 BN 可以解决训练过程中中间层数据分布发生改变的问题，同时防止梯度消失或爆炸的问题；另外，本章使用 Xvaier 初始化方法对非迁移的卷积层进行参数初始化。同理，其他特征提取子模块的卷积层的结构相同，即每个卷积层之后跟随一个 BN 层和 ReLU 激活函数层。

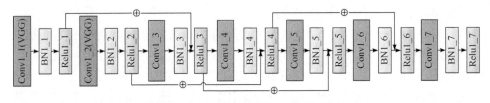

图 9.5　特征提取子模块 1 示意图

### 9.3.3　特征重构模块网络架构

如图 9.6 所示，与特征提取模块相对应，特征重构模块也包含了 5 个反卷积子模块。不同于特征提取的卷积模块，在特征重构的 5 个反卷积子模块中，每个子模块中只含有一个反卷积层。其他结构与卷积模块相同，即每一层反卷积层之后都紧跟一个 BN 层和 ReLU 激活函数层。

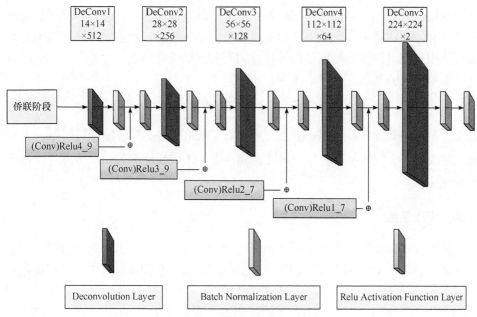

图 9.6 特征重构模块示意图

特征重构模块对获得的特征图进行五次反卷积层重构，每次反卷积之后特征图大小扩大为原来的 4 倍，并通过跳层连接将特征提取模块与当前层的输出拼接后，输入到下一个反卷积层。因此，最终输出的初步决策图大小为 224×224。初步决策图为二值图，即只有"1"和"0"两种像素值，分别代表源图像中的聚焦和非聚焦区域。如图 9.7 所示，初步决策图是对源图像中的聚焦区域和非聚焦区域的预测值。在模型训练过程中，利用损失函数计算预测值(初步决策图)与标签图像之间的差值，并将其作为损失指导模型优化。反卷积窗口的大小设置为 4×4，步长设置为 1。

### 9.3.4 桥接模块

此外，为了更好地进行特征重构和像素分类，本节方法在特征提取模块和特征重构模块之间增加了一个桥接模块。桥接模块包含了三个卷积层，卷积核大小分别设为 7×7、11×11、1×1；步长设置为 1，padding 设置为 SAME，每个卷积层后分别设置了一个 BN 层和 ReLU 激活函数层。

### 9.3.5 跳层连接结构

在图 9.3 到图 9.6 中符号"⊕"表示跳层连接操作。本章方法在特征提取和特征重构模块中，都使用了跳层连接结构。在跳层的拼接操作后，输出到 ReLU 激活函数层,再作为下一层网络层的输入。通过跳层连接操作,使得网络可以将底层特征和高层特征融合,从而获得更多的图像细节信息。跳层连接可以同时有效地克服由于网络深度增加而带来的梯度消失和网络退化问题。

本节使用的跳层连接可表示为:

$$y_j = h(x_{j-1}) + R(C_{i-1} * W_i + b_i) \quad (9\text{-}1)$$

其中,$h(x_{j-1})$ 表示第($j$–1)层的映射函数;$C_{i-1}$ 表示第($i$–1)层的输出特征图;$W_i$ 和 $b_i$ 分别表示第 $i$ 层的卷积参数和偏置;$R(\cdot)$ 为 ReLU 激活函数;$y_j$ 是第 $j$ 层的输入特征图。

### 9.3.6 损失函数

源图像的聚焦和非聚焦区域分别标注为"1"和"0"。神经网络通过多次迭代和优化,最终学习到输入和输出之间的映射关系。在训练过程中,当损失函数稳定在足够小的区间内,即可认为网络已经学习到了足够准确的映射关系,即 $P_G(x;\theta) \approx P_{\text{data}}(x)$。本节方法中,网络的损失函数为包含 Softmax 的交叉熵损失,具体为:

$$S_i = \frac{e^{V_i}}{\sum_j e^{V_j}} \quad (9\text{-}2)$$

$$\text{LossFunction} = -\sum_i y_i' \log(y_i) \quad (9\text{-}3)$$

公式(9-2)使用 Softmax 函数对每个类别所对应的输出分量进行归一化,使各个类的输出分量和为 1,从而将输出向量值(output vector)转化为输入数据属于每个类别的概率。式(7-3)为本章使用的交叉熵损失函数,其中 $y_i'$ 为类别中的第 $i$ 个值。$y_i$ 为经 Softmax 函数归一化输出分量值中的对应分量。因此,分类越准确,$y_i$ 所对应的分量就会越接近于 1,而损失函数的值也就越小。

## 9.4 后处理和融合策略

如图 9.7 所示,分别为源图像 $S_1$ 和 $S_2$ 的一对初步决策图,标记了源图像的聚焦与非聚焦区域。从图 9.7 中可知,虽然该模型生成的决策图可以大体预测源图像中大部分的聚焦区域和非聚焦区域,但还存在一些争议区域。为了解决这个问题,本章提出一种简单有效的后处理方法实现决策图整合与选择。首先,

通过对 $M_1(i,j)$ 和 $M_2(i,j)$ 进行逻辑操作获得二级策图 $M_4(i,j)$，$M_5(i,j)$，但从图 9.7 中可知，两个二级策图 $M_4(i,j)$ 和 $M_5(i,j)$ 不完全一致。因此，需要选出较好的作为最终融合结果。然后，通过 $M_4(i,j)$ 和 $M_5(i,j)$ 分别获取融合图像 Fused$_1$ 和 Fused$_2$。最后分别计算 Fused$_1$ 和 Fused$_2$ 的 $Q^{abf}$ 指标，较大者作为终输出图像。其中，符号"*"表示像素级乘法，"+"为像素级加法。具体操作如下伪代码所示：

```
Input: M_1(i,j) and M_2(i,j)
Output: F_1(i,j) or F_2(i,j)
for i = 1 → x do
    for j = 1 → y do
        if M_1(i,j) && (1 - M_2(i,j)) == 1
            M_3(i,j) = 1
        else
            M_3(i,j) = 0
    end for
end for
then
    M_4(i,j) = M_1(i,j) * M_3(i,j)
    M_5(i,j) = M_2(i,j) * M_3(i,j)
then
    F_1(i,j) = M_4(i,j) * S_2 + (1 - M_4(i,j)) * S_1
    F_2(i,j) = M_5(i,j) * S_1 + (1 - M_5(i,j)) * S_2
if
    Q^ABF(F_1(i,j)) ⩾ Q^ABF(F_2(i,j))
    return F_1(i,j)
else
    return F_2(i,j)
end
```

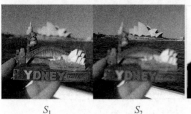

$S_1$　　　　　$S_2$　　　　　$M_1(i,j)$　　　　　$M_2(i,j)$

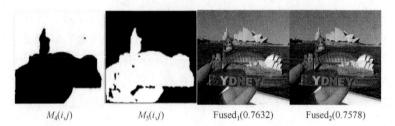

图 9.7  决策图后处理与融合策略示例

## 9.5 实验结果与分析

### 9.5.1 数据集的制作

由于应用场景限制,目前没有直接用于多聚焦图像融合的专用数据集,一般通过人工模拟多聚焦场景构建。为了生成自然多聚焦图像,本章在 PASCAL VOC 2012 图像数据集中选取了 2000 张自然图像及其对应的 2000 张分割标签,并参考了文献[20]的数据集制作方法。首先,对这 2000 张自然图像进行 5 次高斯滤波(窗口大小为 3×3,标准差为 2)处理;制作了 5 个版本的模糊图像:先对被选图像进行一次高斯滤波,得到模糊版本 1;然后,在版本 1 的基础上再进行一次同样的高斯滤波,得到模糊版本 2;以此类推,最终可得到 5 个等级的模糊版本。因此,每个模糊版本包含 2000 张图像,总计 10000 张图像。最后,再基于分割标签与模糊策略,对模糊后的图像进行分割与拼接操作,将 10000 张模糊图像组合为 10000 对多聚焦图像,并生成与之相对应的 10000 对二分融合类标签。所得样本集中每对多聚焦图像的聚焦区域和非聚焦区域都为互补关系。然后,将数据集分为训练集和验证集,其中训练集中包含 9000 对多聚焦图像和 9000 对标签图像,其包含了 5 个模糊版本,每个版包含 1800 对多聚焦图像;验证集包含 1000 对多聚焦图像和 1000 对标签图像,同样分为 5 个模糊版本,每个版本含有 200 对多聚焦图像。图 9.8 为制作的训练图像与标签图像。黑色表示清晰的聚焦区域,白色表示模糊的非聚集区域。

图 9.8  多聚焦图像和对应的标签图像示例:第一行为多聚焦训练图像;第二行为对应的标签图像(白色和黑色分别标记聚焦与非聚焦区域)

## 9.5.2 相关参数设置

本节方法基于 TensorFlow 框架开发。在网络的训练阶段，选用 RMSprop 优化器。由于迁移学习模型是基于 VGG 网络参数进行的微调，所以应当设置较小的初始学习率(设为 1e-6)；权重衰退(weight decay)和动量(momentum)分别设置为 0.005 和 0.9，训练 50 个周期得到最终模型。

## 9.5.3 评价指标与实验结果分析

为了证明所提方法的有效性，本节选用 Lytro 数据集的部分多聚焦图像作为实验样本，并与 ASR[21]、CSR[22]、DWT[23]、MSVD[24]、GD[25]、MSTSR[26]、多尺度图像与视频融合方法(multi-scale guided image and video fusion，MGIVF)[27]、PCA[23]和新型显式图像融合方法(novel explicit multi-focus image fusion，NEMI)[28]等算法进行了对比。

图 9.9 为第一组源图像及其融合图像。从图中可知，DWT 和 GD 算法所得融合图像的颜色失真比较明显，ASR 所得图像存在部分色彩失真；MVSD 和 PCA 算法所得融合图像的纹理信息丢失比较严重，导致其整体较为模糊；MGIVF 和 NEMI 算法所得融合图像的部分细节丢失，如"考拉"的头部和"雕塑"的上部分边缘明显模糊。CSR、MST_SR，以及本章方法的融合图像优于其他方法。此外，本章方法不存在明显的伪影和细节信息丢失问题，图像细节和边缘轮廓都得到较好的表现。在图 9.10 中，MVSD、PCA 算法所得融合图像的纹理和细节信息丢失明显。在图 9.11 中，MVSD、PCA 算法所得融合图像的纹理和细节信息丢失也较为明显，GD 和 NEMI 同时存在部分细节损失问题。在图 9.12 和图 9.13 中，DWT 算法所得融合图像明显暗于其他方法。图 9.14 中，PCA、MSVD、GD 存在细节损失和边缘模糊现象，DWT 和 MGIVF 存在色彩失真的问题。综合来看，本章方法在主观评价上整体优于其他多数对比算法。但由于人的视觉存在不确定性和主观性，且部分方法所得融合图像质量难以用人眼区分。因此，利用多种评价指标从客观角度分析不同方法的性能。

不同融合图像的客观评价指标如表 9.1～表 9.6 所示。从表中可知，多数方法所得 SF 的数值较为接近。本章方法所得 $Q^{abf}$ 的值与 NMEI、MST_SR 方法接近，$L^{abf}$ 值与 ASR、CSR 方法较为接近。在 MI 与 AG 方面，本章方法与 NMEI 方法最为接近，且大体优于其他方法。从表 9.1、表 9.3 和表 9.5 可知，本章方法所得指标均优于其他方法，尤其是表 9.1 中本章方法所得 $Q^{abf}$ 和 AG 的值远优于其他方法。从表 9.2 和表 9.6 可知，除 $Q^{abf}$ 略低于 NMEI 方法所得融合图像，其他指标略优于其他方法。在表 9.4 中，本章方法的 MI 略低于 NMEI，其他指标均优于其他方法。通过以上分析，可以认为本章方法在客观指标上总体优于其他算法。

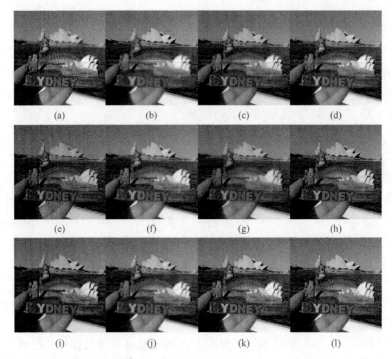

图 9.9 第一组"悉尼歌剧院"图像对比实验:(a) Source image A;(b) Source image B;(c) ASR;(d) CSR;(e) DWT;(f) MSVD;(g) GD;(h) MSTSR;(i) MGIVF;(j) PCA;(k) NEMI;(l) 本章方法

表 9.1 第一组图像融合质量指标对比

| 方法 | SF | $Q^{abf}$ | $L^{abf}$ | MI | AG |
| --- | --- | --- | --- | --- | --- |
| ASR | 19.2255 | 0.7232 | 0.2478 | 6.5245 | 7.7341 |
| CSR | 19.3169 | 0.7048 | 0.2639 | 6.5513 | 7.591 |
| DWT | 17.3321 | 0.6628 | 0.2991 | 5.9049 | 7.1369 |
| MSVD | 16.9884 | 0.4721 | 0.4931 | 6.0726 | 6.9686 |
| GD | 15.8638 | 0.6152 | 0.3608 | 5.8748 | 6.5651 |
| MST_SR | 19.5494 | 0.7339 | 0.2372 | 6.8437 | 7.8577 |
| MGIVF | 16.3579 | 0.6094 | 0.3543 | 5.7111 | 6.5657 |
| PCA | 11.9602 | 0.4541 | 0.5261 | 6.4498 | 4.9552 |
| NMEI | 20.0758 | 0.7361 | 0.2443 | 8.2753 | 7.843 |
| 本章方法 | **20.7994** | **0.7632** | **0.2097** | **8.4292** | **8.2446** |

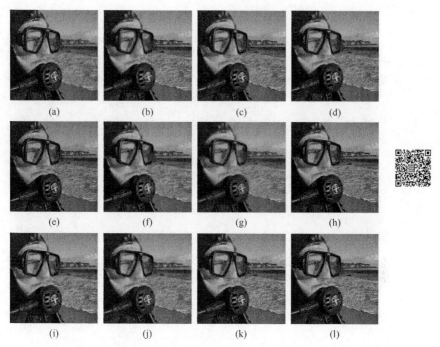

图 9.10 第二组对比实验：(a) Source image A；(b) Source image B；(c) ASR；(d) CSR；(e) DWT；(f) MSVD；(g) GD；(h) MSTSR；(i) MGIVF；(j) PCA；(k) NEMI；(l) 本章方法

表 9.2 第二组图像融合质量指标对比

| 方法 | SF | $Q^{abf}$ | $L^{abf}$ | MI | AG |
| --- | --- | --- | --- | --- | --- |
| ASR | 14.533 | 0.6938 | 0.2756 | 7.2641 | 5.2997 |
| CSR | 14.4384 | 0.6833 | 0.2849 | 7.3052 | 5.1971 |
| DWT | 12.6487 | 0.6104 | 0.3511 | 6.4957 | 4.7794 |
| MSVD | 12.6194 | 0.5415 | 0.417 | 6.9204 | 4.7436 |
| GD | 12.1812 | 0.6121 | 0.3613 | 6.4978 | 4.5776 |
| MST_SR | 14.6239 | 0.7033 | 0.2682 | 7.5013 | 5.3682 |
| MGIVF | 12.4728 | 0.595 | 0.3522 | 6.3314 | 4.6354 |
| PCA | 9.7721 | 0.5316 | 0.4393 | 7.1247 | 3.807 |
| NMEI | 15.3237 | **0.7347** | 0.2529 | 9.1325 | 5.5468 |
| 本章方法 | **15.4909** | 0.7299 | **0.2502** | **9.1493** | **5.5964** |

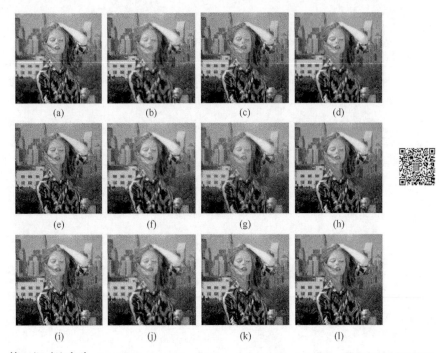

图 9.11 第三组对比实验：(a) Source image A；(b) Source image B；(c) ASR；(d) CSR；(e) DWT；(f) MSVD；(g) GD；(h) MSTSR；(i) MGIVF；(j) PCA；(k) NEMI；(l) 本章方法

表 9.3 第三组图像融合质量指标对比

| 方法 | SF | $Q^{abf}$ | $L^{abf}$ | MI | AG |
| --- | --- | --- | --- | --- | --- |
| ASR | 14.6854 | 0.6858 | 0.2801 | 6.6659 | 6.9006 |
| CSR | 14.2522 | 0.6696 | 0.3005 | 6.5928 | 6.6523 |
| DWT | 14.641 | 0.639 | 0.2847 | 6.0222 | 6.9938 |
| MSVD | 12.5249 | 0.5789 | 0.379 | 6.2786 | 5.9935 |
| GD | 12.2651 | 0.6098 | 0.365 | 5.8754 | 5.9027 |
| MST_SR | 15.2074 | 0.6991 | 0.2637 | 7.1719 | 7.1456 |
| MGIVF | 13.0324 | 0.587 | 0.3484 | 5.9297 | 6.1256 |
| PCA | 10.3763 | 0.5265 | 0.4459 | 6.4146 | 5.0362 |
| NMEI | 15.0236 | 0.7063 | 0.2859 | 8.357 | 7.0222 |
| 本章方法 | **15.3202** | **0.711** | **0.2768** | **8.5112** | **7.1617** |

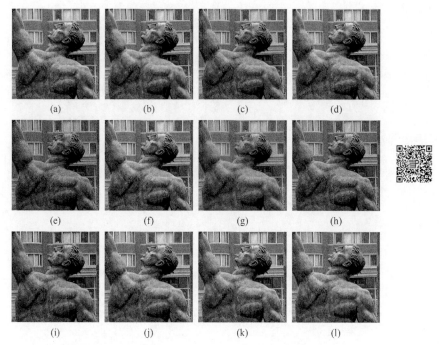

图 9.12 第四组对比实验: (a) Source image A; (b) Source image B; (c) ASR; (d) CSR; (e) DWT; (f) MSVD; (g) GD; (h) MSTSR; (i) MGIVF; (j) PCA; (k) NEMI; (l) 本章方法

表 9.4 第四组图像融合质量指标对比

| 方法 | SF | $Q^{abf}$ | $L^{abf}$ | MI | AG |
| --- | --- | --- | --- | --- | --- |
| ASR | 25.1657 | 0.7559 | 0.2132 | 6.538 | 11.4185 |
| CSR | 25.6262 | 0.7577 | 0.2109 | 6.723 | 11.4944 |
| DWT | 22.0357 | 0.7103 | 0.2621 | 5.6215 | 10.2362 |
| MSVD | 23.3204 | 0.6994 | 0.258 | 6.0798 | 10.7526 |
| GD | 20.7827 | 0.6751 | 0.3052 | 5.1706 | 9.6396 |
| MST_SR | 24.3735 | 0.7504 | 0.224 | 6.3678 | 11.1296 |
| MGIVF | 21.692 | 0.6818 | 0.2874 | 5.5941 | 9.5225 |
| PCA | 19.0789 | 0.6733 | 0.3014 | 6.2101 | 8.6719 |
| NMEI | 25.8694 | 0.7633 | 0.2154 | **8.0634** | 11.5243 |
| 本章方法 | **26.5753** | **0.7682** | **0.2042** | 8.032 | **11.8776** |

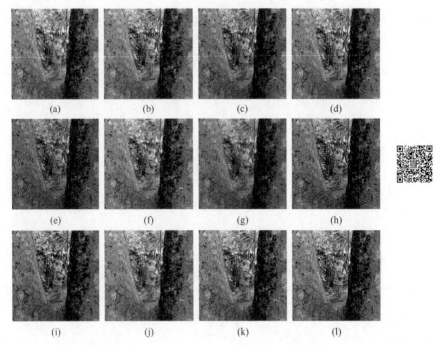

图 9.13　第五组对比实验：(a) Source image A；(b) Source image B；(c) ASR；(d) CSR；(e) DWT；(f) MSVD；(g) GD；(h) MSTSR；(i) MGIVF；(j) PCA；(k) NEMI；(l) 本章方法

表 9.5　第五组图像融合质量指标对比

| 方法 | SF | $Q^{abf}$ | $L^{abf}$ | MI | AG |
| --- | --- | --- | --- | --- | --- |
| ASR | 30.2381 | 0.7319 | 0.2498 | 5.39 | 16.64 |
| CSR | 30.6859 | 0.7317 | 0.2427 | 5.4066 | 16.8069 |
| DWT | 25.7939 | 0.6796 | 0.3069 | 4.5368 | 14.2774 |
| MSVD | 25.7513 | 0.4938 | 0.472 | 4.1441 | 13.6478 |
| GD | 24.5506 | 0.6502 | 0.3416 | 4.2803 | 13.5948 |
| MST_SR | 29.6478 | 0.7289 | 0.2564 | 5.3099 | 16.333 |
| MGIVF | 25.2506 | 0.6277 | 0.3428 | 4.3745 | 13.4922 |
| PCA | 22.1167 | 0.6086 | 0.3747 | 4.6606 | 12.4343 |
| NMEI | 31.649 | 0.7384 | 0.2415 | 7.3224 | 17.2858 |
| 本章方法 | **32.0576** | **0.7418** | **0.2341** | **7.3664** | **17.521** |

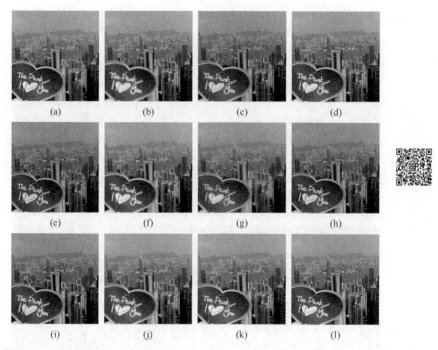

图 9.14 第六组对比实验: (a) Source image A; (b) Source image B; (c) ASR; (d) CSR; (e) DWT; (f) MSVD; (g) GD; (h) MSTSR; (i) MGIVF; (j) PCA; (k) NEMI; (l) 本章方法

表 9.6 第六组图像融合质量指标对比

| 方法 | SF | $Q^{abf}$ | $L^{abf}$ | MI | AG |
| --- | --- | --- | --- | --- | --- |
| ASR | 22.1237 | 0.7081 | 0.2683 | 6.7117 | 8.9273 |
| CSR | 22.4245 | 0.6927 | 0.2809 | 6.7229 | 8.8266 |
| DWT | 21.3293 | 0.6591 | 0.2942 | 5.7757 | 8.7025 |
| MSVD | 18.1461 | 0.5803 | 0.3857 | 6.1167 | 7.5231 |
| GD | 18.8461 | 0.6351 | 0.3432 | 5.8972 | 7.7836 |
| MST_SR | 22.1615 | 0.7081 | 0.2683 | 6.7634 | 8.944 |
| MGIVF | 18.4361 | 0.591 | 0.3724 | 5.6112 | 7.4242 |
| PCA | 14.7626 | 0.5192 | 0.4561 | 6.0982 | 6.1865 |
| NMEI | 23.7259 | **0.7325** | 0.246 | 8.629 | 9.3987 |
| 本章方法 | **23.8817** | 0.7324 | **0.2429** | **8.6959** | **9.4822** |

图 9.15 为更多本章方法所得实验结果。从图像中可以看出，本方法有效地实现了不同图像的聚焦和非聚集区域提取，并准确地得到完整全聚焦融合图像。综上所述，本章方法可以很好地完成多聚焦图像融合的任务，融合的图像具有良好的视觉效果，在客观评价指标方面也有优异的表现，且总体效果均优于其他算法。

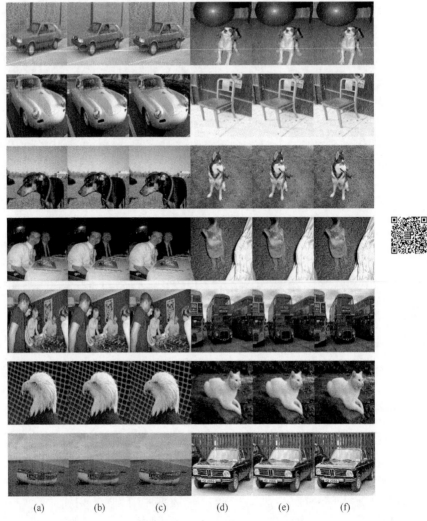

图 9.15  更多实验结果：(a)和(d)为源图像 $A$；(b)和(e)为源图像 $B$；(c)和(f)为融合图像

## 9.6 小　　结

本章基于迁移学习提出了一种多聚焦图像融合方法。首先利用预训练过的 VGG-19 网络提取源图像的初级特征，然后将迁移的 VGG-19 网络参数与新建网络结构相结合实现图像特征的再次提取；再通过重构网络将提取的特征进行融合决策构建，以得到初步决策图；最后，设计了一种有效的后处理方法实现初步决策整合与图像融合操作。对比实验表明本章方法在主客观方面都具有一定的竞争力。表明基于迁移学习的图像融合技术较为可行，可在一定程度上减少模型训练的成本，如训练样本数量需求、模型训练时间等。本节基于已训练的 VGG-19 模型，实现了 VGG 模型结构与参数的迁移复用，并将其与新构建的模型相结合，达到了源图像特征提取与融合的目的。此外，本章提出的后处理方法可以有效将模型决策进行整合，提高了图像融合的质量。

## 参 考 文 献

[1] Zhang Z, Blum R S. A categorization of multiscale-decomposition-based image fusion schemes with a performance study for a digital camera application[J]. Proceedings of the IEEE, 1999, 87(8): 1315-1326.

[2] Sannen D, Van Brussel H. A multilevel information fusion approach for visual quality inspection[J]. Information Fusion, 2012, 13(1): 48-59.

[3] LeCun Y, Boser B, Denker J S, et al. Backpropagation applied to handwritten zip code recognition[J]. Neural Computation, 1989, 1(4): 541-551.

[4] Wan T, Zhu C, Qin Z. Multifocus image fusion based on robust principal component analysis[J]. Pattern Recognition Letters, 2013, 34(9): 1001-1008.

[5] Mitianoudis N, Stathaki T. Pixel-based and region-based image fusion schemes using ICA bases[J]. Information Fusion, 2007, 8(2): 131-142.

[6] Xue X, Xiang F, Wang H, et al. A parallel fusion algorithm of remote sensing images based on wavelet transform[C]. 2013 IEEE 15th International Conference on High Performance Computing and Communications & 2013 IEEE International Conference on Embedded and Ubiquitous Computing, Zhangjiajie, 2013: 1113-1118.

[7] Shreyamsha Kumar B K. Image fusion based on pixel significance using cross bilateral filter[J]. Signal Image and Video Processing, 2015, 9(5): 1193-1204.

[8] Shreyamsha Kumar B K. Multifocus and multispectral image fusion based on pixel significance using discrete cosine harmonic wavelet transform[J]. Signal Image and Video Processing, 2013, 7(6): 1125-1143.

[9] Lewis J, O'Callaghan R, Nikolov S, et al. Pixel-and region-based image fusion with complex wavelets[J]. Information Fusion, 2007, 8(2): 119-130.

[10] Nencini F, Garzelli A, Baronti S, et al. Remote sensing image fusion using the curvelet transform[J]. Information Fusion, 2007, 8(2): 143-156.

[11] Wang Z, Ma Y, Gu J. Multi-focus image fusion using PCNN[J]. Pattern Recognition, 2010, 43(6): 2003-2016.

[12] Ye F, Li X, Zhang X. FusionCNN: a remote sensing image fusion algorithm based on deep convolutional neural networks[J]. Multimedia Tools and Applications, 2019, 78(11): 14683-14703.

[13] Liu Y, Chen X, Peng H, et al. Multi-focus image fusion with a deep convolutional neural network[J]. Information Fusion, 2017, 36: 191-207.

[14] Tang H, Xiao B, Li W, et al. Pixel convolutional neural network for multi-focus image fusion[J]. Information Sciences, 2018, 433: 125-141.

[15] Liu S, Wang J, Lu Y, et al. Multi-focus image fusion based on residual network in non-subsampled shearlet domain[J]. IEEE Access, 2019, 7: 152043-152063.
[16] Li H, Nie R, Cao J, et al. Multi-focus image fusion using u-shaped networks with a hybrid objective[J]. IEEE Sensors Journal, 2019, 19(21): 9755-9765.
[17] Zheng Y, Teng S, Liu Z, et al. Text classification based on transfer learning and self-training[C]. 2008 Fourth International Conference on Natural Computation. Jinan, IEEE, 2008, 3: 363-367.
[18] Weiss K, Khoshgoftaar T M, Wang D. A survey of transfer learning[J]. Journal of Big data, 2016, 3(1): 1-40.
[19] Pan S, Yang Q. A survey on transfer learning[J]. IEEE Transactions on knowledge and data engineering, 2009, 22(10): 1345-1359.
[20] Guo X, Nie R, Cao J, et al. Fully convolutional network-based multifocus image fusion[J]. Neural Computation, 2018, 30(7): 1775-1800.
[21] Liu Y, Wang Z. Simultaneous image fusion and denoising with adaptive sparse representation[J]. IET Image Processing, 2015, 9(5): 347-357.
[22] Liu Y, Chen X, Ward R, et al. Image fusion with convolutional sparse representation[J]. IEEE Signal Processing Letters, 2016, 23(12): 1882-1886.
[23] Oliver R. Pixel-Level Image Fusion and the Image Fusion Toolbox [EB/OL]. 1999, http://www. metapix. de/fusion. htm.
[24] Naidu V P S. Image fusion technique using multi-resolution singular value decomposition[J]. Defence Science Journal, 2011, 61(5): 479-484.
[25] Paul S, Sevcenco I S, Agathoklis P. Multi-exposure and multi-focus image fusion in gradient domain[J]. Journal of Circuits Systems and Computers, 2016, 25(10): 1650123.
[26] Liu Y, Liu S, Wang Z. A general framework for image fusion based on multi-scale transform and sparse representation[J]. Information Fusion, 2015, 24: 147-164.
[27] Bavirisetti D P, Xiao G, Zhao J, et al. Multi-scale guided image and video fusion: A fast and efficient approach[J]. Circuits Systems and Signal Processing, 2019, 38(12): 5576-5605.
[28] Zhan K, Teng J, Li Q, et al. A novel explicit multi-focus image fusion method[J]. Journal of Information Hiding and Multimedia Signal Processing, 2015, 6(3): 600-612.

# 第 10 章  基于双判别器生成对抗网络的多聚焦图像融合方法

多聚焦图像融合技术可以解决光学透镜成像过程中由于景深限制而无法同时聚焦场景内所有目标对象的问题。基于决策图的多聚焦融合图像方法常常因为分类错误导致融合图像中存在离焦像素块。为了避免边界区域错误分类的问题，本章提出了一种具有双判别器的生成对抗网络结构(dual-discriminator fusion GAN，DDF-GAN)，该网络不借助决策图而是直接生成融合图像。在模型训练过程中，将真实的全聚焦标签图像以及生成器生成的融合图像作为一号判别器的输入。以真实的全聚焦标签图像和融合图像的梯度图作为二号判别器的输入，以帮助生成器在生成过程中更好地保留图像中的纹理细节。利用迭代的对抗博弈交叉策略优化模型，使生成器生成的融合图像逼近标签图像，并使融合图像梯度图逼近标签图像梯度图。本章通过大量实验验证了所提方法的有效性，实验结果表明所提方法在主观视觉和定量指标等两方面均具有一定优势。

## 10.1 概 况

多聚焦图像融合方法属于图像融合的一种，旨在解决光学透镜成像时无法同时聚焦场景内所有目标的问题，通过融合处理可以将同一场景中焦点不同的源图像综合成一幅完整图像，使其更加符合人类视觉感知且有利于机器处理[1]。主流的多聚焦图像融合方法有空间域方法、变换域方法和深度学习方法[2]。其中空间域方法和变换域方法属于传统方法，而深度学习方法近年来才被引入到图像融合领域但得到了快速发展和广泛应用[3]。

具体来说，空间域融合方法直接将源图像中的像素信息进行组合，通过某种清晰度测量方法分辨出源图像中的清晰区域和模糊区域，最后将清晰区域组合成融合图像[4]。根据空域图像融合的区域尺度可以分为三种类型：基于像素的融合方法[5]、基于块的融合方法[6]和基于区域的融合方法[7]。早期提出的空间域融合方法大多都是像素级的，此类方法虽然在一定程度上能得到期望结果，但往往会导致部分信息丢失，若用于处理彩色图像还极有可能导致颜色失真[8]。为了克服这一缺点，一些方法通过生成决策图来融合源图像。决策图通常是一种由值"1"和"0"组成的二值图像，用于区分源图像的聚焦区域和非聚焦区域。在决策图中，值为"1"的区域通常用来表示源图像的聚焦区域，而值为"0"的区域通常用来表示源图像的非聚焦区域。基于决策图的方法在一定程度上可以解决信息丢失的问题，然而这类方法在本质上属于分类方法，其在聚焦区域和非聚焦区域的边界附近往往不能达到理想的分类效果，而误分类将导致融合图像在源图像的非聚焦与聚焦边界处存在离焦像素，因此导致融合效果不理想。基于块的融合方法将多个相邻像素组成的像素块视为处理过程中的最小单位，这类方法[9]在图像融合任务中也面临着与基于决策图方法类似的问题，当一个图像子块既有清晰像素又有模糊像素的时候可能会导致块与块的边界产生块效应，且该边界上极可能存在伪影。为了解决上述问题，部分研究人员提出了基于区域的方法来完成融合任务，例如，融合图像匹配方法[10]、基于区域分割和空间频率的方法[11]以及基于边界查找的方法[12]等。

除空间域方法外，变换域方法也是图像融合的重要方法之一。该方法通过某种方式将源图像从空间域转换到另一个有利于区分聚焦和非聚焦信息的特征域上，然后利用某一融合准则在该域对源图像进行融合处理，最后将融合结果转换回空间域中，从而得到最终的融合图像。代表性的变换域方法包括：基于可操纵PT的方法[13]、基于DWT的方法[14]、基于复小波变换的方法[15]、利用DCHWT实现的像素显著的方法[16]、基于NSCT的方法[17]、基于CBF的方法[18]等。尽管上述两种传统方法都可以获得较高质量的融合结果，但它们都通过人工手段获取数据特征，并选择一定的融合准则，最终实现融合目的。传统方法很难将源图像中所有必要的特征都考虑进来，因此很难设计出理想的融合规则。

近年来，随着深度学习在各个领域的广泛研究和高速发展，也伴随着CNN的特征提取能力被不断发掘，在许多图像处理领域都得到了应用。相较于传统方法而言，基于深度学习的图像融合方法逐渐显现出其优势[19]。Liu等人[20]首先将CNN应用于多聚焦图像融合的任务当中，他们提出利用CNN模型学习直接映射转变到焦点映射的过程，从而代替人工执行的特征活动水平测量和制定融合规则的过程。通过对焦点映射进一步处理，可以获得融合任务所需的决策图。基于Liu等人提出的方法，Du等人[21]设计了一种基于图像分割的多聚焦图像融合方法。该方法通过多尺度卷积神经网络获得各级特征图，然后融合各级特征图以得到最终的特征图，最后利用后处理得到融合决策图。除了上述有监督的深度学习方法之外，Yan等人[22]提出了一种无监督的端到端的融合方法。相较于之前的方法，无监督方法在训练过程中不需要使用标签，因此对数据集的要求不高，但总体上来说融合图像质量会略逊一筹；端到端的融合方法意味着可以直接通过输入源图像得到最终的融合图像，而不需要进行其他后处理。最近，Zhang等人[23]提出了一种可用于各种图像的无监督端到端图像融合架构IFCNN，该方法使用到的模型规模和参数量较小，除多聚焦图像融合以外，还可应用到红外与可见光图像融合、多曝光图像融合以及医学图像融合等其他图像融合任务中。

除了上述基于 CNN 的方法外，Goodfellow 等人[24]在 2014 年提出的用于学习和生成复杂目标分布的 GAN 也被广泛应用在多聚焦图像融合任务当中。该方法基于零和博弈的基本原理，通过在训练过程中生成器与判别器之间的持续对抗，使得生成器从源图像中习得大量的语义信息，其中部分信息是通过基于 CNN 的方法和传统方法很难获得的。Ma 等人[25]首先将 GAN 引入到红外与可见光图像融合中，这也是 GAN 第一次被应用于图像融合任务。此外，许多学者相继提出将条件生成对抗网络(conditional generative adversarial network, cGAN)应用于图像处理任务的方法。Guo 等人[26]提出使用 GAN 来实现多聚焦图像融合任务，该方法使用训练好的生成器生成的置信图(confidence map)来检测源图像的聚焦区域和非聚焦区域，并需要一系列的后处理得到最终的融合图像。Jin 等人[27]提出了一种孪生架构的半监督多尺度的 cGAN，并将其应用于遥感图像融合，这种方法可以同时提取全色图像和多光谱图像的细节特征。近期，Zhang 等人[28]提出了一种不进行后处理的无监督 GAN 以克服基于决策图的方法在非聚焦与聚焦边界区域的误分类问题，在模型中引入了一个自适应决策块，通过其对图像重复模糊带来的差异来确定源像素是否聚焦。

尽管使用现有方法在一定程度上可以得到所需的融合结果，但当前仍有一些问题有待解决。首先，传统图像融合方法总是离不开人为设计的特征活动水平测量和融合规则这两个步骤，由于人类主观参与设计的方法往往很难从源图像中完美地提取并融合所有关键特征信息，从而限制了最终的融合结果。此外，一些基于深度学习的多聚焦图像融合方法在训练时缺少源图像的聚焦区域和非聚焦区域的边界参考样本，因此获得的融合图像在该区域很难达到理想的效果。其次，现有基于深度学习的融合方法大多关注于决策图的生成，这种方式在本质上更倾向于分类问题，而不可避免的错误分类往往会导致融合图像中的目标边缘附近出现非聚焦像素块。最后，几乎所有基于决策图的方法都需要进行一系列后处理，这大大增加了操作的复杂性。

为了解决上述问题，我们提出一种具有双判别器的生成对抗网络(DDF-GAN)，使用其训练好的生成器直接生成全聚焦融合图像。另外，在公共图像数据集的基础上，制作了模型的训练集 MIF-ACD。为了使所提方法能够使用 MIF-ACD 作为训练集，且使最终模型能够适应不同模糊程度的多聚焦图像，我们利用不同半径的模糊模板滤波器对原始数据集进行了处理，将所得训练集分为三个模糊层次。通过大量的实验表明，所提方法能够满足多聚焦图像融合任务的要求。本章的主要贡献总结如下：

(1) 提出了一种带有双判别器的生成对抗网络。该双判别器有利于模型在训练过程中帮助生成器学习到源图像中更多的有用信息。通过消融实验证明，与使用单独一个判别器进行训练的模型相比,使用双判别器模型的生成器可以生成更好的融合图像。

(2) 提出了将全聚焦图像作为模型训练的伪标签,以伪标签和生成器生成的融合图像作为一号判别器的输入。通过对抗训练,促使生成器生成与全聚焦标签图像相似分布的融合图像。

(3) 提出了利用 Sobel 边缘检测算子处理全聚焦标签图像和融合图像,从而得到具有丰富边缘信息的梯度图,以全聚焦标签图像梯度图和融合图像梯度图作为二号判别器的输入,使判别器更好地帮助生成器提取和重构图像的尖锐区域信息。

(4) 基于公共数据集 ADEChallengeData2016 制作了名为 MIF-ACD 的带有标签的多聚焦图像数据集,该数据集可用于需要源图像标签进行模型训练的图像融合方法。

## 10.2 相关技术原理

### 10.2.1 深度相似性学习

Zagoruyko 等人[29]分析并对比了相似性学习的三种神经网络结构,分别是孪生神经网络、伪孪生神经网络和二通道神经网络。孪生神经网络由两个网络结构和初始参数都相同的分支组成。此类网络每次使用两个不同的块作为这两个分支的输入,并在反向传播过程中共享这些分支的权值。伪孪生神经网络和孪生神经网络具有类似的网络结构,但这两个分支的参数在训练过程中的变化方式不同,伪孪生神经网络的两个分支在训练过程中根据不同的输入数据分别提取其有用的特征信息。但二通道神经网络仅由一个分支构成,这类网络在图像融合任务中常将两张源图像合并成一个多通道张量作为模型的输入。在这三类网络中,伪孪生神经网络的复杂度处于孪生神经网络和二通道神经网络之间。在训练过程中,伪孪生神经网络两个分支上的参数可以分别进行调整,而孪生神经网络由于两个分支的共享性导致其参数的调整受到限制。在多聚焦图像融合任务中,网络在提取特征时需要关注两个源图像的不同聚焦区域。因此,我们认为伪孪生神经网络更适合应用于我们的工作。

### 10.2.2 GAN 及其衍生技术

#### 1. GAN

Goodfellow 等人提出了一种用于学习和生成图像复杂分布的生成对抗模型,被命名为 GAN。该网络是由一个生成器和一个判别器构成的生成对抗模型,已被广泛应用于多项图像融合任务[28],并在许多方面拥有良好表现。其中生成器用于

产生近似于目标数据分布的新数据,而判别器用于判断输入数据是真实的目标数据还是模型生成的数据。GAN 的定义如下:

$$\min_G \max_D E_{x \sim P_{\text{data}}}[\log D(x)] + E_{x \sim P_G}[\log(1 - D(G(x)))] \tag{10-1}$$

其中,$G(\cdot)$表示生成器的可微函数,$D(\cdot)$是用于分辨输入数据是源数据而非生成数据概率的判别器函数。随着判别器和生成器之间持续进行最小-最大博弈,两个网络的参数交替优化,其性能也逐步提高。判别器的判别能力提高迫使生成器的生成数据向真实数据逼近,从而对判别器性能产生更高的要求。当判别器无法分辨输入数据是真实数据还是生成数据,两个模型达到某种平衡时,即可认为生成器的学习真实数据的能力达到了预期效果。

2. LSGAN

Mao 等人[30]在 2017 年提出了最小二乘生成对抗网络(least squares generative adversarial network,LSGAN)。其使用最小二乘损失替代传统 GAN 中的交叉熵损失,解决了传统 GAN 的生成图像质量不高和训练过程不稳定的两个缺陷。该方法定义如下:

$$\min_D V_{\text{LSGAN}}(D) = \frac{1}{2} E_{x \sim P_{\text{data}}}\left[(D(x) - b)^2\right] + \frac{1}{2} E_{x \sim P_G}\left[(D(G(x)) - c)^2\right] \tag{10-2}$$

$$\min_G V_{\text{LSGAN}}(G) = \frac{1}{2} E_{x \sim P_G}\left[(D(G(x)) - a)^2\right] \tag{10-3}$$

其中,超参数 $a$ 和 $b$ 的值设为"1",超参数 $c$ 的值设为"0"。在式(10-2)中,$D(x)$的值被期望接近于"1",$D(G(x))$的值被期望接近于"0",其物理意义即期望判别器可以正确分辨真实数据和生成数据。在式(10-3)中,$D(G(x))$的期望值接近于"1",即期望判别器将生成数据认定为真实数据。

3. DCGAN

Radford 等人[31]提出了结合 CNN 和 GAN 特点的 DCGAN。其方法主要基于传统 GAN 改进了模型的部分结构。一般来说,DCGAN 相比 GAN 而言具有更高的稳定性,同时也提高了判别器的分类精度以及生成器处理特征的能力。

## 10.3 基于生成对抗网络的多聚焦图像融合模型结构与目标函数

图像融合的总体思路是从多幅源图像中提取目标的有用特征信息,再将这些特征信息整合,从而生成所需融合图像。对于多聚焦图像融合任务而言,即可认为源图像的聚焦区域的信息都是有意义的，基于这一认识，本章设计了一个由单生成器和双判别器构成的生成对抗网络，通过对抗博弈以获取多聚焦图像中的聚焦信息。模型训练过程中，以生成器生成的融合图像以及对应的源标签图像作为输入的判别器，用于使生成器尽可能多地关注多聚焦图像的聚焦区域；以融合梯度图与源标签图像梯度图作为输入的判别器，用于迫使生成器关注图像的强度分布和纹理细节，其中，梯度图是分别由生成器生成的融合图像和全聚焦标签图像在 YcbCr 彩色空间中的 Y 通道经过 Sobel 算子运算后得到的二值图像。

所提方法的多聚焦图像融合模型如图 10.1 所示，其详细训练过程阐述如下：首先，将彩色源多聚焦图像和源全聚焦标签图像从 RGB 彩色空间转换到 YcbCr 彩色空间，其中，将两幅源多聚焦图像的 Y 通道分别简写为 L1 和 L2，源全聚焦标签图像的 Y 通道简写为 Label。由 L1 与 L2 作为模型生成器的输入所生成的融合图像简写为 Fused。Fused 和 Label 经过 Sobel 算子运算后的所得到的梯度图分别称为 Gradient map 和 Source gradient map。之后，将 Fused 以及 Label 作为一号判别器的输入，为了使 Fused 进一步保留 Label 聚焦区域的纹理细节，将 Gradient map 和 Source gradient map 作为二号判别器的输入。最后，通过生成器与两个判别器之间对抗博弈训练得到理想的生成器参数，至此训练结束。

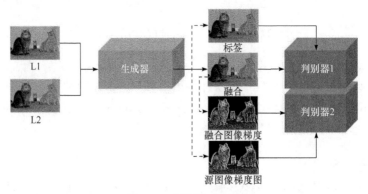

图 10.1 所提模型方案

多聚焦图像融合的总体流程如下：首先，将彩色源多聚焦图像和源全聚焦标签图像从 RGB 彩色空间转换到 YcbCr 彩色空间，并将两幅源多聚焦图像的 Y 通道、Cb 通道与 Cr 通道分离。之后，将源多聚焦图像对的 Y 通道输入训练好的生成器当中得到融合图像的 Y 通道，通过经典方法融合源多聚焦图像对分离出的 Cb 通道与 Cr 通道得到融合图像的 Cb 通道与 Cr 通道。接下来结合融合图像的三通道组成 YcbCr 彩色空间，最终将图像从 YcbCr 彩色空间转换到 RGB 彩色空间中得到最终的融合图像。

使用梯度图作为其中一个判别器的输入,其原因在于希望通过对抗性训练使生成器尽可能多地关注到源多聚焦图像中尖锐区域的信息。处理图像得到梯度图的过程中,通常只使用一阶导数和二阶导数作为边缘检测微分算子。尽管从理论上来说,高阶导数也可以作为所需算子达到目的,但二阶导的边缘检测算子已表现出对噪声的敏感性,三阶及以上的导数算子处理后的图像信息往往会由于噪声影响而失去其应用价值。

我们在选取边缘检测算子时做出过以下思考:在常用边缘检测算子中,Laplacian 算子是一种基于二阶导数的边缘检测算子,而 Sobel 算子是一种基于一阶导数的边缘检测算子。利用二阶导边缘检测算子可获得较精确的但相对较少的边缘点,而使用基于一阶导数的边缘检测算子处理图像往往可以获取到目标更多的边缘信息。所提方法中,我们期望所得梯度图保留更多的边缘信息以帮助判别器区分真实数据与伪造数据,而不需要太过于要求边缘检测的精度。相比之下,Sobel 算子处理后的图像虽没有严格区分目标主体与背景,不符合人类视觉生理特征,但通过其得到的梯度图能够保留更多的边缘信息,因此我们将其用于模型训练。后续实验结果表明,采用 Sobel 算子的融合效果要优于其他边缘检测算子获得的融合效果。另外,定性实验与定量实验结果表明,使用双判别器的生成对抗网络,其训练后得到的结果在视觉效果和评价指标方面会优于仅使用其中任意一个判别器的生成对抗网络的生成器生成结果。

### 10.3.1 网络结构

1. 生成器 G

生成器具体网络结构如图 10.2 所示。基于上述有关相似性学习的三种神经网络结构的讨论,伪孪生神经网络在多聚焦图像融合任务中表现出相对的优势。因此,所提方法采用伪孪生网络作为生成器的基础网络结构,其中双通道分别对应于两张互补的多聚焦图像,且具有相同的网络结构。每个通道依次由一个卷积核尺寸为 5×5 的卷积层、三个卷积核尺寸为 3×3 的卷积层和两个卷积核尺寸为 1×1 的卷积层组成,且上述六个卷积层均使用 Leaky ReLU 作为激活函数,其中卷积核尺寸为 5×5 和 3×3 的卷积层用于提取特征。在第二、第四以及第六层卷积层后分别使用拼接(Concat)操作交换与合并两条通道上的信息。在最后一次拼接操作后,经过使用 Tanh 作为激活函数的卷积层(卷积核尺寸为 1×1)得到融合图像的 Y 通道。为了确保图像尺寸在生成过程中不改变,我们将所有卷积操作的步长设置为 "1",而 padding 值设置为对应卷积层中卷积核尺寸的一半。表 10.1 详细展示了生成器的内部结构,其中 Conv 对应的括号中的三个值分别代表输入通道数、输出通道数和卷积核尺寸,BN 表示数据的批归一化。

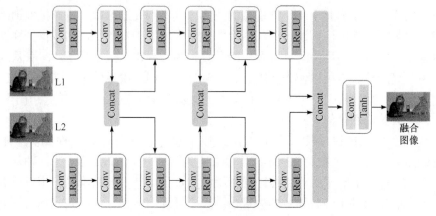

图 10.2 生成器网络结构

表 10.1 生成器 G 的网络结构参数

| Module | Conv | Activation | Module | Conv | Activation |
|---|---|---|---|---|---|
| X1 | (1,16,5) | LeakyRelu | Y1 | (1,16,5) | LeakyRelu |
| X2 | (16,16,3) | LeakyRelu | Y2 | (16,16,3) | LeakyRelu |
| X2Y2 | | | Concat | | |
| X3 | (32,16,1) | LeakyRelu | Y3 | (32,16,1) | LeakyRelu |
| X4 | (16,16,3) | LeakyRelu | Y4 | (16,16,3) | LeakyRelu |
| X4Y4 | | | Concat | | |
| X5 | (32,16,1) | LeakyRelu | Y5 | (32,16,1) | LeakyRelu |
| X6 | (16,16,3) | LeakyRelu | Y6 | (16,16,3) | LeakyRelu |
| X6Y6 | | | Concat | | |
| X7 | (32,1,1) | Tanh | | | |

**2. 一号判别器 D1**

D1 将 Fused 和 Label 作为输入。其网络结构如图 10.3 所示，该判别器共有九层，其中前八层为卷积层，最后一层为线性层。第二至七层的卷积层之后均有一个 BN 层，而激活函数 LeakyReLU 分别用于第一层卷积层之后，以及第二至七层的 BN 层之后；最后，使用 Tanh 激活函数将输出结果约束在"-1"到"1"之间。D1 的详细参数如表 10.2 所示，其中，卷积括号中的五个值分别为输入通道数目、输出通道数目、卷积核尺寸、卷积步长和填充尺寸。该判别器用于区分输入图像是融合图像(虚假数据)还是标签图像(真实数据)。

# 第10章 基于双判别器生成对抗网络的多聚焦图像融合方法

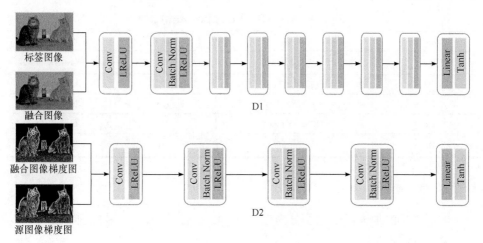

图 10.3  判别器网络结构

表 10.2  一号判别器 D1 的网络结构参数

| Module | Conv | BN | Activation |
|---|---|---|---|
| D1_1 | (1,64,3,1,1) | — | LeakyRelu |
| D1_2 | (64,128,3,1,1) | 128 | LeakyRelu |
| D1_3 | (128,128,3,2,1) | 128 | LeakyRelu |
| D1_4 | (128,256,3,1,1) | 256 | LeakyRelu |
| D1_5 | (256,256,3,2,1) | 256 | LeakyRelu |
| D1_6 | (256,512,3,1,1) | 512 | LeakyRelu |
| D1_7 | (512,512,3,2,1) | 512 | LeakyRelu |
| D1_8 | (512,1024,1,1,1) | — | LeakyRelu |
| D1_9 | (1024,1,1,1,1) | — | — |
| D1_10 | Linear | — | Tanh |

**3. 二号判别器 D2**

D2 将梯度图 Gradient map 和 Source gradient map 作为输入。其网络结构如图 10.3 所示，该判别器共有五层，其中前四层为卷积层，最后一层为线性层。第二至第四层的卷积层后均有一个 BN 层，而激活函数 LeakyReLU 分别用于前四层卷积层后；最后，使用 Tanh 激活函数将输出结果约束在"-1"到"1"之间。D2 的详细参数如表 10.3 所示，其中，卷积括号中的五个值分别为输入通道数目、输出通道数目、卷积核尺寸、卷积步长和填充尺寸。该判别器用于区分输入图像是融合图像的梯度图(虚假数据)还是标签图像的梯度图(真实数据)。

表 10.3  二号判别器 D2 的网络结构参数

| Module | Conv | BN | Activation |
|---|---|---|---|
| D2_1 | (1,32,3,2,0) | — | LeakyRelu |
| D2_2 | (32,64,3,2,0) | 64 | LeakyRelu |
| D2_3 | (64,128,3,2,0) | 128 | LeakyRelu |
| D2_4 | (128,256,3,2,0) | 256 | LeakyRelu |
| D2_5 | Linear | — | Tanh |

### 10.3.2 目标函数

本章模型的损失函数主要分为三部分：生成器损失 $\mathcal{L}_G$、一号判别器损失 $\mathcal{L}_D$ 以及二号判别器损失 $l_D$。

**1. 生成器损失**

我们将生成器损失 $\mathcal{L}_G$ 分为两部分用以对应两个判别器。图像损失从源图像的 Y 通道中提取并重建信息，边界损失从 Source gradient map 的梯度图中提取并重建信息，定义如下：

$$\mathcal{L}_G = \mathcal{L}_{G_{\text{img}}} + \alpha \mathcal{L}_{G_{\text{bor}}} \tag{10-4}$$

其中，$\alpha$ 用于调整两部分损失函数的权重。图像损失 $\mathcal{L}_{G_{\text{img}}}$ 又进一步分为三个部分：内容损失、对抗性损失和正则化损失组成，其具体公式如下所示：

$$\mathcal{L}_{G_{\text{img}}} = l_{G_{\text{con}}} + \delta_1 l_{G_{\text{adv}}} + \delta_2 l_{G_{\text{TV}}} \tag{10-5}$$

其中，$\delta$ 用于调整三个损失项之间的权重，内容损失 $l_{G_{\text{con}}}$ 由 MSE 损失和 VGG 损失构成。MSE 损失基于 LSGAN，使用这种损失能够在检验生成结果质量时得到较高的 PSNR 值，但求解过程中往往容易丢失高频信息致使最终结果在感知上不尽人意。为了克服这一问题，加入更符合感知相似性的 $l_{\text{VGG}}$ 进行辅助。$l_{\text{VGG}}$ 用于计算 $I_{\text{fused}}$ 和 $I_{\text{label}}$ 之间特征表示的欧氏距离。像素级 MSE 损失定义为：

$$l_{\text{MSE}} = \frac{1}{HW} \sum_i \sum_j (I_{\text{label}_{i,j}} - I_{\text{fused}_{i,j}})^2 \tag{10-6}$$

其中，$I_{\text{fused}}$ 表示生成器生成的融合图像 Y 通道，$I_{\text{label}}$ 表示标签图像的 Y 通道。$I_{\text{fused}}$ 与 $I_{\text{label}}$ 图像的尺寸相同，其高度表示为 $H$，宽度表示为 $W$，$i$ 和 $j$ 表示图像的第 $i$ 行和第 $j$ 列的像素，在计算过程中，Fused 和 Label 图像的像素是一一对应的。此后的一系列公式当中，所涉及的图像尺寸和对应像素都将用 $H$、$W$、$i$ 和 $j$ 表示。

$l_{\text{VGG}}$ 的计算公式如下：

$$l_{\text{VGG}} = \frac{1}{HW} \sum_i \sum_j (\phi(I_{\text{label}_{i,j}}) - \phi(I_{\text{fused}_{i,j}}))^2 \tag{10-7}$$

其中，$\phi(\cdot)$ 表示将图像放入已训练好的模型中得到输出结果的过程，该模型截取自 VGG-16 网络的第一层到最后一个最大池化层前的 LeakyRelu 层。生成损失 $l_{G_{\text{adv}}}$ 基于 D1 对 Fused 图像的判别概率，其定义为：

$$l_{G_{\text{adv}}} = \sum_{n=1}^{N} -\log D(I_{\text{fused}}) \tag{10-8}$$

其中，$N$ 表示批处理的规模，$l_{G_{\text{adv}}}$ 鼓励生成器兼容各种聚焦图像融合的解决方案以欺骗双判别器。

TV 损失 $l_{G_{\text{TV}}}$ 用于激励空间相关的解决方法，其定义为：

$$l_{G_{\text{TV}}} = \frac{1}{HW} \sum_i \sum_j \| \Delta I_{\text{fused}} \| \tag{10-9}$$

生成器损失的边界损失 $\mathcal{L}_{G_{\text{bor}}}$ 分为两部分，对抗性损失 $\mathcal{L}_{G_{\text{adv}}}$ 用于添加纹理细节，内容损失 $\mathcal{L}_{G_{\text{con}}}$ 用于提取和重建图像信息，定义如下所示：

$$\mathcal{L}_{G_{\text{bor}}} = \mathcal{L}_{G_{\text{adv}}} + \beta \mathcal{L}_{G_{\text{con}}} \tag{10-10}$$

其中，$\beta$ 用于调整损失函数各部分的权重。

对抗损失 $\mathcal{L}_{G_{\text{adv}}}$ 定义为：

$$\mathcal{L}_{G_{\text{adv}}} = \frac{1}{N} \sum_{n=1}^{N} (D(\nabla(I_{\text{fused}}^n)) - a)^2 \tag{10-11}$$

其中，$a$ 为判别器期望得到的目标值，设置为"1"。$\nabla(\cdot)$ 表示使用 Sobel 算子处理图像从而得到梯度映射的操作，Sobel 算子为一阶微分算子。该损失函数迫使生成器学习如何在生成过程中保留需要的纹理细节。

内容损失 $\mathcal{L}_{G_{\text{con}}}$ 包含两部分：梯度损失 $\mathcal{L}_{\text{grad}}$ 和强度损失 $\mathcal{L}_{\text{int}}$，定义如下：

$$\mathcal{L}_{G_{\text{con}}} = \gamma_1 \mathcal{L}_{\text{grad}} + \gamma_2 \mathcal{L}_{\text{int}} \tag{10-12}$$

其中，超参数 $\gamma$ 用于调节两个损失部分的权重。

梯度损失 $\mathcal{L}_{\text{grad}}$ 具备改善融合图像纹理细节的重要功能。其定义为：

$$\mathcal{L}_{\text{grad}} = \frac{1}{HW} \sum_i \sum_j S_{1_{i,j}} \cdot (\nabla I_{\text{fused}_{i,j}} - \nabla I_{1_{i,j}})^2 + S_{2_{i,j}} \cdot (\nabla I_{\text{fused}_{i,j}} - \nabla I_{2_{i,j}})^2 \tag{10-13}$$

其中，$I_1$ 和 $I_2$ 是聚焦区域互补的多聚焦图像。$S(\cdot)$ 的计算方法为：

$$S_{1_{i,j}} = \text{sign}(\text{RB}(I_{1_{i,j}}) - \min(\text{RB}(I_{1_{i,j}}), \text{RB}(I_{2_{i,j}}))) \tag{10-14}$$

$$S_{2_{i,j}} = 1 - S_{1_{i,j}} \tag{10-15}$$

其中，sign(·) 表示 sign 函数，min(·) 表示最小化函数。上式中重复模糊函数可表示为 $RB(\cdot) = abs(I_{i,j} - LP(I_{i,j}))$，式中的 LP(·) 表示用于对源图像进行平滑和去噪的低通滤波器。

强度损失 $\mathcal{L}_{int}$ 用于迫使融合图像 Y 通道的数据分布接近于标签图像聚焦区域的强度分布。它被形式化为：

$$\mathcal{L}_{int} = \frac{1}{HW} \sum_i \sum_j S_{1_{i,j}} \cdot (I_{fused_{i,j}} - I_{1_{i,j}})^2 + S_{2_{i,j}} \cdot (I_{fused_{i,j}} - I_{2_{i,j}})^2 \quad (10\text{-}16)$$

**2. D1 的损失函数**

判别器用于判断输入数据是真实数据还是生成数据。在 D1 中，真实数据是指全聚焦的标签图像，生成数据是指生成器生成的融合图像。D1 的损失函数定义为：

$$l_D = \frac{1}{N} \sum_{n=1}^{N} \left[ D(I_{label}) - c \right]^2 + \left[ D(I_{fused}) - b \right]^2 \quad (10\text{-}17)$$

其中，$b$ 的值设置为"0"，$c$ 的值设置为"1"。当损失函数的值 $l_D$ 接近于"0"时，可以认为 D1 已经可以正确地分辨真实数据和生成数据。

**3. D2 的损失函数**

在 D2 中，生成数据是指融合梯度图，真实数据是指标签图像的梯度图。函数可以被定义为：

$$Sobel_{fused} = abs(\nabla I_{fused}) \quad (10\text{-}18)$$

$$Sobel_{joint} = \max(abs(\nabla I_1), abs(\nabla I_2)) \quad (10\text{-}19)$$

其中，abs(·) 函数用于求得绝对值。D2 的损失函数可形式化为：

$$\mathcal{L}_D = \frac{1}{N} \sum_{n=1}^{N} \left[ D(Sobel_{fused}^n) - b \right]^2 + \left[ D(Sobel_{joint}^n) - c \right]^2 \quad (10\text{-}20)$$

我们期望 D2 能够准确将标签图像的梯度图指认为真实数据，将融合图像的梯度图视为伪造数据。在该损失函数的限制下，D2 可以引导生成器在生成融合图像 Y 通道的过程中保留标签图像的强纹理细节。

## 10.4 实验与讨论

### 10.4.1 数据集、训练详情与评价指标

**1. 数据集**

实验采用 Lytro 和 MIF-ACD 两个数据集作为训练集和测试集，并将上述两个

数据集的训练集中的图像裁剪到尺寸 224×224。其中 MIF-ACD 数据集是基于公共可用图像数据集 ADEChallengeData2016 进一步处理所得到的,利用决策图和高斯模糊得到互补的多聚焦图像对。此外,为了使网络模型在处理不同模糊程度的源图像时都能够拥有良好的性能,我们采用了三种不同大小的高斯滤波器对全聚焦的标签图像进行处理,使用 3×3、5×5 和 7×7 的高斯滤波器各自处理全聚焦图像某一部分,并将一组对应的多聚焦图像对和全聚焦图像分别称为 L1、L2 和 LABEL。多聚焦图像融合方法常使用 Lytro 数据集来验证其方法的效果,并有助于与其他方法进行比较。文章所提方法使用 Lytro 数据集的 10 组多聚焦图像对作为测试集,其余 10 组多聚焦图像对加入到训练集当中。

2. 训练细节

本章方法的训练过程如表 10.4 中的算法 10.1 所示。所提方法将学习率设置为 0.00001,批量大小(batch size)固定为 16;另外,损失项的权衡参数分别设置为:$\alpha=10$,$\beta_1=1$,$\beta_2=5$。使用 AdamOptimizer 更新 DDF-GAN 中的参数。在上一节的公式描述中,我们将 $a$、$b$ 和 $c$ 设为常量,其中 $a$ 和 $c$ 的值设置为 1,$b$ 的值设置为 0。为了使实际训练过程更加顺利,我们将 $a$、$b$ 和 $c$ 设置为某个范围的随机变量,其中 $a$ 和 $c$ 的值为 0.8 到 1.0 区间内,$c$ 的值为 0.0 到 0.2 区间内。该方法使用 Pytorch 框架实现并在 NVIDIA GeForce GTX 3080 GPU 上进行训练。

**算法 10.1   DDF-GAN 的训练过程**

1: **for** M epochs **do**
2:      **for** m steps **do**
3:          **for** p times **do**
4:              Select b fused patches $\{I_{fused}^1, I_{fused}^2, \cdots I_{fused}^b\}$;
5:              Select b all-in-focus patches $\{I_{lable}^1, I_{lable}^2, \cdots I_{lable}^b\}$;
6:              Update the parameters of the discriminator1 by AdamOptimizer: $\nabla_D(l_D)$;
7:              Update the parameters of the discriminator2 by AdamOptimizer: $\nabla_D(\mathcal{L}_D)$;
8:          **end for**
9:          Select b patches of source 1 $\{I_1^1, I_1^2 \cdots I_1^b\}$;

10:     Select b patches of source 2 $\{I_2^1, I_2^2, \cdots, I_2^b\}$;

11:     Select b fused patches $\{I_{\text{fused}}^1, I_{\text{fused}}^2, \cdots, I_{\text{fused}}^b\}$;

12:     Update the parameters of the generator by AdamOptimizer: $\nabla_G(\mathcal{L}_G)$;

13: **end for**

14: **end for**

### 3. 评价指标

多聚焦图像融合任务的定量实验通常用质量指标来衡量融合图像的质量。本章使用多聚焦图像融合任务中常用的六个客观评价指标来检验融合图像质量，即 $Q^{abf}$、SF、$L^{abf}$、SSIM、AG 以及 SD[32]。

### 10.4.2 现有方法比较

所提方法以 Lytro 数据集中的 10 对多聚焦图像作为测试集，验证了该方法的可行性。我们从空间域方法、变换域方法和深度学习方法这三种主流的多聚焦图像融合方法中选取了九种具有代表性的方法，其中选择了三种基于空间域的融合方法，分别是 GFF[6]、IFM[10]和密集尺度不变特征变换(dense SIFT, DSIFT)[7]；三种基于变换域的方法，分别是基于 NSCT 的方法[33]、CBF[18]和 DCHWT[16]；同时，选择了基于深度学习的三种方法，分别是 CNN[20]、IFCNN[23]和 SESF[34]。九种方法均使用 Lytro 数据集作为测试集，因此我们可以直接将本章方法得到的测试集的融合结果与其他方法的结果进行比较。

定性实验主要通过人的主观感知来判断融合图像的质量。我们选取了十对图像样本的融合结果进行定性测试，并与其他融合结果进行了比较，源图像由图 10.4 所示，结果证明了所提方法的具有一定优越性。如图 10.5 所示，在第一组图像中可发现其他方法得到的融合结果在人的呼吸器边界区域丢失了很多细节，第二组图像在考拉耳边界区域附近的处理也不理想，第三组图像中儿童的脸颊边缘会产生类似于噪声的像素，这几个区域均处于多聚焦图像对的聚焦和非聚焦的交界处，而通过我们方法得到的融合结果相对来说处理得更加优秀。剩余七对融合图像的对比结果如图 10.6 所示。上述实例表明，本章方法能够准确地保留多聚焦图像的纹理细节，达到理想的视觉感知效果。

图 10.7 显示了各方法得到的融合图像在客观指标上的结果。融合图像的源多聚焦图像来自于 Lytro 数据集中的 10 个图像对。在第一幅折线图中可以直观看到我

们的方法在第九张图像上的 $Q^{abf}$ 指标明显优于其他方法。在其余的折线图中，我们

图 10.4  十对图像样本

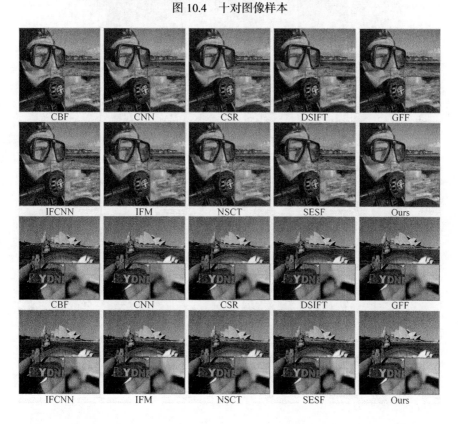

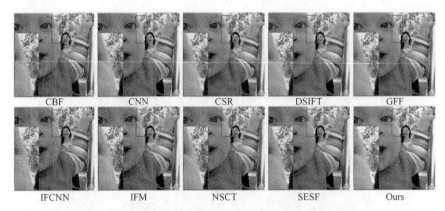

图 10.5　前四组融合图像的对比结果

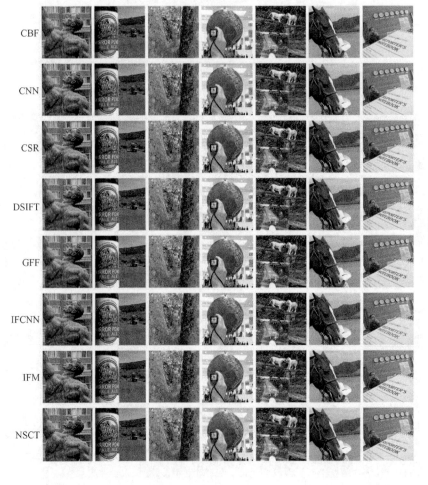

图 10.6　剩余七对融合图像的对比结果

可以看到所提方法得到的融合图像在所有指标上都优于其他方法。此外，表 10.4 列出了各种方法的融合图像在六个评价指标上的平均得分。从表中可以看出，所提方法在 SF、SSIM、AG 和 STD 四个指标上获得了最大平均值，在 $L^{abf}$ 指标上达到最小平均值，表明所提方法在以上定量指标上均优于其他方法。

表 10.4　十种方法生成的融合图像在六个指标上的平均值

|  | CBF | CNN | CSR | DSIFT | GFF | IFCNN | IFM | NSCT | SESF | Ours |
|---|---|---|---|---|---|---|---|---|---|---|
| $Q^{abf}$ | 0.7490 | 0.7579 | 0.7482 | **0.7585** | 0.7563 | 0.7319 | 0.7508 | 0.7571 | 0.7540 | 0.7491 |
| $Q_{SF}$ | 21.8524 | 22.4880 | 22.4482 | 22.6526 | 22.5247 | 22.6518 | 22.6148 | 22.5850 | 22.6145 | **23.9597** |
| $L^{abf}$ | 0.2159 | 0.2113 | 0.2161 | 0.2077 | 0.2085 | 0.1752 | 0.2104 | 0.2087 | 0.2111 | **0.1271** |
| SSIM | 1.0751 | 1.1399 | 1.1391 | 1.1503 | 1.1385 | 1.1391 | 1.1386 | 1.1400 | 1.1520 | **1.2450** |
| G | 9.6889 | 9.8596 | 9.7864 | 9.9303 | 9.8870 | 9.9468 | 9.9309 | 9.9072 | 9.8902 | **10.3298** |
| STD | 61.9691 | 62.4445 | 62.4140 | 62.5198 | 62.4497 | 62.4386 | 62.4756 | 62.4370 | 62.5171 | **65.1615** |

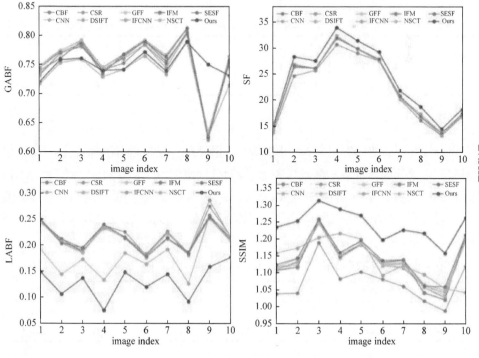

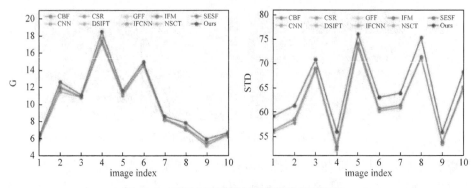

图 10.7　不同方法得到的融合图像客观指标

### 10.4.3　消融实验

**1. 边缘检测微分算子分析**

为了使生成器在对抗性训练过程中关注源多聚焦图像中尖锐区域的信息，本章使用梯度图作为判别器的输入。Sobel 算子和 Laplacian 算子是边缘检测算子中的常用一阶微分算子和二阶微分算子，我们分别使用 Sobel 算子和 Laplacian 算子处理获得的梯度图作为输入进行比较，从表 10.5 可以看出，将 Sobel 算子处理得到的梯度图作为输入所获得的融合图像结果在除 STD 外的所有指标上都优于使用 Laplacian 算子。

表 10.5　在 D2 中分别使用 Laplacian 算子和 Sobel 算子求得的融合图像在各指标上的平均值

| | $Q^{abf}$ | $Q_{SF}$ | $L^{abf}$ | SSIM | G | STD |
|---|---|---|---|---|---|---|
| Laplacian | 0.6890 | 21.4371 | 0.1665 | 1.1686 | 9.0214 | **63.7901** |
| Sobel | **0.6913** | **21.5037** | **0.1549** | **1.1878** | **9.1941** | 63.6462 |

**2. 参数分析**

一号判别器的内容损失 $l_{G_{con}}$ 中的 VGG 损失 $l_{VGG}$ 是指融合图像 $I_{fused}$ 与全聚焦图像 $I_{label}$ 之间的特征表示的欧氏距离。我们分别使用 VGG-16 的前 29 层、VGG-16 的前 31 层、VGG-19 的前 35 层以及 VGG-19 的前 37 层的神经网络获取损失值 $l_{VGG}$，并对使用各自损失得到的融合图像进行比较。如表 10.6 所示，使用 VGG-16 的前 31 层获取损失 $l_{VGG}$ 时，在大多数评价指标上效果较好。

表 10.6　在 D1 中分别使用 VGG-16 和 VGG-19 所得融合图像在各指标上的平均值

| | $Q^{abf}$ | $Q_{SF}$ | $L^{abf}$ | SSIM | G | STD |
|---|---|---|---|---|---|---|
| V16/29 | 0.6951 | 19.8762 | 0.2088 | 1.1692 | **8.1913** | 63.8690 |
| V16/31 | **0.6960** | **20.3514** | **0.1827** | **1.2127** | 8.3594 | **64.0963** |

续表

| | $Q^{abf}$ | $Q_{SF}$ | $L^{abf}$ | SSIM | G | STD |
|---|---|---|---|---|---|---|
| V19/35 | **0.6964** | 20.0912 | 0.1971 | 1.1650 | **8.3614** | 63.7860 |
| V19/37 | 0.6899 | 20.2460 | 0.1988 | 1.1822 | 8.3002 | 63.9310 |

**3. 判别器分析**

与其他基于 GAN 的多聚焦图像融合模型不同的是，我们利用双判别器使生成器在训练过程中学习到更多的源多聚焦图像信息。为了验证双判别器相对于单判别器的优点，我们使用双判别器和分别使用双判别器中其中一个判别器进行实验。在定量实验上，由表 10.7 可以看出，使用双判别器训练的生成器生成的融合图像在多个评价指标上都优于使用单个判别器训练的融合图像。

表 10.7　在模型中分别使用 D1，D2 以及双判别器所得融合图像在各指标上的平均值

| | $Q^{abf}$ | $Q_{SF}$ | $L^{abf}$ | SSIM | G | STD |
|---|---|---|---|---|---|---|
| D1 | 0.6913 | 21.5037 | 0.1550 | 1.1878 | 1.1878 | 63.6462 |
| D2 | 0.6965 | 20.3514 | 0.1827 | 1.2127 | 8.3594 | 64.0963 |
| DD | **0.7491** | **23.9597** | **0.1271** | **1.2450** | **10.3298** | **65.1615** |

## 10.5　小　　结

本章中提出了一种带有双判别器的生成对抗网络 DDF-GAN，并将其用于多聚焦图像融合。一号判别器以全聚焦标签图像和生成融合图像的 Y 通道作为输入，并用一系列损失函数约束生成器生成与源图像一致的融合图像。为了使生成器可以进一步保留源图像中的细节信息，使用二号判别器作为辅助以提升生成器性能，该判别器的输入为融合图像和标签图像的梯度图，使模型能够重点关注图像的尖锐区域。定性实验表明该方法获得了较好的视觉感知效果。定量实验表示，该方法在六项评价指标上均优于现有的多聚焦图像融合方法。本章研究表明，结合图像梯度特征作为生成对抗网络辅助信息的方法，可以使具有双判别器结构的生成对抗网络获得更为丰富的图像特征，并在多聚焦图像融合领取得了较好的效果。

### 参 考 文 献

[1] Bhat S, Koundal D. Multi-focus image fusion techniques: a survey[J]. Artificial Intelligence Review, 2021, 54(8): 5735-5787.
[2] 宫睿, 王小春. 基于可协调经验小波变换的多聚焦图像融合[J]. 计算机工程与应用, 2020, 56(2): 201-210.

[3] He K, Gong J, Xu D. Focus-pixel estimation and optimization for multi-focus image fusion[J]. Multimedia Tools and Applications, 2022, 81 (6): 7711-7731.
[4] Zhang X. Deep Learning-based multi-focus image fusion: A survey and a comparative study[J]. IEEE Transactions on Pattern Analysis and Machine Intelligence, 2022, 44(9): 4819-4838.
[5] Huang W, Jing Z. Multi-focus image fusion using pulse coupled neural network[J]. Pattern Recognition Letters, 2007, 28 (9): 1123-1132.
[6] Li S, Kang X, Hu J. Image fusion with guided filtering[J]. IEEE Transactions on Image Processing, 2013, 22(7): 2864-2875.
[7] Liu Y, Liu S, Wang Z. Multi-focus image fusion with dense SIFT[J]. Information Fusion, 2015, 23: 139-155.
[8] Wan H, Tang X, Zhu Z, et al. Multi-focus color image fusion based on quaternion multi-scale singular value decomposition[J]. Frontiers in Neurorobotics, 2021, 15: 695960.
[9] Li S, Kwok J T, Wang Y. Combination of images with diverse focuses using the spatial frequency[J]. Information Fusion, 2001, 2(3): 169-176.
[10] Li S, Kang X, Hu J, et al. Image matting for fusion of multi-focus images in dynamic scenes[J]. Information Fusion, 2013, 14(2): 147-162.
[11] Li S, Yang B, Multifocus image fusion using region segmentation and spatial frequency[J]. Image and Vision Computing, 2008, 26(7): 971-979.
[12] Zhang Y, Bai X, Wang T. Boundary finding based multi-focus image fusion through multi-scale morphological focus-measure[J]. Information Fusion, 2017, 35: 81-101.
[13] Liu Z, Tsukada K, Hanasaki K, et al. Image fusion by using steerable pyramid[J]. Pattern Recognition Letters, 2001, 22(9): 929-939.
[14] Bhat S, Koundal D. Multi-focus Image Fusion using Neutrosophic based Wavelet Transform[J]. Applied Soft Computing, 2021,106: 107307.
[15] Lewis J J, Callaghan R, Nikolov S G, et al. Region-based image fusion using complex wavelets[J]. Information Fusion, 2004, 1(8): 555-562.
[16] Shreyamsha Kumar B K. Multifocus and multispectral image fusion based on pixel significance using discrete cosine harmonic wavelet transform[J]. Signal, Image and Video Processing, 2013, 7(6): 1125-1143.
[17] Li X, Zhou F, Tan H, et al. Multi-focus image fusion based on nonsubsampled contourlet transform and residual removal[J]. Signal Processing, 2021, 184(4): 108062.
[18] Kumar B K S. Image fusion based on pixel significance using cross bilateral filter[J]. Signal Image and Video Processing, 2015, 9(5): 1193-1204.
[19] Zhou Z, Wu Q, Wan S, et al. Integrating SIFT and CNN feature matching for partial-duplicate image detection[J]. IEEE Transactions on Emerging Topics in Computational Intelligence, 2020, 4(5): 593-604.
[20] Liu Y, Chen X, Peng H, et al. Multi-focus image fusion with a deep convolutional neural network[J]. Information Fusion, 2017, 36: 191-207.
[21] Du C, Gao S. Image segmentation-based multi-focus image fusion through multi-scale convolutional neural network[J]. IEEE Access, 2017, 5: 15750-15761.

[22] Yan X, Gilani S Z, Qin H, et al. Unsupervised Deep Multi-focus Image Fusion [EB/OL]. 2018, https://arxiv.org/abs/1806.07272.

[23] Zhang Y, Liu Y, Sun P, et al. IFCNN: A general image fusion framework based on convolutional neural network[J]. Information Fusion, 2020, 54: 99-118.

[24] Goodfellow J I, Pouget-Abadie J, Mirza M, et al. Generative adversarial networks.[J]. Communications of the ACM, 2020, 63(11): 139-144.

[25] Ma J, Yu W, Liang P, et al. FusionGAN: A generative adversarial network for infrared and visible image fusion[J]. Information Fusion, 2019, 48: 11-26.

[26] Guo X, Nie R, Cao J, et al. FuseGAN: Learning to fuse multi-focus image via conditional generative adversarial network[J]. IEEE Transactions on Multimedia, 2019, 21(8): 1982-1996.

[27] Jin X, Huang S, Jiang Q, et al. Semi-supervised remote sensing image fusion using multi-scale conditional generative adversarial network with siamese structure[J]. IEEE Journal of Selected Topics in Applied Earth Observations and Remote Sensing, 2021, 14: 7066-7084.

[28] Zhang H, Le Z, Shao Z, et al. MFF-GAN: An unsupervised generative adversarial network with adaptive and gradient joint constraints for multi-focus image fusion[J]. Information Fusion, 2021, 66: 40-53.

[29] Zagoruyko S, Komodakis N. Learning to compare image patches via convolutional neural networks[C]. 2015 IEEE Conference on Computer Vision and Pattern Recognition (CVPR), Boston, IEEE, 2015: 4353-4361.

[30] Mao X, Li Q, Xie H, et al. Least squares generative adversarial networks[C]. 2017 IEEE International Conference on Computer Vision (ICCV), Venice, IEEE, 2017: 2813-2821.

[31] Radford A, Metz L, Chintala S. Unsupervised Representation Learning with Deep Convolutional Generative Adversarial Networks [EB/OL]. 2016, https://arxiv.org/abs/1511.06434v1.

[32] Jin X, Jiang Q, Chu X, et al. Brain medical image fusion using l2-norm-based features and fuzzy-weighted measurements in 2-D littlewood-paley EWT domain[J]. IEEE Transactions on Instrumentation and Measurement, 2020, 69(8): 5900-5913.

[33] Zhang Q, Guo B. Multifocus image fusion using the nonsubsampled contourlet transform[J]. Signal Processing, 2009, 89(7): 1334-1346.

[34] Ma B, Zhu Y, Yin X, et al. SESF-Fuse: An unsupervised deep model for multi-focus image fusion[J]. Neural Computing & Applications, 2021, 33(11): 5793-5804.

# 第 11 章　F-UNet++:基于多用途自适应感受野注意力机制和复合多输入重构网络的遥感图像融合

随着人们对遥感数据应用的需求不断增加，先进的卫星与传感器技术被不断提出。由于传感器原理以及物理条件等因素的制约，PAN 图像仅包含一个光谱波段的信息，但其空间分辨率较高；而 MS 图像空间分辨率较低，但包含几个至十几个波段。MS 图像的光谱特征提取和 PAN 图像的空间分辨率特征提取，是获取高光谱超分辨率图像的关键操作。本章基于 CNN 提出了一种遥感图像融合方法。该方法设计了一种具有 AE 结构的编码器网络，其中编码器在可以提取特征图的同时还实现了特征信息的融合，而解码器则根据 UNet++网络进行了针对性的优化，以实现高分辨率的 MS 图像的生成。此外，本方法还构建了一种多用途的自适应感受野的注意力机制，以实现降低特征信息丢失和多尺度聚焦核心信息的作用。

## 11.1　概　　况

卫星搭载了多种光学传感器，以获得不同的遥感图像。主要的光学遥感图像包括：MS 图像、PAN 图像以及高光谱图像[1]。光学卫星接收的信息随着传感器的不同以及反射光谱的不同而不同，其中多光谱传感器可以获得比全色传感器更多的光谱信息[2]。然而，MS 图像的空间分辨率通常低于 PAN 图像。在 PAN 和 MS 图像配准的前提下将其融合，理想情况下应保留所有 MS 图像的光谱信息，并具备 PAN 图像的空间分辨率[3]。目前的遥感图像融合方法可分为四种类型：分量替代方法、多尺度分析方法、基于模型的方法和深度学习映射方法。

基于分量替换的方法一般将 MS 图像转换到另一个彩色空间，然后利用 PAN 图像替换 MS 的细节分量，将融合后的图像逆变换到 RGB 彩色空间。这种类型的常用方法包括强度饱和 IHS 变换[4]。此外，Tu 等人[3]提出了广义 IHS，将三波段图像扩展到更高的维度。Rahmani 等人提出了自适应 IHS，实现了系数的自适应，从而获得更好的融合结果[5]。

多尺度分析是一种常用的、功能强大的图像分析工具。在多尺度分析方法中，一般有源图像分解、子带系数融合、图像重建三个步骤。Ranchin 等人[6]提出了一种基于 ARSIS 概念的小波变换，首先将 PAN 图像分解成几个小波平面，然后提取高频细节并注入到亮度分量中。此外，Yocky[7]提出了一种新的多尺度分析方法来代替简单的低通滤波器来获得分解频带。在文献[8]中，作者基于平滑滤波器的强度调制提出了一种简单的保谱融合技术，该技术利用源图像之间的对应关系来调整空间细节。然而，这些方法依赖于对设计人员在图像融合策略方面的先验知识和图像数据的良好配准。此外，SR 是近年来的研究热点，在遥感图像融合中表现出了良好的性能。Yang 等人[9]提出了基于 SR 的图像融合方法，该方法利用稀疏系数表示图像并基于融合策略实现其融合。Aharon 等人[10,11]提出了一种新的稀疏表示思路，这种方法假设所有的图像块都是特定字典原子的线性组合。Yang 等人[12]提出了一种融合方案，通过改变稀疏表示算法中的近似准则，可以同时解决图像恢复和融合问题。

深度学习映射方法同样是近年来的研究热点，该方法在各领域均表现出优越的性能和较好的适用性[13]。2021 年，Yang 等人[14]考虑到现有的基于深度学习的泛锐化方法存在缺乏多层次特征映射之间的信息交换和共享的问题，提出了一种新的基于的残差信息增强的双流卷积神经网络。Zheng 等人[15]考虑到随着网络深度的增加，高频信息会趋于弱化或丢失，针对这一问题提出了边缘条件特征变换网络。Dong 等人[16]提出了一种用于遥感图像泛化锐化的生成式对抗网络，该网络能够有效融合 MS 和 PAN 图像。这种方法是将遥感图像的融合过程看成一个黑盒深度学习问题，大多数方法都是直接求解输入图像到输出图像的映射，本质上就是通过最小化融合图像和参考图像之间的差异来训练网络。

目前，遥感图像融合方法得到了深入研究，但仍然有些问题依然没有得到很好的解决。基于分量替换的融合算法计算效率高，但是由于忽略了 PAN 和 MS 图像内在的光谱联系，使得融合图像容易产生光谱畸变。而基于多尺度分析的方法存在仿真时间长、信息冗余、梯度方向单一等问题，同时生成的图像可能存在重影。基于模型求解融合图像的方法存在超参难以精确设定的问题，以及模型本身表达能力不足的缺点。基于深度学习映射的融合方法虽然已经取得了显著的成果，但还有许多亟待改进的问题，如光谱畸变依然可能发生在多数方法的融合结果中。

## 11.2 注意力机制原理

注意力机制模拟了人脑特点，这类机制大幅度提高了深度学习模的信息处理能力，被广泛应用在自然语言处理和机器视觉领域，并引发了一场席卷各领域的浪潮[17]，其中著名的模型包括为自然语言处理而设计的 Bert[18]，以及为图像处理而设计的 Swin[19]。目前，常见的注意力机制可以分为三类：通道域注意力机制、空间域注意力机制，以及混合域注意力机制。本章构建的 ASA 注意力机制模块收到了 SA 注意力机制的启发。SA 是目前被广泛使用的混合域注意力机制，它采用置换单元将两种注意力机制有效地结合起来[20]。图像输入 SA 注意力机制后会被分割为多个组,每个组的特征又会被分割并输入通道和空域注意力机制中,最后将这些亚特征合并输出。而 SK 注意机制也使用了 Inception 结构,本章将 SK 注意力机制纳入本部分并做后续实验的对比。SK 源自皮质神经元的启发,它可以根据不同的刺激自动态调节地其自身的感受野[20],SK 可被认为是结合了 ResNeXt 和 Inception 两大框架核心思想的产物。SK 注意力机制的流程如下:特征图会被多个卷积核卷积处理后合并为一个五维张量,再压缩第一维张量成四维张量并输入通道注意力机制中再组合输出。

## 11.3 基于条件生成对抗网络的遥感图像融合模型结构

本节主要介绍 F-UNet++遥感图像融合模型的组成结构。

### 11.3.1 总体结构

整体的模型可被表示为以下三个模块:多级特征提取模块、多级特征融合模块和 CMI-UNet++图像重构模块,如图 11.1 所示。PAN 图像和低分辨率 MS 图像被作为模型的输入,HRMS 图像则是输出。特征提取模块是 Simaese 结构的衍生版本,它被用于提取 PAN 和低分辨率 MS 图像的空间信息以及光谱信息。而特征融合模块可以看作是将上一层输出的特征做两次叠加,它被用于充分融合提取到的空间信息和光谱信息。最后的 CMI-UNet++图像重构模块是优化过的 UNet++网络[21]。CMI-UNet++网络的优异表现得益于它内部节点的多级跳跃连接(skip

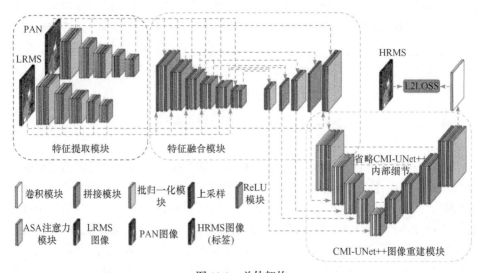

图 11.1　总体架构

connect),使该网络能有效利用图像多层特征的差异性和互补性,并被用于重构高分辨率的 MS 图像。

事实上,几乎所有的多尺度图像融合模型都可以归类为信息提取并重新编码的过程,因此可以看作是一种 AE 结构。Zhou 等人[22]根据 UNet 结构构建了两个自动编码器,其中的双流低分辨率解码器,其输出被用作高分辨率解码器的桥接部分。因此,我们可以将多尺度特征提取模块和多尺度特征融合模块视为 AE 结构中的编码器,图像重建模块可以视为 AE 结构中的解码器。

下面我们将分别介绍这三个详细模块。

### 11.3.2 特征提取模块

如图 11.1 的特征提取模块部分所示,特征提取模块作为模型的头部由两个部分构成。如图 11.2 所示,MS 和 PAN 图像被用于该模块的输入,但因为两张图片规格不同,特征提取模块被分别设计为以下两部分:MS 图像特征提取和 PAN 图像特征提取。该模块在结构上分为上下两部分,分别由五个下采样层组成。每个下采样包含一个卷积层、一个归一化层和一个激活函数层。我们使用 ReLU 作为激活函数。AlexNet[23]在模型中成功地使用 ReLU 作为 CNN 的激活函数,并验证其在更深的网络中的效果超过 sigmoid,成功解决了 sigmoid 在更深的网络中的梯度分散问题[23]。而且 ReLU 激活函数的推导更容易,训练速度更快。

ReLU 的定义如式(11-1)所示:

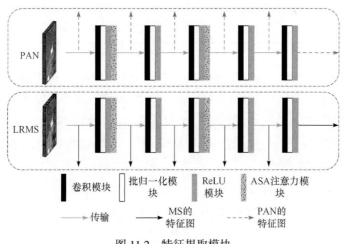

图 11.2 特征提取模块

$$\text{ReLU}(x_i) = \begin{cases} x_i, & \text{if } x_i > 0 \\ 0, & \text{if } x_i \leqslant 0 \end{cases} \tag{11-1}$$

其中,$i$ 代表不同的通道。

两部分结构相似并且有不同的参数。MS 和 PAN 图像的特征提取模块分别获取 3 通道 MS 图像和单通道 PAN 图像作为输入。PAN 图像进入特征提取模块，通过卷积变成一个通道数为 64、尺寸为 128×128 的特征图，并被下采样 5 次成为通道数为 1024、尺寸为 8×8 的特征图。在该模块中，PAN 和 MS 的特征提取部分是不同的，PAN 的第一个卷积层使用步长为 2 且大小为 3×3×64 的卷积核。接下来的 4 个卷积层则是步长为 2 且大小为 4×4×(64×n) 的卷积核的深层特征提取层。而 MS 的 5 个卷积层均为步长为 2 且大小为 4×4×(64×n) 的卷积核的深度特征提取层。其中 n 均为层数。表 11.1 展示了特征提取模块的细节。

表 11.1 特征提取模块

| Branch | Layer name | Block type | Output |
|---|---|---|---|
| LRMS | Down1 | Conv+BN+ReLU+ASA | 128×128×32 |
| | Down2 | Conv+BN+ReLU | 64×64×64 |
| | Down3 | Conv+BN+ReLU+ASA | 32×32×128 |
| | Down4 | Conv+BN+ReLU | 16×16×256 |
| | Down5 | Conv+BN+ReLU | 8×8×512 |
| PAN | Down1 | Conv+BN+ReLU+ASA | 32×32×32 |
| | Down2 | Conv+BN+ReLU | 16×16×64 |
| | Down3 | Conv+BN+ReLU+ASA | 8×8×128 |
| | Down4 | Conv+BN+ReLU | 4×4×256 |
| | Down5 | Conv+BN+ReLU | 2×2×512 |

我们可以将这一模块认为是 Backbone，它提取的信息对后面的模块具有极为重要的基石作用。我们使用 $P \in R^{H \times W}$ 表示 PAN 图像，定义低分辨率的 MS 图像为 $M \in R^{(H/4) \times (W/4) \times C}$，且 $Y_e \in R^{(H/i) \times (W/i) \times (C \times i)}$ 表示为特征提取模块的输出。其中 $C$ 表示通道数，$i$ 表示层数，且取值范围均是 $[0, n]$。$\downarrow$ 表示两倍下采样操作。特征提取模块可以用式(11-2)描述：

$$Y_e^{\text{MS}} = \begin{cases} M, & i = 0 \\ \text{ASA}(\text{Re}(\text{BN}(\text{Conv}(M \downarrow_i)))), & i = (1, 3) \\ \text{Re}(\text{BN}(\text{Conv}(M \downarrow_i))), & i = (2, 4, 5) \end{cases}$$

$$Y_e^{\text{PAN}} = \begin{cases} P, & i = 0 \\ \text{ASA}(\text{Re}(\text{BN}(\text{Conv}(P \downarrow_i)))), & i = (1, 3) \\ \text{Re}(\text{BN}(\text{Conv}(P \downarrow_i))), & i = (2, 4, 5) \end{cases}$$

(11-2)

### 11.3.3 特征融合模块

如图 11.1 的特征融合模块部分所示，其详细结构如图 11.3 所示。在图像融合模型的设计思路中，光谱和空间信息必须同时考虑，于是特征融合模块的存在是必要的。特征融合模块整体分为两层。第一层共有六个模块，首先特征提取模块输出的特征图被用于输入，再经过卷积、批归一化以及激活层输出至第二层。第二层共有五个模块，将上一层的输出作为输入，再经过卷积、批归一化以及激活层输出。为降低特征的损失，提取到的五层特征图和 PAN 以及 MS 源图被融合了两次。特征融合模块的详细信息如表 11.2 所示。

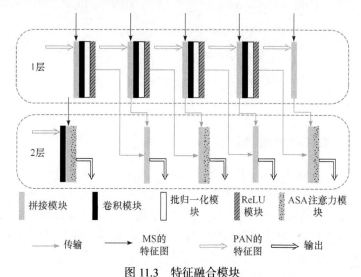

图 11.3　特征融合模块

表 11.2　特征融合模块参数

| Layer | Layer name | Block type | Output |
| --- | --- | --- | --- |
| Layer 1 | Concat1 | Concat+Conv+BN+ReLU | 256×256×32 |
|  | Concat2 | Concat+Conv+BN+ReLU | 128×128×64 |
|  | Concat3 | Concat+Conv+BN+ReLU | 64×64×128 |
|  | Concat4 | Concat+Conv+BN+ReLU | 32×32×256 |
|  | Concat5 | Concat | 16×16×512 |
| Layer 2 | Concat1 | Conv+Concat+ASA | 256×256×64 |
|  | Concat2 | Concat | 128×128×128 |
|  | Concat3 | Concat+ASA | 64×64×256 |
|  | Concat4 | Concat | 32×32×512 |
|  | Concat5 | Concat+ASA | 16×16×1024 |

本章将 PAN 图像表示为 $P \in R^{H \times W}$，将低分辨率的 MS 图像表示为 $M \in R^{(H/4) \times (W/4) \times C}$，且 $Y_e \in R^{(H/i) \times (W/i) \times (C \times i)}$ 表示为特征提取模块的输出，$Y_{f_1} \in R^{(H/j) \times (W/j) \times (C \times j)}$ 表示第一层特征融合模块的输出，$Y_{f_2} \in R^{(H/j) \times (W/j) \times (C \times j)}$ 表示第二层特征融合模块的输出。其中 $C$ 表示通道数，$i, j$ 表示层数，且 $C, i, j = 0, 1, 2, \cdots, n$。Conv 表示卷积层，BN 表示批归一化层，Re 表示 ReLU 激活层，ASA 则表示 ASA 注意力模块。

特征融合模块可以用式(11-3)描述：

$$Y_{f_1} = \text{Re}(\text{BN}(\text{Conv}(Y_{e_i}^{\text{MS}} + Y_{e_i}^{\text{PAN}}))), \quad i \in [0, 4]$$

(11-3)

$$Y_{f_2} = \begin{cases} \text{ASA}(\text{Conc}(Y_{f_1}^i + Y_{f_1}^{i+1})), & i = (0, 2) \\ \text{Conc}(Y_{f_1}^i + Y_{f_1}^{i+1}), & i = (1, 3) \\ \text{ASA}(\text{Conc}(M + P)), & i = 4 \end{cases}$$

### 11.3.4　CMI-UNet++图像重建模块

如图 11.1 的 CMI-UNet++图像重建模块部分所示，详细结构如图 11.4 所示。CMI-UNet++图像重构模块作为尾部被嵌入模型中。输入由 5 个部分组成，分别是 5 个不同规格的特征融合模块的输出，规格如下：16×16×2048、32×32×1024、64×64×512、128×128×256、256×256×128。为了在性能和效果之间做平衡，我们对 CMI-UNet++模块进行了优化。最左侧的节点被用于输入端，这表示优化后的 CMI-UNet++网络拥有比原生网络更多的输入节点。而这会使得重构模块可以得

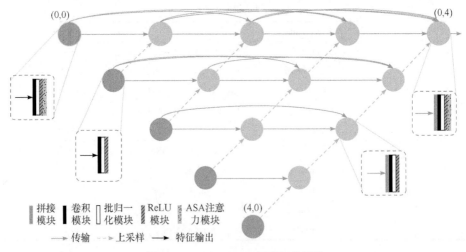

图 11.4　CMI-UNet++图像重构模块

到更多的光谱信息和空间信息，使得模型具备更高的鲁棒性和重构效果。而且优化后的 CMI-UNet++网络拥有比原生网络更少的卷积模块。通过实验证实，这使得我们的模型参数进一步减少，但效果并没有降低。CMI-UNet++图像重建模块组网细节如表 11.3 所示：

表 11.3 CMI-UNet++图像重构模块

| Layer | Node name | Block type | Output |
| --- | --- | --- | --- |
| Layer 1 | (0,0) | Conv+BN+ReLU+ASA | 256×256 |
|  | (0,1) | Concat+Conv+BN+ReLU+ASA | 256×256 |
|  | (0,2) | Concat+Conv+BN+ReLU+ASA | 256×256 |
|  | (0,3) | Concat+Conv+BN+ReLU+ASA | 256×256 |
|  | (0,4) | Concat+Conv+BN+ReLU+ASA | 256×256 |
| Layer 2 | (1,0) | Conv+BN+ReLU | 128×128 |
|  | (1,1) | Concat+Conv+BN+ReLU | 128×128 |
|  | (1,2) | Concat+Conv+BN+ReLU | 128×128 |
|  | (1,3) | Concat+Conv+BN+ReLU | 128×128 |
| Layer 3 | (2,0) | Conv+BN+ReLU | 64×64 |
|  | (2,1) | Concat+Conv+BN+ReLU | 64×64 |
|  | (2,2) | Concat+Conv+BN+ReLU | 64×64 |
| Layer 4 | (3,0) | Conv+BN+ReLU | 32×32 |
|  | (3,1) | Concat+Conv+BN+ReLU | 32×32 |
| Layer 5 | (4,0) | Conv+BN+ReLU | 16×16 |

## 11.3.5 注意力机制模块

我们的期望是通过注意力机制去弥补模型的部分不足，以达到强化有用信息、抑制无用信息的目的。为了更好地实现遥感图像融合，剖析了三个方面的因素。第一因素：光谱和空间信息，只有获取到足够多且有效的光谱信息和空间信息才能在图像重构的过程中避免光谱畸变，以保证融合图像的有效性。第二个因素：通道，通道是卷积操作产生的，它包含了众多光谱信息和空间信息，但由于数量众多，如何提高有用的通道的权重，降低无用通道的权重就是一个问题。第三个因素：模型的固化，这在一定程度上降低了模型的鲁棒性，为此需要使模型具备自适应的特性。从以上三个因素出发，本章根据 SA 注意力机制以及 Inception 结构提出了 ASA 注意力模块。具体来说，ASA 模块首先会使用几个不同的卷积层对输入特征进行分化并分割并调整维度成两个亚特征，然后对每一组亚特征用置换单元刻画特征在空域和通道维度上的依赖性，最后将处理后的特征在第一维度上进行数值叠加并降维，最后融合输出。ASA 注意力模块的代码流程如算法 11.1 所示。

## 算法 11.1　ASA attention module process

**Input**: FEA$_i$=[FEA$_1$, FEA$_2$,⋯], configuration parameters

**Output**: FEA

1:　Initialization: Set channel in, channel_out, dimension, Convolution kernel array;
2:　**for** i in range(Convolutionkernelarray) **do**
3:　　Obtain the feature map FEA_i from the network of the connected location;
4:　　Input adaptive clasifier with multiple convolution kernels;
5:　　Output convolution result conv_outs;
6:　Stack conv_outs into Group feats;
7:　**for** j in range(feats) **do**
8:　　Obtain the feature map fea from feats[j];
9:　　Split the *fea* tensor into *fea*1, *fea*2;
10:　　Input *fea*1 into the channel attention mechanism;
11:　　Input *fea*2 into the spatial attention mechanism;
12:　　Combine the output of the two as outs;
13:　Stack outs into Group FEAs;
14:　**if** The dimension is the default value **then**
15:　　Use pooling layer and upsampling layer to adjust FEAs size;
16:　**if** The dimension is the default value **then**
17:　　return FEAs;
18:　return FEAs;

此外，本章分析了目前注意力机制嵌入模型的方式，通常情况下在卷积神经后面添加一个注意力模块对特征信息进行聚焦，而这不免会增加额外的训练参数。

于是池化以及线性上采样被整合进了该模块，以实现特征尺度的可调整性。至此 ASA 注意力模块完全可以作为一个具备自适应感受野和混合注意力机制的卷积神经。ASA 注意力模块的结构图如图 11.5 所示，两种使用方式如图 11.6 所示。

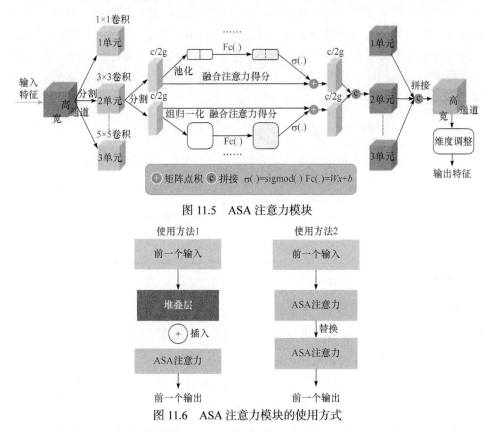

图 11.5　ASA 注意力模块

图 11.6　ASA 注意力模块的使用方式

## 11.3.6　损失函数与训练细节

本章的训练集和测试集均使用了马里兰大学提供的 QuickBird 卫星数据集，并根据 Wald 协议将高分辨率的 MS 图像作为标签图像，并将降采样后的 MS 图像用于训练和测试。在训练阶段，我们将 epoch 设置为 550，batchsize 为 1。鉴于常规优化器不能自适应调节学习率，这使得整个训练过程不能稳定地推进，于是我们的优化器选择了 Adam，并将初始的学习率设置为 0.0001。在任何模型中损失函数都是极其重要的，损失函数影响模型的训练过程，直至影响生成的结果。在图像生成领域，损失函数一直是个棘手的问题，虽然已经有很多损失函数可以被选择，但其中一些相当复杂且耗时，还可能不稳定。例如，人们可能会考虑使用光谱角度映射(SAM)[24]或光谱信息发散度(SID)作为损失函数。除非考虑某种形式的正则化，否则这些函数并不适合被选择作为损失函数，因为它们对强度缩放不敏感,使用它们诱导高度复杂的目标,会因为各处存在的局部极小值使得训练过程陷入困境。事实上,使用 $L_1$ 和 $L_2$ 作为损失函数的效果可能会更好。不过当回归目标无界时,$L_2$ 需要仔细调整学习速率,以防止出现爆炸式梯度。$L_2$ 存在的另一个问题是,它仅对大的误差敏感,这意味着随着生成效果越接近目标,模型的收敛会逐渐放缓。因此部分研究人员会加入 $L_1$ 并提高它的权重以作为正则项,但最终效果并不能被有效提升。$L_1$ 和 $L_2$ 的方程可以用式(11-4)表示。$L_1$、$L_2$ 分别表示像素的差值和均方误差,其中 $\Psi$ 表示我们网络的输出,$Y$ 则为真实的地面图像。训练过程如算法 11.2 所示。

$$
\begin{aligned}
& L_1(\Psi(X_M^{(i)}, X_P^{(j)}), Y(X_M^{(i)}, X_P^{(j)})) = \frac{1}{mn} \sum_{i=1}^{m-1} \sum_{j=1}^{n-1} \\
& \left| (\Psi(X_M^{(i)}, X_P^{(j)}) - Y(X_M^{(i)}, X_P^{(j)})) \right| \\
& L_2(\Psi(X_M^{(i)}, X_P^{(j)}), Y(X_M^{(i)}, X_P^{(j)})) = \frac{1}{mn} \sum_{i=1}^{m-1} \sum_{j=1}^{n-1} \\
& (\Psi(X_M^{(i)}, X_P^{(j)}) - Y(X_M^{(i)}, X_P^{(j)}))^2
\end{aligned}
\tag{11-4}
$$

**算法 11.2　网络训练**

0:　输入源图像 $MS_i$=[$MS_1$,$MS_2$,$MS_3$]和 PAN。

1:　利用特征提取网络对源图像 A 和 B 进行多尺度分解,得到多级关于光谱和空间信息的特征图。

2:　将特征提取网络提取的特征图输入到特征融合网络中,通过多级融合方法将其融合,以使得 MS 和 PAN 图像的光谱信息和空间信息得到充分融合。

3:　通过将融合得到的特征图进行输入 CMI-UNet++网络以获取高分辨率的 MS 目标图像。

4:　通过将高分辨率的 MS 图像与标签图像进行计算 LOSS 差值并反向传播优化网络。

5:　按照固定批次将 MS 和 PAN 图像输入到模型中,并依次循环 Step0~4。

6:　按照超参循环 Step5 指定次数。

## 11.4　实验结果与分析

本章采用马里兰大学提供的 QuickBird 卫星遥感图像数据集,其中包含原始高分辨率 MS 图像和与之配准的 PAN 图像。同时按照 Wald 法则，本章将该 MS 被降采样后的低分辨率 MS 图像以及 PAN 图像作为网络的输入，将原始高分辨率 MS 图像用作参考图像。我们将整幅高分辨率 MS、低分辨率 MS 和 PAN 图像分割并整理为 256×256、64×64 和 256×256 的图像对，再通过将包含黑色边缘的图像进行清理后得到 795 对可用图像。其中训练数据集共有 700 对图像，测试数据集共有 95 对图像。数据集的图像均为随机选择。

为了验证本章方法在遥感图像融合中的先进性和有效性。我们使用了 8 种方法 Brovey[25]、CNMF[26]、MTF-GLP-HPM[27]、PCA[28]、SFIM[29]、GSA[30]、PNN[28]、PanNet[31]进行对比分析。以上比较方法的代码均公开，参数没有变动。而且被测试的图像均遵循地貌信息的多元化。我们还对整个实验做了定量评价和定性评价，其中定量评价方法被分为有参考评价指标和无参考评价指标。有参考评价指标包括峰值信噪比(peak signal-to-noise ratio，PSNR)、结构相似性(structural similarity，SSIM)、光谱角制图(spectral angle mapper，SAM)[32]，和相对无量纲全局综合误差(erreur relative globale adimensionnelle de synthese，ERGAS)[33]、空间相关性系数(spatial correlation coefficient，SCC)[34]、质量指数(quality，Q)[34]。无参考评价指标包括光谱畸变指数($D_\lambda$)[35]、空间畸变指数($D_S$)[36]和 QNR[36]。在这里我们对这些指标做了简单的介绍。

(1) PSNR 是一种有局限性的图像的客观评价标准，它只能在一定程度上反映图像的质量。它的值表示图像的失真程度。数值越大，失真程度越小，参考值没有上限。它可以由下列方程表示：

$$\begin{aligned}\text{PSNR} &= 10 \times \log 10\left(\frac{(2^n-1)^2}{\text{MSE}}\right) \\ \text{MSE}(X,Y) &= \frac{1}{mn}\sum_{i=1}^{m-1}\sum_{j=1}^{n-1}((X_i,X_j)-(Y_i,Y_j))^2\end{aligned} \quad (11\text{-}5)$$

其中，$X$ 表示 $m\times n$ 规格的无噪声图像，$Y$ 表示 $X$ 图形的带噪声近似。

(2) SSIM 是一种可以感知图像结构的指标，能够度量图像的结构信息变化。SSIM 使用移动窗口计算两幅图像之间的相似度，最佳指标为 1。它可以由下列方程式表示：

$$\text{SSIM}(x,y) = \frac{(2\mu_x\mu_y+c_1)(2\sigma_{xy}+c_2)}{(\mu_x^2+\mu_y^2+c_1)(\sigma_x^2+\sigma_y^2+c_2)} \quad (11\text{-}6)$$

其中，$\mu_x,\mu_y$ 为无噪声图像和生成图像在窗口大小上的均值。$\sigma_x^2$，$\sigma_y^2$ 是无噪声图像和生成图像在窗口大小上的方差。$\sigma_{xy}$ 是无噪声图像和生成图像在窗口大小上的协方差。$C$ 表示使用弱分母来稳定除法的变量。

(3) SAM 是一种参考图像评价指标。利用 SAM 测量生成的图像的光谱畸变，SAM 的最佳参考值为 0°。它可以由下列方程式表示：

$$\text{SAM}(x,y) = \arccos\left(\frac{x \cdot y}{\|x\| \cdot \|y\|}\right) \tag{11-7}$$

其中，$x, y$ 分别表示向量化的无噪声图像和生成的图像。

(4) ERGAS 用于测量生成图像的空间结构畸变，其值越小越表明生成图像与参考图像的结构相似度越小。它可以由下列方程式表示：

$$\text{ERGAS} = 100\frac{h}{l}\sqrt{\frac{1}{N}\sum_{i=1}^{N}\left(\frac{\text{RMSE}_i}{\overline{X^i}}\right)^2}$$

$$\text{RMSE}_i = \sqrt{\frac{1}{J}\sum_{j}^{J}(X_j^i - Y_j^i)^2} \tag{11-8}$$

其中，$X$、$Y$ 表示向量化的无噪声图像和生成的图像。$N$ 为无噪声图像通道数。$h$ 表示生成的图像分辨率，$l$ 表示低分辨率 MS 图像的分辨率。

(5) SCC 用于测量生成图像与参考图像的空间相关性。SCC 的最佳参考值为 1，即生成的图像与参考图像相同。

(6) 质量指标 $Q$ 的定义如下：

$$Q(X,Y) = \frac{4\sigma_{XY} \cdot \overline{X} \cdot \overline{Y}}{(\sigma_X^2 + \sigma_Y^2)(\overline{X}^2 + \overline{Y}^2)} \tag{11-9}$$

其中，$\overline{X}, \overline{Y}$ 是无噪声图像和生成图像的均值。$\sigma_x^2$, $\sigma_y^2$ 是无噪声图像与生成图像的方差。$\sigma_{XY}$ 是无噪声图像与生成图像的协方差。

(7) QNR 在不参考原始图像的情况下，可对融合后的多光谱图像进行质量评价。QNR 指标由 $D_\lambda$, $D_S$ 两个子指标组成。其中，$D_\lambda$、$D_S$ 分别代表光谱失真指数和空间失真指数。QNR 值越高，融合图像质量越好。QNR 可以表示为：

$$D_\lambda \overset{\Delta}{=} \sqrt[p]{\frac{1}{L(L-1)}\sum_{l=1}^{L}\sum_{\substack{r=1\\r\neq l}}^{L}\left|Q(\hat{G}_l,\hat{G}_r) - Q(\tilde{G}_l,\tilde{G}_r)\right|^p}$$

$$D_S \overset{\Delta}{=} \sqrt[q]{\frac{1}{L}\sum_{l=1}^{L}\left|Q(\hat{G}_l,P) - Q(\tilde{G}_l,\tilde{P})\right|^q} \tag{11-10}$$

$$\text{QNR}(x,y) = (1-D_\lambda)^\alpha(1-D_S)^\beta$$

其中，$Q$ 为图像质量指数。$\hat{G}$ 表示生成图像的每个波段，属于 $G$ 表示低分辨率 MS 图像的每个波段。$L$ 表示波段的数量。同时，我们把 $\alpha$、$\beta$ 值都取为 1，以便计算。

## 11.4.1 对比实验结果与分析

本章选用八个已有方法和我们所提出的方法进行对比,其中包括定性分析和定量比较。其中传统方法包括 Brovey[25]、CNMF[26]、乘法注入模型 MTF-GLP-HPM[27],以及 PCA[28]、SFIM[29]、GSA[30]。基于深度学习求解映射关系的方法包括 PNN[28] 和 PanNet[31]。以上所有方法参数均根据原论文设定。此外,由于本章融合模型包含多用途的 ASA 注意力模块,于是标注 F-UNet++的模型表示 ASA 注意力机制以 Insert 方式被本章模型包含。

根据 Wald 协议,本章将高分辨率 MS 图像模拟为地面真实数据,并应用于定性和定量评估。首先进行定性分析,如图 11.7 所示,整体上来看所有的方法都

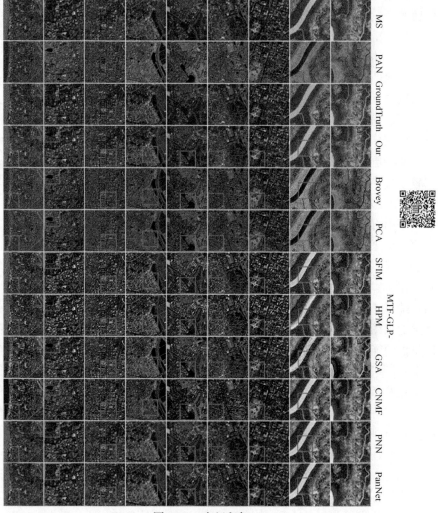

图 11.7 对比试验

可以重构融合图像,但是均存在空间损失和光谱失真的问题。Brovey 和 PCA 方法生成的图像存在严重的光谱失真,不过空间细节还原的较为精细。Brovey 和 PCA 在最后两幅图像中的表现最为醒目。Brovey 方法对光谱信息的还原趋向于绿色。相较于 Brovey, PCA 对光谱信息的还原能力要弱,几乎表现为黑白色。

在第一列图像中,Brovey、PCA、GSA、CNMF 四种方法在还原水面光谱信息的时候呈现出了灰黑色。结果更接近 PAN 图像但意味着光谱失真严重。在二列图像中,Brovey 和 PCA 方法生成的图像均趋向于绿色,而其他四种传统方法对光谱的还原程度较高。这些方法可以很好地保留 MS 图像的光谱信息。但是与参考图像相比,图像整体表现得锐化过度,而 PNN 和 PanNet 方法虽然可以很好地保留光谱信息但是图像偏模糊,整体上来说本章方法表现最好。在第三列图像中,SFIM、GSA 和 CNMF、MTF_GLP_HPM 四种方法均锐化过度,整幅图像均呈现出浮雕风格,特别是 MTF_GLP_HPM。而 PNN 和 PanNet 方法的锐化程度明显较低,整幅图像均无法看清楚细节,只能看到模糊的轮廓。在第四列图像中,PNN 方法以及 PanNet 方法的融合图像相较于真实图像就显得很模糊。道路线条均失真,而且房屋部分无法辨认细节。而六种传统方法生成的融合图像则锐化过度,将参考图像中不存在的细节信息都清晰地表现出来。说明这些方法在还原空间细节的选择更倾向于 PAN 图像,而忽略了 MS 图像的空间信息,而这使得融合图像相较于真实图像就显得图像锐化过度。而本章方法的融合结果均接近于真实图像,几乎看不出光谱畸变以及细节还原失真的问题。

在第五列图像中,除了 CNMF 方法外,所有的方法都将图像中间的红色房屋还原了出来。CNMF 方法生成的图像在整体上来看相较于参考图像偏黄,而其他方法对光谱信息的还原较为到位。在第六列图像中,由于地面存在大量密集植被和房屋。本章方法也存在一定的空间细节的丢失,相比较于参考图像略显模糊。而且除了 PNN 和 PanNet 方法以外的所有生成的图像均存在重影以及光谱失真。在第七列图像中,除了 F-UNet++、PNN 和 PanNet 方法外,其余六种方法的空间信息保留能力更为优异,但同时存在或多或少的光谱信息失真的问题。此外相对于 PNN 和 PanNet 方法,本章方法保留了更多的空间细节。在最后两列图像中,MS 和参考图像的河流颜色是趋向于淡黄色的。但是除了本章方法外,其他方法都没有很好地还原。其中 Brovey 和 PCA 方法更多的是将 PAN 图像的光谱信息提取并融合到生成图像中。通过上述分析,本章方法在定性分析上得出了最佳的结果。不论在空间细节还是光谱信息的重构上都是最好的。

此外,分别对以上测试图像进行了定量比较,如表 11.4 所示。实验采用了九种评价指标,其中有参考评价指标包括 PSNR、SSIM、SAM、ERGAS、SCC、Q;无参考评价指标包括 $D_\lambda$、$D_S$ 和 QNR。在有参考评价指标中,本章方法的指标均为最优。而在无参考评价指标中，光谱畸变指数和无参考质量指数都取得了第一的成绩。虽然没有在空间畸变指数取得第一，但本章方法也仅比第一名低了 0.008266。综上所述，通过与各对比方法进行了定性和定量比较，本章方法被证实了有效性和先进性。

表 11.4 对比试验

| 方法 | PSNR | SSIM | SAM | ERGAS | SCC | Q | $D_\lambda$ | $D_S$ | QNR |
|---|---|---|---|---|---|---|---|---|---|
| Our | **23.5602** | **0.7353** | **0.1771** | **323.4520** | **0.2716** | **0.9299** | **0.0206** | 1.4410 | **0.4319** |
| Brovey | 15.3348 | 0.2464 | 0.4756 | 2139.8638 | 0.1558 | 0.3707 | 0.2868 | 1.3904 | 0.2784 |
| PCA | 15.6884 | 0.2481 | 0.4558 | 1979.2778 | 0.1554 | 0.3736 | 0.2983 | **1.4493** | 0.3152 |
| SFIM | 16.3371 | 0.3949 | 0.4182 | 1721.4839 | 0.2154 | 0.6753 | 0.1730 | 1.4178 | 0.3455 |
| MTF-GLP-HPM | 15.5714 | 0.3604 | 0.4526 | 2042.0306 | 0.2019 | 0.6351 | 0.1653 | 1.4212 | 0.3515 |
| GSA | 12.9509 | 0.1425 | 0.5989 | 3702.9890 | 0.1375 | 0.4444 | 0.1756 | 1.4397 | 0.3625 |
| CNMF | 13.8138 | 0.1635 | 0.5673 | 3118.0134 | 0.1508 | 0.3854 | 0.2213 | 1.3799 | 0.2959 |
| PNN | 21.5670 | 0.7278 | 0.2152 | 589.0527 | 0.2401 | 0.9160 | 0.0554 | 1.4072 | 0.3847 |
| PanNet | 21.6182 | 0.7323 | 0.2130 | 583.7567 | 0.2676 | 0.9070 | 0.0547 | 1.4132 | 0.3906 |
| Ideal value | ↑ | ↑ | 0 | ↓ | ↑ | ↑ | ↓ | ↑ | ↑ |

### 11.4.2 消融实验结果与分析

为了进一步验证我们的贡献和意义，我们设计了以下消融实验：

(1) 如图 11.8(a)所示，ASA 模块被嵌入到完整的网络中，记录为插入模型。

(2) 如图 11.8(b)所示，ASA 模块以卷积神经的形式嵌入到完整的网络中，记录为替换模型。

(3) 如图 11.8(c)所示，为不采用 ASA 模块，记录为 WA 模型。

(4) 如图 11.8(d)所示，为没有图像重建模块和 ASA 模块的网络，ASA 模块被标记为 WAH 模型。

(5) 如图 11.8(e)所示，为加入 SA 注意机制并使用完整模型，标记为 SA 模型。

(6) 如图 11.8(f)所示，将 SK 注意模块加入到完整的网络中，记录为 SK 模型。

(7) 如图 11.8(g)所示，将 SA 和 SK 注意模块加入到完整的网络中，记录为 SAK 模型。

消融实验是为了验证 ASA 注意模块的有效性和 F-UNet++框架的合理性。为此，我们通过图像评价指标对其他 7 种模型进行了实验比较。真实图像 HRMS 模拟的评价指标有 PSNR、SSIM、SAM 和 ERGAS，无真实图像参考的评价指标为 $D_\lambda$、$D_S$ 和 QNR。

在图 11.9 中因为误差较小，错误图像的像素值放大五倍。在错误图像中，使用 ASA 模块的最终框架在插入模式下生成的参考图像与测试图像几乎没有区别。虽然在替换模式下使用最终 ASA 模块框架生成的测试图不如前者好，但仍明显优于其他五组消融模型。与 SA 和 SK 消融模型相比，插入和替换消融模型的误差图像在颜色和边缘信息方面没有明显的表现。这表明 ASA 模块在两种不同情况下生成的融合图像质量优于 SA 和 SK 模型。与 SAK 模型相比，替换模型生成的误差图像在频谱和空间细节方面都较差。结果表明，ASA 注意模块的性能与 SA 和 SK 的总和相当，甚至优于同时采用 SA 和 SK 注意力机制模型的总和。

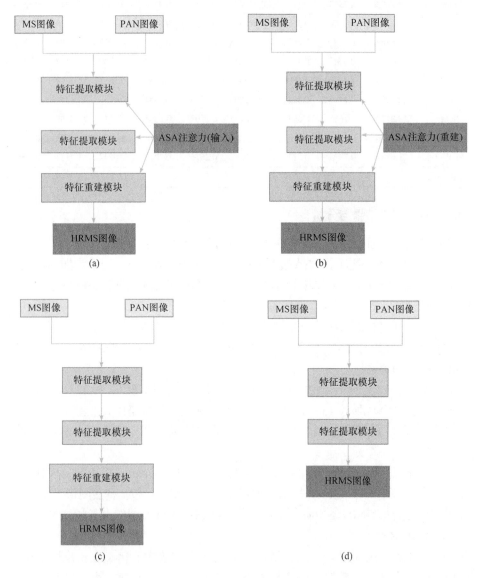

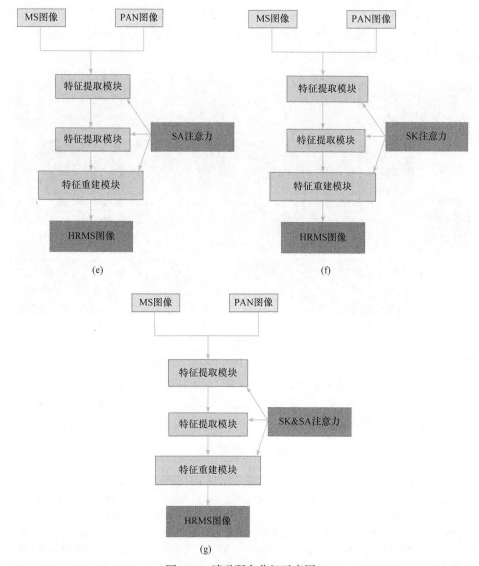

图 11.8 消融研究分组示意图

在 WA 和 WAH 模型的对比中，可以看到 WA 模型产生的误差图像在空间细节方面比 WAH 模型更明显。但是 WA 模型生成的误差图像整体上趋于红色，而 WAH 模型生成的误差图像的频谱相对均匀。可以认为，WA 模型对光谱信息保真度较高，但对空间细节保真度较低。总的来说，本章构建的 F-UNet++ 模型和 ASA 模块是合理有效的。

最后，定量分析如表 11.5 所示。其中 Insert 模型在六个参考评价指标中取得了最好的效果。虽然 Replace 模型的表现不是特别突出，但所有指标都接近 SAK

模型，高于 SA 和 SK 模型的结果。这也与误差图像的结论相一致。在三个参考评价指标中，SAK 模型整体表现最好。虽然 Insert 和 Replace 模型的结果不是最优的，但与 SAK 模型的结果接近。

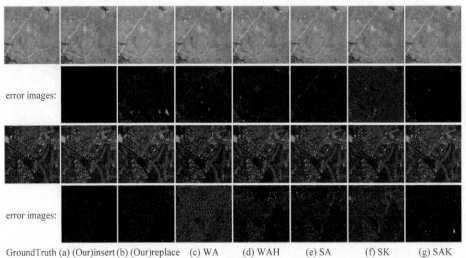

图 11.9　在消融研究中生成的每个模型的结果和误差图像：(a) 是将 ASA 注意模块以插入方式嵌入到完整结构中的模型；(b) 是将 ASA 注意模块以替换模型加入完整结构的模型；(c) 是没有注意机制但结构完整的模型；(d) 为无注意机制且没有 CMI-UNet++图像重构模块的模型；(e)为具有 SA 注意机制且结构完整的模型；(f) 为具有 SK 注意机制且结构完整的模型；(g) 为同时包含 SA 和 SK 注意机制且结构完整的模型(误差放大 5 倍以增加视觉的对比效果，理想的误差图为完黑。)

表 11.5　消融试验

| Method | PSNR | SSIM | SAM | ERGAS | SCC | Q | $D_S$ | $D_\lambda$ | QNR |
|---|---|---|---|---|---|---|---|---|---|
| Insert | 30.57079 | 0.87132 | 0.13973 | 126.09446 | 0.82514 | 0.95565 | 0.06328 | 1.44975 | 0.42128 |
| Replace | 28.82771 | 0.85645 | 0.16733 | 188.68420 | 0.80957 | 0.93668 | 0.06770 | 1.45009 | 0.41962 |
| WA | 29.17434 | 0.82488 | 0.17287 | 175.23166 | 0.73031 | 0.93169 | 0.08142 | 1.45538 | 0.41831 |
| WAH | 29.94374 | 0.83889 | 0.15702 | 146.50662 | 0.78071 | 0.94323 | 0.05778 | **1.45064** | 0.42460 |
| SA | 28.20312 | 0.85298 | 0.14518 | 217.39323 | 0.81241 | 0.94478 | 0.06903 | 1.44730 | 0.41642 |
| SK | 27.74716 | 0.82701 | 0.17808 | 245.48682 | 0.77803 | 0.93071 | **0.04898** | 1.44532 | 0.42351 |
| SAK | 29.39785 | 0.86433 | 0.14696 | 168.09756 | 0.82454 | 0.94858 | 0.05823 | 1.45281 | **0.42644** |
| Ideal value | ↑ | $I$ | 0 | ↓ | $I$ | $I$ | ↓ | ↑ | $I$ |

在图 11.10 和表 11.5 中，由于加入了 CMI-UNet++融合模块，WA 模型并没有得到积极的结果，所以我们对测试结果做了一个箱线图来清晰地显示出来。总体上，WA 模型和 WAH 模型都存在发散性，说明 WA 模型和 WAH 模型在测试数据集上表现不佳。但 WA 模型在 SSIM、SAM、SCC、$D_S$、QNR 五个指标上均取得了较好的效果，可以认为 CMI-UNet++模块对模型有正向影响。

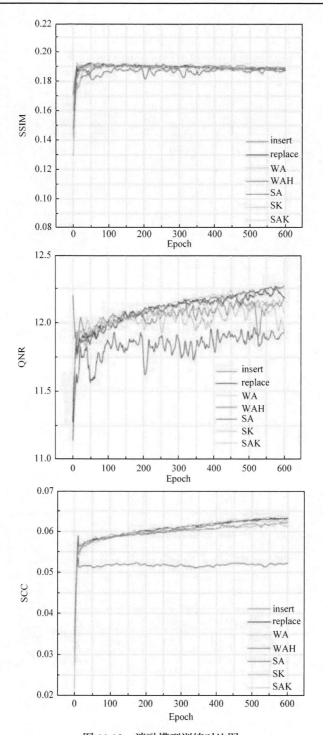

图 11.10 消融模型训练对比图

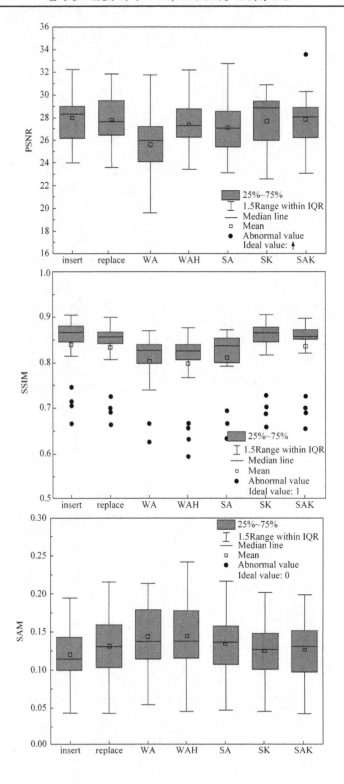

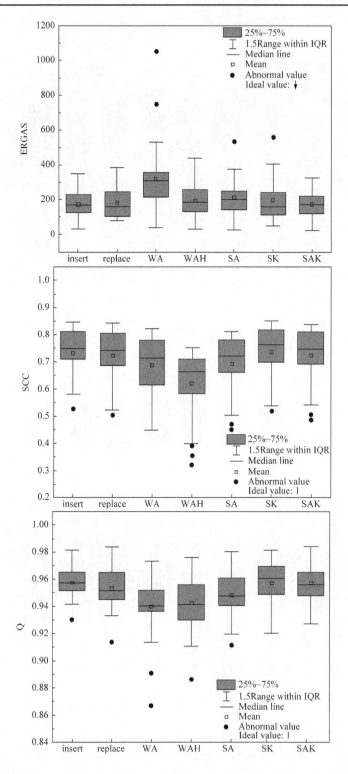

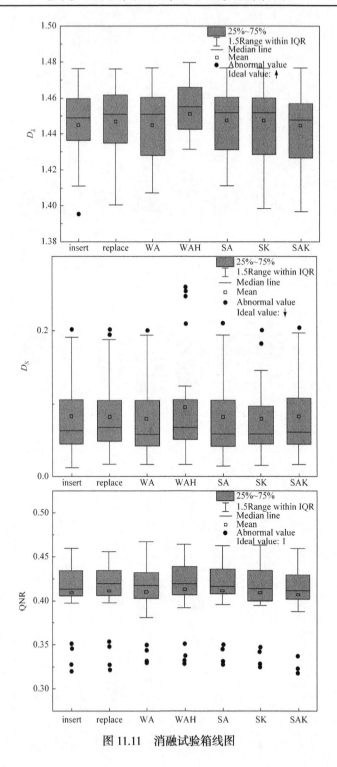

图 11.11 消融试验箱线图

此外，上述模型的训练情况如图 11.10 所示。从图 11.10 可以看出，WAH 模型没有 CMI-UNet++模块，对参考图像的拟合能力较弱，且有较低的上限。WA 等模型相对稳定，并逐渐过拟合，这也说明它们可以通过更多的数据学习更多的信息。针对产生错误的测试图像和参考图像给出了箱线图，如图 11.11 所示。

综上所述，实验表明 F-UNet++的结构是合理的，而 CMI-UNet++模块的设计对提高模型的性能起到了重要的作用。此外，使用 ASA 注意模块的模型的性能与同时使用 SA 以及 SK 注意机制的模型相当，甚至更好。

## 11.5 小　　结

本工作设计了一种新的 ASA 注意力机制和 CMI-UNet++模块，并提出了一种遥感图像融合框架 F-UNet++，以完成通过 PAN 和低分辨率 MS 生成高分辨率 MS 的任务。提出的 F-UNet++框架在 ASA 注意机制的协同下，可以关注空间和光谱信息的保真度，这对于高分辨率 MS 图像的许多应用都是必不可少的。一方面，F-UNet++通过探索 MS 图像和 PAN 图像之间的空间关系，以有监督的方式自动提取和融合 MS 图像和 PAN 图像的重要信息。另一方面，基于自适应感受野的 ASA 注意机制通过混合域注意机制增强和输出 MS 和 PAN 图像中空间和光谱的有用信息。在 F-UNet++和 ASA 的联合作用下，减少了 MS 和 PAN 图像的信息损失，对光谱相关性给予了足够的权重。这样可以提高生成图像与原始图像的光谱和空间相似性，从而保证生成图像的质量。与现有的几种融合方法相比，F-UNet++在定量和定性评价方面表现出同等或更好的性能，能够生成更接近参考图像的 HRMS 图像。由于网络结构的限制，所提出的模型只能应用于 256×256 规格的 PAN 图像和 64×64×3 规格的 MS 图像。

### 参 考 文 献

[1] Ma J, Yu W, Chen C, et al. Pan-GAN: An unsupervised pan-sharpening method for remote sensing image fusion[J]. Information Fusion, 2020, 62: 110-120.

[2] Scapa G, Vitale S, Cozzolino D. Target-Adaptive CNN-Based Pansharpening[J]. IEEE Transactions on Geoscience and Remote Sensing, 2018, 56(9): 5443-5457.

[3] Tu T M, Huang P S, Hung C L, et al. A fast intensity-hue-saturation fusion technique with spectral adjustment for IKONOS imagery[J]. IEEE Geoscience and Remote Sensing Letters, 2004, 1(4): 309-312.

[4] Thomas C, Ranchin T, Wald L, et al. Synthesis of multispectral images to high spatial resolution: A critical review of fusion methods based on remote sensing physics[J]. IEEE Transactions on Geoscience and Remote Sensing, 2008, 46(5): 1301-1312.

[5] Rahmani S, Strait M, Merkurjev D, et al. An adaptive IHS pan-sharpening method[J]. IEEE

Geoscience and Remote Sensing Letters, 2010, 7(4): 746-750.

[6] Ranchin T, Wald L. Fusion of high spatial and spectral resolution images: The ARSIS concept and its implementation[J]. Photogrammetric Engineering and Remote Sensing, 2000, 66: 49-61.

[7] Yocky D A. Multiresolution wavelet decomposition image merger of landsat thematic mapper and SPOT panchromatic data[J]. Photogrammetric Engineering and Remote Sensing, 1996, 62(9): 1067-1074.

[8] Liu, J G. Smoothing Filter-based intensity modulation: A spectral preserve image fusion technique for improving spatial details[J]. International Journal of Remote Sensing, 2000, 21(18): 3461-3472.

[9] Yang B, Li S. Pixel-level image fusion with simultaneous orthogonal matching pursuit[J]. Information Fusion, 2012, 13(1): 10-19.

[10] Mallat S G, Zhang Z. Matching pursuits with time-frequency dictionaries[J]. IEEE Transactions on Signal Processing, 1993, 41(12): 3397-3415.

[11] Aharon M, Elad M, Bruckstein A. K-SVD: An algorithm for designing overcomplete dictionaries for sparse representation[J]. IEEE Transactions on Signal Processing, 2006, 54(11): 4311-4322.

[12] Yang B, Li S. Multifocus image fusion and restoration with sparse representation[J]. IEEE Transactions on Instrumentation and Measurement, 2010, 59(4): 884-892.

[13] Tian X, Li K, Wang Z, et al. VP-Net: An interpretable deep network for variational pansharpening[J]. IEEE Transactions on Geoscience and Remote Sensing, 2022, 60: 1-16.

[14] Yang Y, Tu W, Huang S, et al. Dual-stream convolutional neural network with residual information enhancement for pansharpening[J]. IEEE Transactions on Geoscience and Remote Sensing, 2021, 59: 1-16.

[15] Zheng Y. Edge-conditioned feature transform network for hyperspectral and multispectral image fusion[J]. IEEE Transactions on Geoscience and Remote Sensing, 2021, 59: 1-15.

[16] Dong W, Hou S, Xiao S, et al. Generative dual-adversarial network with spectral fidelity and spatial enhancement for hyperspectral pansharpening[J]. IEEE Transactions on Neural Networks and Learning Systems, 2021, 32: 1-15.

[17] Vaswani A, Shazeer N, Parmar N, et al. Attention is all you need[J]. Advances in Neural Information Processing Systems, 2017, 25: 5998-6008.

[18] Devlin J, Chang M W, Lee K, et al. Bert: Pre-training of deep bidirectional transformers for language understanding[C]. Conference of the North-American-Chapter of the Association-for-Computational-Linguistics-Human Language Technologies (NAACL-HLT), Minneapolis, Assoc Computat Linguist, 2019: 4171-4186.

[19] Liu Z, Lin Y, Cao Y, et al. Swin transformer: Hierarchical vision transformer using shifted windows[C]. 18th IEEE/CVF International Conference on Computer Vision (ICCV), Montreal, IEEE, 2021: 9992-10002.

[20] Zhang Q L, Yang Y B. Sa-net: Shuffle attention for deep convolutional neural networks[C]. In ICASSP 2021-2021 IEEE International Conference on Acoustics, Speech and Signal Processing (ICASSP), Toronto, IEEE, 2021: 2235-2239.

[21] Zhang W, Li J, Hua Z. Attention-based multistage fusion network for remote sensing image pansharpening[J]. IEEE Transactions on Geoscience and Remote Sensing, 2022, 60: 1-16.

[22] Zhou Z, Siddiquee M, Tajbakhsh N, et al. UNet++: Redesigning skip connections to exploit multiscale features in image segmentation[J]. IEEE Transactions on Medical Imaging, 2020, 39(6): 1856-1867.

[23] Liu X Y, Liu Q J, Wang Y H. Remote sensing image fusion based on two-stream fusion network[J]. Information Fusion, 2020, 55: 1-15.

[24] Krizhevsky A, Sutskever I, Hinton G E. ImageNet classification with deep convolutional neural networks[J]. Communications of the ACM, 2017, 60(6): 84-90.

[25] Alparone L, Wald L, Chanussot J, et al. Comparison of pansharpening algorithms: Outcome of the 2006 GRS-S data-fusion contest[J]. IEEE Transactions on Geoscience and Remote Sensing, 2007, 45(10): 3012-3021.

[26] Chang C I. An information-theoretic approach to spectral variability, similarity, and discrimination for hyperspectral image analysis[J]. IEEE Transactions on Information Theory, 2000, 46(5): 1927-1932.

[27] Yokoya N, Member S, Iwasaki A. Coupled nonnegative matrix factorization unmixing for hyperspectral and multispectral data fusion[J]. IEEE Transactions on Geoscience and Remote Sensing, 2012, 50(2): 528-537.

[28] Vivone G, Alparone L, Chanussot J, et al. A critical comparison among pansharpening algorithms[J]. IEEE Transactions on Geoscience and Remote Sensing, 2015, 53(5): 2565-2586.

[29] Gillespie A R, Kahle A B, Walker R E. Color enhancement of highly correlated images. II. Channel ratio and chromaticity transformation techniques - ScienceDirect[J]. Remote Sensing of Environment, 1987, 22(3): 343-365.

[30] Liu, J. G. Smoothing filter-based intensity modulation: A spectral preserve image fusion technique for improving spatial details[J]. International Journal of Remote Sensing, 2000, 21(18): 3461-3472.

[31] Mas G, Cozzolino D, Verdoliva L, et al. Pansharpening by convolutional neural networks[J]. Remote Sensing, 2016, 8(7): 594.

[32] Yang J F, Fu X Y, Hu Y W, et al. PanNet: A deep network architecture for pan-sharpening[C]. IEEE International Conference on Computer Vision (ICCV), Venice, IEEE, 2017: 1753-1761.

[33] Wang Z, Bovik A C, Sheikh H R, et al. Image quality assessment: From error visibility to structural similarity[J]. IEEE transactions on image processing, 2004, 13(4): 600-612.

[34] Wald L. Data Fusion Definitions and Architectures: Fusion of Images of Different Spatial Resolutions[M]. Paris: Presses Des Mines, 2002.

[35] Zhou W, Bovik A C. A universal image quality index[J]. IEEE Signal Processing Letters, 2002, 9(3): 81-84.

[36] Alparone L, Alazzi B, Baronti S, et al. Multispectral and panchromatic data fusion assessment without reference[J]. Photogrammetric Engineering and Remote Sensing, 2008, 74(2): 193-200.

# 第12章　基于条件生成对抗网络的半监督遥感图像融合

卫星遥感图像广泛应用于地球资源探测、灾害检测、农业生产、城市规划等领域。但不同传感器获取的图像具有不同特点和属性，如 MS 图像具有较高光谱分辨率但空间分辨率较低，PAN 图像具有较高空间分辨率但光谱分辨率较低，两种图像具有较好的互补性。由于遥感图像融合领域缺乏真实的高质量图像作为标签进行模型训练，本章基于 cGAN 提出了一种半监督遥感图像融合方法。该方法设计了一种具有双胞胎结构(siamese)的编码器同时提取两种遥感图像的重要特征，并设计了针对性的解码器实现图像特征的融合。此外，该方法还构建了一种复合损失函数以实现生成对抗网络模型的训练。

## 12.1 概　　况

由于传感器技术和物理条件的限制，目前的遥感卫星很难获取同时具有良好空间分辨率和光谱分辨率的综合遥感图像。但许多对地观测卫星，如 Landsat、IKONOS、Gaofen-1、QuickBird，可以在同一区域分别获取 PAN 图像和 MS 感图像[1]。由于光谱反射率会随地面覆盖情况和所处波段而变化，使得这两种遥感图像所表现的信息有所差异[2]。PAN 图像的空间分辨率远远高于 MS 图像，能够记录更多地球表面的细节信息；而 MS 图像的光谱分辨率远高于 PAN 图像，可以更好地表示地表光谱信息。因此，在许多遥感图像应用中，人们通常应用遥感图像融合技术将高空间分辨率、低光谱分辨率的 PAN 图像和低空间分辨率、高光谱分辨率的 MS 图像进行整合，从而获得同时具有高空间分辨率和高光谱分辨率的融合图像[3]。融合后的图像更有利于遥感技术在土地利用分类、变化检测、地图更新、灾害监测等诸多领域的应用[4-6]。

近年来，随着深度学习技术的迅速发展，其在各个领域展现了巨大的应用潜力，引起研究人员的广泛关注。特别是在遥感信息处理领域取得了巨大成功，并且逐渐开始应用于图像融合领域[7]。例如，蔺素珍等人[8]提出了基于深度堆叠卷积神经网络的图像融合方法，该方法主要是针对多尺度变换融合图像中存在的滤波器选取问题提出的，是一种端到端的图像融合方法。Ye 等人[9]提出了一种基于深度神经网络的融合模型，该模型隐式地表示了融合规则，其输入是一对源图像，输出是融合图像。杨晓莉等人[7]针对多模态图像融合中多尺度分析工具和融合规则设计困难的问题，提出一种基于 GAN 的图像融合方法，实现了多模态图像端到端的自适应融合。但是，现有基于深度学习的遥感图像融合方法需要借助具有标签图像(同时具有高空间分辨率和高光谱分辨率的遥感图像)的大量样本集进行学习，然而在实际应用中，标签图像的获取又恰恰是一大难点，在一定程度上限制了其融合性能。

针对以上问题，本章提出了一种新的基于 cGAN[10]的半监督遥感图像融合方法，该方法不需要标签图像进行模型训练。首先将 MS 图像转换到 HSV 彩色空间，将其 V 通道图像和 PAN 图像同时输入 cGAN 进行融合处理，从而获得新的 V 通道；然后将其与 MS 图像的 H、S 通道拼接后获得 HSV 三通道图像；最后，将 HSV 图像进行逆变换获得融合的 RGB 遥感图像。在生成器中采用了双胞胎网络结构，同时提取 PAN 图像和 MS 图像的独有特征，作为融合遥感图像的基本特征信息。另外，通过 WGAN[11]的损失函数与 PSNR 共同构成一种新的复合损失函数。实验利用多种图像质量评价指标对所提融合方法与现有方法进行了对比分析，结果表明所提方法能够取得优秀的遥感图像融合效果。

## 12.2 生成对抗网络相关理论

本节主要介绍 GAN 与 cGAN 的基本原理。

### 12.2.1 生成对抗网络

GAN[12]是 Goodfellow 在 2014 年提出的一种基于二人零和博弈的生成模型。原始 GAN 包含一个生成器 $G$ 和一个判别器 $D$。该类网络广泛应用于图像生成、图像风格迁移、数据增强等领域。在该网络中，生成器的输入是随机噪声 $z$，经过生成器处理后，输出数据 $G(z)$ 到判别器 $D$ 中进行判别，$D$ 会输出一个真或假的判别结果。即 $D(G(z))$，用来表示 $G(z)$ 接近于真实数据的概率。当输出概率接近 1 时，生成数据 $G(z)$ 接近于真实数据；否则 $G(z)$ 为虚假数据。在训练过程中，生成器的目标是尽可能地生成接近真实的数据，判别器则尽可能去鉴别生成器生成的数据为假数据，生成器和判别器不断进行博弈，当生成器生成的数据能够"以假乱真"，即不能被判别器所鉴别时，该网络达到了动态平衡。其中目标损失函数可以表示为式(12-1):

$$\min_G \max_D V(D,G) = E_{x\sim P_{\text{data}}(x)}[\log D(x)] + E_{z\sim P_z(z)}[\log(1-D(G(z)))] \quad (12\text{-}1)$$

其中，$E()$ 表示分布函数的期望值，$P_{\text{data}}$ 表示真实数据的分布，$z$ 表示随机噪声，即生成器 G 的输入。$P_z$ 表示随机噪声 $z$ 的分布，$D$ 是判别器。

与其他生成模型相比，GAN 能够生成更好的样本[13]。特别是在图像生成领域，GAN 生成的图像比其他生成模型更加清楚且自然。GAN 是一种无监督学习方法，被广泛应用于无监督学习和半监督学习领域[14]。另外 GAN 不需要预训练，但也存在一些问题，如模型不可控、梯度消失、模式崩溃等等。

### 12.2.2 条件生成对抗网络

cGAN[15]的提出是为了解决 GAN 模型不可控问题。相对于传统生成对抗网络而言[12]，条件生成对抗网络在原始生成模型和判别模型的建模中均引入条件变量 $y$，利用附加信息 $y$ 对模型增加条件，从而更好地指导数据的生成。这些条件变量 $y$ 可以基于多种信息，例如类别标签、部分训练数据、随机噪声等。在生成模型中加入条件后，相当于对 GAN 随机的分布中加入了一个潜在的约束范围，从而生成更加接近真实的数据。因此，cGAN 被广泛应用于各种领域，并取得了很好的应用效果。此外，cGAN 的目标函数也有所变化，如式(12-2)：

$$\min_G \max_D V(D,G) = E_{x \sim P_{\text{data}}(x)}[\log D(x|y)] + E_{z \sim P_z(z)}[\log(1 - D(G(z|y)))] \quad (12\text{-}2)$$

式中，$E()$ 是分布函数的期望值，$P_{\text{data}}$ 是真实数据的分布，$P_z$ 是随机噪声 $z$ 的分布，$G$ 为生成器，$D$ 为判别器；$x$，$y$ 分别为真实图像和生成图像；$z$ 为随机输入的噪声。

## 12.3 基于条件生成对抗网络的遥感图像融合模型结构

本节分五部分介绍提出的遥感图像融合方法。

### 12.3.1 总体结构

所提方法的总体架构如图 12.1 所示。所提模型包括一个生成器和一个判别器，其中生成器由一个具有相同结构的双胞胎网络(即双编码器结构)和一个解码器构成。首先同时输入大小为 64×64 的 MS 图像和大小为 256×256 的 PAN 图像到生成器；然后将输入的 MS 图像放大为 256×256，并将其由 RGB 彩色空间转换为 HSV 彩色空间；再将 MS 图像的 V 通道和 PAN 图像分别输入到双胞胎网络中，对其进行编码处理，从而分别提取 MS 图像和 PAN 图像的特征图；随后将编码器输出的特征图通过跳层连接操作输入到解码器中，经过解码处理，获得融合后的 V 通道；最后将得到的 V 通道图像和 PAN 图像输入到判别器中，由判别器进行鉴别，并将结果反馈给生成器。通过上述过程，判别器和生成器不断地进行博弈，最终达到平衡，获得最优融合效果；而后将得到的 V 通道与 MS 图像的 H、S 通道拼接起来，并将其转换到 RGB 彩色空间，从而得到期望的融合图像。所提方法的重要优势在于，其无需大量标签图像进行模型训练，仅使用 PAN 图像和 MS 图像即可获得理想的融合图像。

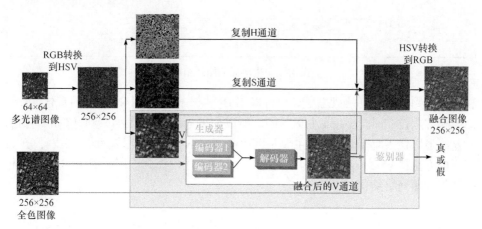

图 12.1　总体架构

### 12.3.2　生成器的网络结构

图 12.2 为所提模型中生成器的网络结构。生成器由两个编码器和一个解码器组成。其中两个编码器具有相同的网络结构，可以称之为双胞胎网络结构。该结构可分别用于提取 PAN 图像和 MS 图像的特征，从而使得融合后的图像既保留 PAN 图像的空间信息，又能保留 MS 图像的光谱信息。两个编码器与解码器之间存在多重跳层连接，可使模型在解码器重构图像时保留尽可能多地输入图像信息。具体组成为：编码器由八个卷积模块构成，其中除了最后一个卷积模块包含一个卷积层和一个 BN 操作，其他卷积模块由一个卷积层和一个 BN 层后面紧跟着一个 LReLU(leaky-rectified linear unit)激活函数层构成。该模型的解码器与编码器相对应，由八个反卷积模块组成，其中前三个模块结构相同，由一个 ReLU 激活层、一个反卷积层、一个 Dropout 层和一个 BN 层构成；中间四个模块结构除了去掉 Dropout 层外，其余不变。最后一个模块中激活函数使用 Tanh。

### 12.3.3　判别器的网络结构

判别器包含五个卷积模块，其中一个卷积模块由一个卷积层和一个 LReLU 激活函数层构成；由于该方法使用了 Wassetein 距离作为损失函数，最后一个卷积模块将 LReLU 激活层替换为 sigmoid 激活层。中间三个卷积模块结构相同，包含一个卷积层，一个 IN( instance normalization )层和一个 LReLU 激活层。所提方

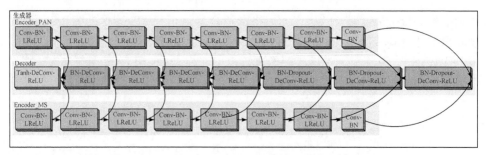

图 12.2 生成器的网络结构

法与其他判别器不同之处在于，没有采用 BN 层，而是使用 IN 层作为替代；计算均值和方差是在一个 batch 上进行的，所以如果 batchsize 太小，则计算的均值、方差不足以代表整个数据，其主要是因为前者对 batchsize 比较敏感，每次计算分布；而所提方法将 batchsize 设置为 1，此时 BN 则不能发挥其作用。图 12.3 为所提模型的判别器网络结构。

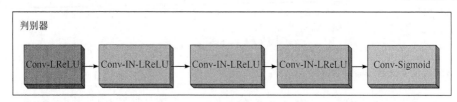

图 12.3 判别器的网络结构

### 12.3.4 双胞胎结构与跳层连接方式

在生成器的编码器中，为了更好地融合 PAN 图像的空间细节信息和 MS 图像的光谱信息。该方法采用了双胞胎网络，一个用于提取 PAN 图像的空间特征，一个用于提取 MS 图像的光谱特征，即编码器(Encoder_PAN)和编码器(Encoder_MS)。同时，在双胞胎网络中使用了残差块以加深网络结构，从而更好地保留图像的特征信息并有效防止梯度消失。另外，本方法应用了多重跳层连接，将编码器(Encoder_PAN)和编码器(Encoder_MS)中的特征逐层连接后，输入到解码器(Decoder)的对应层，使得网络在每一级上采样过程中可将编码器对应位置的特征图进行融合。通过底层特征与高层特征的融合，使得网络能够获取更多遥感图像细节信息，从而最大化地提高融合图像中空间信息量和光谱信息。图 12.4 为双胞胎网络结构以及网络之间的跳层连接方式。

### 12.3.5 损失函数设计

所提方法将 WGAN 损失函数与 PSNR 的结合作为模型损失函数。基于传统的 WAGN 损失，结合 cGAN，将 $x_{MS\_v}$ 和 $x_{PAN}$ 分别作为条件来辅助生成器和判别

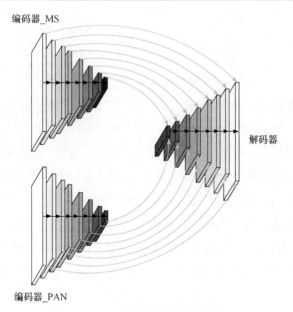

图 12.4 双胞胎结构与跳层连接方式

器的工作,从而更好地引导融合图像的生成,如式(12-3)和式(12-4)所示:

$$L_{cWGAN}(D) = E(x_{MS\_V}, x_{PAN}) \sim P_{data}(x_{MS\_V}, x_{PAN}) D_w(G(x_{MS\_V}, x_{PAN}) | x_{MS\_V})$$
$$- E(x_{MS\_V}, x_{PAN}) \sim P_{data}(x_{MS\_V}, x_{PAN}) D_w(x_{PAN} | x_{MS\_V})$$

(12-3)

$$L_{cWGAN}(G) = -E(x_{MS\_V}, x_{PAN}) \sim P_{data}(x_{MS\_V}, x_{PAN}) D_w(G(x_{MS\_V}, x_{PAN}) | x_{MS\_V}) \quad (12\text{-}4)$$

式中,$E(\cdot)$ 是分布函数的期望值,$P_{data}$ 是真实数据的分布,$x_{MS\_V}$ 和 $x_{PAN}$ 分别表示 MS 图像的 V 通道和 PAN 图像,$D$ 表示判别器,$G$ 表示生成器。

PSNR 损失分别计算真实的 PAN 图像、MS 图像的 V 通道和生成图像之间的损失,表示为 $L_{PSNR\_MS}$ 和 $L_{PSNR\_PAN}$,并且分别给 $L_{PSNR\_MS}$ 和 $L_{PSNR\_PAN}$ 赋予不同的权重。公式表示如下:

$$M_{SE\_MS} = \frac{1}{mn} \sum_{i=0}^{m-1} \sum_{j=0}^{n-1} [V_F(i,j) - x_{MS\_V}(i,j)]^2 \quad (12\text{-}5)$$

$$L_{PSNR\_MS} = 10 \cdot \log_{10}\left(\frac{MAX_I^2}{M_{SE\_MS}}\right) \quad (12\text{-}6)$$

$$M_{SE\_PAN} = \frac{1}{mn} \sum_{i=0}^{m-1} \sum_{j=0}^{n-1} [V_F(i,j) - x_{PAN}(i,j)]^2 \quad (12\text{-}7)$$

$$L_{\text{PSNR\_PAN}} = 10 \cdot \log_{10}\left(\frac{\text{MAX}_I^2}{M_{\text{SE\_PAN}}}\right) \qquad (12\text{-}8)$$

$$L_{\text{PSNR}} = 0.3 \cdot L_{\text{PSNR\_MS}} + 0.7 \cdot L_{\text{PSNR\_PAN}} \qquad (12\text{-}9)$$

首先计算融合后的 V 通道分别与真实的 MS 图像的 V 通道和 PAN 图像之间的均方误差(MSE) $M_{\text{SE\_MS}}$ 和 $M_{\text{SE\_PAN}}$，式(12-4)和式(12-6)中 $m$ 和 $n$ 表示融合后的 V 通道 $V_F$、MS 图像中 V 通道 $x_{\text{MS\_V}}$ 以及 PAN 图像 $x_{\text{PAN}}$ 的大小为 $m \times n$；然后利用计算后的 MSE 来计算 PSNR，即 $L_{\text{PSNR\_MS}}$ 和 $L_{\text{PSNR\_PAN}}$，如式(12-5)和式(12-7)所示。式中 $\text{MAX}_I^2$ 表示图片中的最大像素值，因此该方法对图像进行了归一化操作，因此 $\text{MAX}_I^2 = 1$；最终将计算获得的 PSNR 损失进行加权平均得到 PSNR 损失 $L_{\text{PSNR}}$，其中 $L_{\text{PSNR\_MS}}$ 和 $L_{\text{PSNR\_PAN}}$ 的权重分别为 0.3 和 0.7，如式(12-9)所示。最终的生成器的损失函数 $L(G)$ 可以用式(12-10)表示，并且设置 $L_{\text{PSNR}}$ 的权重为 0.001。

$$L(G) = L_{\text{cWGAN}}(G) + 0.001 \times L_{\text{PSNR}} \qquad (12\text{-}10)$$

## 12.4 实验结果与分析

### 12.4.1 数据集、模型参数与评价指标

本章采用马里兰大学提供的 QuickBird 卫星遥感图像数据集，其中包含低空间分辨率、高光谱分辨率的彩色 MS 图像和与之相对应的高空间分辨率、低光谱分辨率的灰度 PAN 图像。首先对获取的数据集进行了筛选和图像切分，将 MS 图像和 PAN 图像分别切分为 64×64 和 256×256 的配准图像。实验中训练数据集共有 4096 对图像，测试集包含 300 对图像。另外，模型中主要参数设置如下：生成器中各卷积层与反卷积层的卷积核大小设置为 4，步长设置为 2。在判别器中，所有卷积模块中的卷积核大小均为 4，前三个卷积模块中卷积步长为 2，其余卷积步长为 1。学习率设置为 0.0002。另外 PSNR 损失的权重设置为 0.001，Dropout 为 0.5。

### 12.4.2 网络跳层结构的实验验证

由于网络结构对于模型学习能力极为重要，合适的网络结构能够更好地提取图像特征，减少训练时间，并且获得很好的图像融合性能。反之，网络模型的训练不仅需要花费更多时间，而且会出现模型过拟合或者欠拟合问题，从而导致图像融合效果不佳。本章对于网络中不同的跳层连接方式进行了实验分析。其中，无跳层的情况下，无法达到图像融合的目的；另外，仅保留 Encoder_MS 与 Decoder 之间的跳层，会导致融合图像细节损失严重；而保留 Encoder_MS 与 Decoder 之

间的跳层可以同时融合两种遥感图像的细节和光谱信息。因此，本章仅展示了具有双边跳层连接(最终模型)和单边跳层连接(Encoder_PAN 与 Decoder 进行逐层跳层连接)的融合结果，如图 12.5 和图 12.6 所示。从这两组图中可以看出，具有双边跳层连接的模型获得的融合图像要比仅添加单边跳层连接获得的融合图像更清晰，因此可以推断具有双边跳层连接的模型所生成的融合图像具有更好的光谱信息。

另外，所提模型采用不同跳层连接方式时的客观指标，如表 12.1、表 12.2 所示。从表中可以看出，除 MI 和 $Q_W$ 指标相差不大外，添加双边跳层连接的模型所得客观指标要远优于仅有单边跳层连接的模型。由此可知，采用双边跳层连接的模型，即最终模型得到的图像质量无论在主观视觉对比还是客观指标分析上都具有优秀的融合性能。

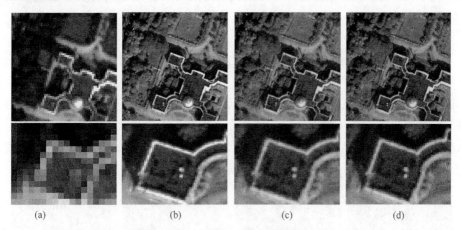

图 12.5 提出方法采用不同跳层连接方式的第一组对比实验：(a)多光谱图像；(b)全色图像；(c)提出方法(单边跳层)；(d)最终方法(双边跳层)

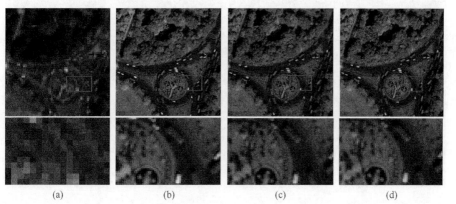

图 12.6 提出方法采用不同跳层连接方式的第二组实验：(a)多光谱图像；(b)全色图像；(c)提出方法(单边跳层)；(d)最终方法(双边跳层)

表 12.1 提出方法有无跳层的图像融合质量指标对比(一)

| 方法 | G | SF | $Q^{abf}$ | $L^{abf}$ | MI | $Q_E$ | $Q_W$ |
|---|---|---|---|---|---|---|---|
| Proposed_NoMS_skip | 9.2437 | 19.0865 | 0.5562 | 0.3826 | 3.4024 | 0.5877 | 0.7906 |
| 本章方法 | **9.6103** | **20.0799** | **0.5721** | **0.3661** | **3.4864** | **0.6111** | **0.7946** |

表 12.2 提出方法有无跳层的图像融合质量指标对比(二)

| 方法 | G | SF | $Q^{abf}$ | $L^{abf}$ | MI | $Q_E$ | $Q_W$ |
|---|---|---|---|---|---|---|---|
| Proposed_NoMS_skip | 6.4444 | 13.0407 | 0.5272 | 0.3656 | 2.4190 | 0.5801 | 0.7595 |
| 本章方法 | **6.8924** | **14.0183** | **0.5400** | **0.3285** | **2.4554** | **0.6323** | **0.7807** |

### 12.4.3 损失函数和彩色空间的实验验证

由于损失函数和彩色空间对最终融合图像的质量至关重要。因此，本章对是否采用 PSNR 损失进行了实验验证；同时，对比了所提模型在两个常用彩色空间下的融合性能。图 12.7 和图 12.8 中展示了提出方法是否采用 PSNR 损失函数的融合图像结果对比。从图中可以观察到未采用 PSNR 损失获得的融合图像存在严重的细节损失，并且光谱扭曲严重。而采用 PSNR 损失的最终方法，在很大程度

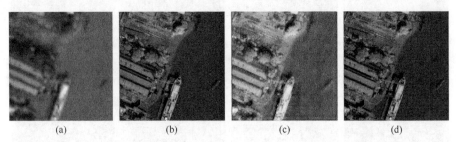

图 12.7 提出方法是否采用 PSNR 损失函数的第一组实验：(a) 多光谱图像；(b) 全色图像；(c) 提出方法(无 $L_{PSNR}$)；(d) 最终方法(有 $L_{PSNR}$)

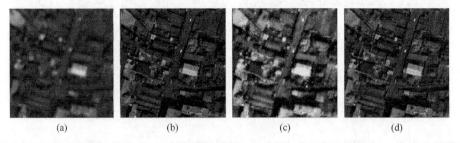

图 12.8 提出方法是否采用 PSNR 损失函数的第二组实验：(a) 多光谱图像；(b) 全色图像；(c) 提出方法(无 $L_{PSNR}$)；(d) 最终方法(有 $L_{PSNR}$)

上改善了光谱失真的问题，同时获得了具有丰富细节信息的融合图像。此外，彩色空间对融合图像的质量具有一定的影响,针对性实验如图 12.9 和图 12.10 所示。从图 12.9 和图 12.10 中可以看出，在 YUV 彩色空间下进行融合获得的最终图像明显比在 HSV 彩色空间下获得的融合图像的光谱失真严重。总体而言，本章最终方法具有更好的视觉效果，在一定程度上避免了光谱信息和细节信息的损失。

图 12.9　提出方法采用不同彩色空间的第一组实验：(a) 多光谱图像；(b) 全色图像；(c) 提出方法(无 $L_{\text{PSNR}}$)；(d) 最终方法(有 $L_{\text{PSNR}}$)

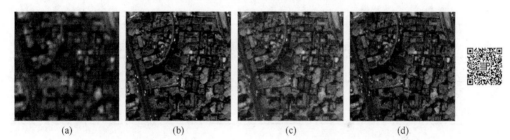

图 12.10　提出方法采用不同彩色空间的第二组实验：(a) 多光谱图像；(b) 全色图像；(c) 提出方法(无 $L_{\text{PSNR}}$)；(d) 最终方法(有 $L_{\text{PSNR}}$)

另外，由于视觉分析图像质量难以保证结果的精确性和一致性。因此，本章还利用多种客观评价指标对融合遥感图像质量进行分析，具体指标展示在表 12.3～表 12.6 中。结合图 12.7 和图 12.8，并观察表 12.3 和表 12.4 中的数据，可以发现图 12.7(c)和图 12.8(c)中的噪声造成了其 SF 和 G 指标明显高于最终方法。但最终方法的其他指标均优于未采用 PSNR 损失的方法。另外，观察表 12.5 和表 12.6 发现，本章采用的最终方法获得的融合图像质量在除了 MI 指标以外，其他各项指标均优于 YUV 彩色空间下融合图像的质量指标。

通过以上分析可知，本章最终方法获得的融合图像能够很好地保留 PAN 图像的细节信息和 MS 图像的光谱信息，在很大程度上改善了图像融合过程中常见的光谱失真问题，总体而言具有更好的视觉效果和客观指标。

表 12.3  提出方法有无 PSNR 损失的图像融合质量指标对比(一)

| 方法 | G | SF | $Q^{abf}$ | $L^{abf}$ | MI | $Q^E$ | $Q^W$ |
|---|---|---|---|---|---|---|---|
| Proposed_NoPSNR | 10.3984 | 20.5140 | 0.2660 | 0.2336 | 2.6735 | 0.1825 | 0.4428 |
| 本章方法 | 7.1051 | 14.1050 | **0.5493** | **0.2168** | **3.2986** | **0.6330** | **0.8387** |

表 12.4  提出方法有无 PSNR 损失的图像融合质量指标对比(二)

| 方法 | G | SF | $Q^{abf}$ | $L^{abf}$ | MI | $Q^E$ | $Q^W$ |
|---|---|---|---|---|---|---|---|
| Proposed_NoPSNR | **8.7990** | **17.0314** | 0.2933 | 0.3476 | 2.2462 | 0.3096 | 0.6002 |
| 本章方法 | 6.2105 | 14.2941 | **0.5625** | **0.3062** | **3.2578** | **0.6166** | **0.8313** |

表 12.5  提出方法在 YUV 彩色空间的图像融合质量指标对比(一)

| 方法 | G | SF | $Q^{abf}$ | $L^{abf}$ | MI | $Q^E$ | $Q^W$ |
|---|---|---|---|---|---|---|---|
| Proposed_YUV | 9.6248 | 17.5769 | 0.5438 | **0.3252** | **2.9733** | 0.5927 | 0.7991 |
| 本章方法 | **9.6724** | **18.4727** | **0.5677** | 0.3294 | 2.8870 | **0.6449** | **0.8427** |

表 12.6  提出方法在 HSV 彩色空间的图像融合质量指标对比(二)

| 方法 | G | SF | $Q^{abf}$ | $L^{abf}$ | MI | $Q^E$ | $Q^W$ |
|---|---|---|---|---|---|---|---|
| Proposed_YUV | 8.3680 | 16.1389 | 0.5222 | 0.3916 | **3.3999** | 0.5752 | 0.8288 |
| 本章方法 | **8.8491** | **19.2415** | **0.5647** | **0.3709** | 3.3841 | **0.6663** | **0.8312** |

### 12.4.4  与现有方法的实验对比

为了进一步证明本章方法的有效性，实验选取了已配准的低分辨率 MS 图像和高分辨率 PAN 图像进行融合测试。图 12.11～图 12.14 展示了提出方法与其他图像融合方法获得的融合效果，包括 LPT[16]、DTDWT[17]、基于小波变化的稀疏表示方法(wavelet transform and sparse representation，WTSR)[18]、FFIF[19]、DCHWT[20]、MGIVF[21]、SWT[22]、PNN[23]、PNN+[24]等。

从各组图像中可以观察到：FFIF 算法融合后的图像能够获得较好的彩色效果，但是细节信息损失严重；LAP 算法和 MGIVF 总体而言虽然达到了融合的目的，但是光谱扭曲严重，以至于不能准确地分辨出图像中的建筑、植被、地形地貌等信息；DTDWT 算法、WTSR 算法和 SWT 算法获得的融合图像和 MS 图像较为接近，但是融合图像细节保留较差，细节信息不是特别丰富；DCHWT 算法能够获得较好的视觉体验，但是和本章方法相比仍然存在一定程度的细节损失。PNN 和 PNN+方法获得的融合图像大都能够获得很好的光谱信息，但是在细节信息方面损失严重。总体而言,本章提出方法能够获得较好的视觉效果,且细节信息保留得很好,可以准确地分辨出图中的植被、河流、建筑以及地形地貌等信息。

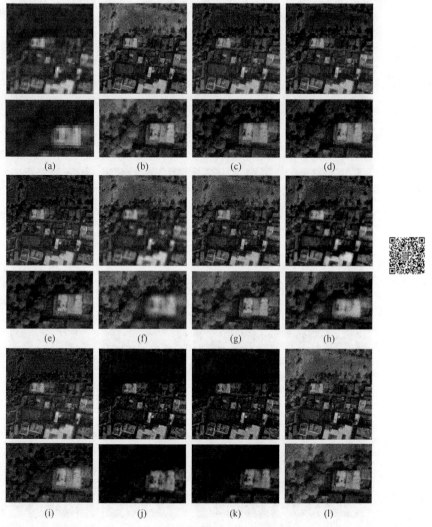

图 12.11 第一组图像融合对比实验:(a)多光谱图像;(b)全色图像;(c)LAP;(d) DTDWT;(e) WTSR;(f)FFIF;(g) DCHWT;(h) MGIVF;(i) SWT;(j)PNN;(k) PNN+;(l) 本章方法

在视觉方面,实验表明本章方法可有效提取 PAN 图像的细节特征和 MS 图像的光谱信息,所获得的融合图像同时具备两种遥感图像的主要特征信息,如建筑物、水域、植被等关键地物场景目标;并且获得了比传统方法更好的视觉效果。实验验证了基于半监督的生成对抗网络模型可以实现 PAN 和 MS 遥感图像的融合。

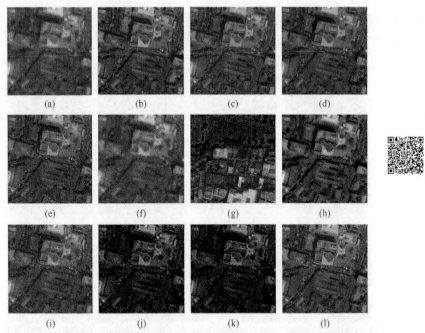

图 12.12　第二组对比实验：(a)多光谱图像；(b)全色图像；(c)LAP；(d) DTDWT；(e) WTSR；(f)FFIF；(g) DCHWT；(h) MGIVF；(i) SWT；(j)PNN；(k) PNN+；(l) 本章方法

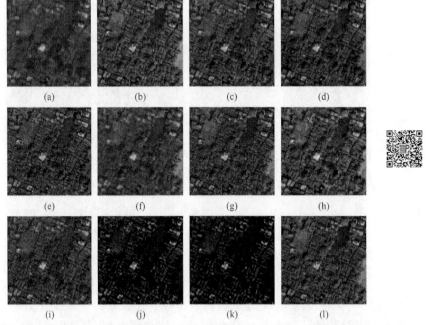

图 12.13　第三组对比实验：(a)多光谱图像；(b)全色图像；(c)LAP；(d) DTDWT；(e) WTSR；(f)FFIF；(g) DCHWT；(h) MGIVF；(i) SWT；(j)PNN；(k) PNN+；(l) 本章方法

另外，由于人的视觉感知存在不确定性，本章通过多种客观评价指标对不同方法获得的融合遥感图像质量进行分析。从表 12.7 到表 12.9 可以看出，本章方法除了 MI 指标略低于 FFIF 算法，G、SF、$Q^{abf}$、$Q^E$、$Q^W$ 等指标值均远大于其他算法，且 Labf 指标值小于其他算法。从表 12.7 可以看出，虽然 MI 略低于 FFIF 算法，但 FFIF 算法的融合图像存在明显的细节信息损失；由于本章方法融合图像边缘存在部分损失，导致 $Q^E$ 值略低于 DCHWT 算法，但其余指标均优于其他算法。第四组图像融合指标如表 12.10 所示，本章方法的 MI 指标比 SWT 算法差一些，但 SWT 算法的融合图像丢失了许多细节信息，特别是在河流区域。通过以上分析，可以认为本章方法在客观指标方面总体优于其他算法。

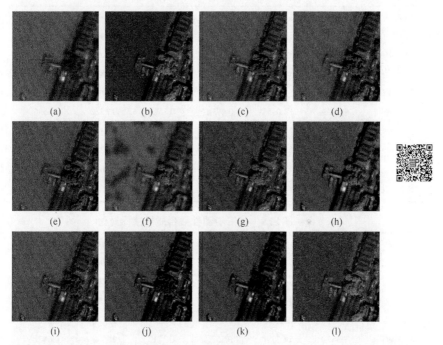

图 12.14 第四组对比实验：(a)多光谱图像；(b)全色图像；(c)LAP；(d) DTDWT；(e) WTSR；(f)FFIF；(g) DCHWT；(h) MGIVF；(i) SWT；(j)PNN；(k) PNN+；(l) 本章方法

表 12.7 第一组图像融合质量指标对比

| No.1 | G | SF | $Q^{abf}$ | $L^{abf}$ | MI | $Q^E$ | $Q^W$ |
| --- | --- | --- | --- | --- | --- | --- | --- |
| LAP | 7.2946 | 14.7755 | 0.5526 | 0.3634 | 2.5017 | 0.5739 | 0.7956 |
| DTDWT | 7.1276 | 14.6067 | 0.5413 | 0.3842 | 2.4542 | 0.5690 | 0.8031 |
| WTSR | 7.2176 | 14.8343 | 0.5340 | 0.3859 | 2.4631 | 0.5610 | 0.7927 |
| FFIF | 5.5081 | 10.3035 | 0.4606 | 0.4603 | **3.3000** | 0.4480 | 0.8064 |
| DCHWT | 7.5116 | 15.4397 | 0.5596 | 0.3536 | 3.0107 | 0.6973 | 0.8694 |

| No.1 | G | SF | $Q^{abf}$ | $L^{abf}$ | MI | $Q^E$ | $Q^W$ |
|---|---|---|---|---|---|---|---|
| MGIVF | 6.8565 | 13.3225 | 0.5049 | 0.3761 | 2.5930 | 0.5476 | 0.8074 |
| SWT | 6.9641 | 13.9931 | 0.5272 | 0.3983 | 2.6019 | 0.5292 | 0.7612 |
| PNN | 6.3754 | 14.0834 | 0.3783 | 0.4759 | 2.3086 | 0.3660 | 0.6483 |
| PNN+ | 4.8610 | 11.7374 | 0.3095 | 0.5972 | 2.6508 | 0.2743 | 0.5786 |
| 本章方法 | **8.1657** | **16.5358** | **0.5709** | **0.2870** | **3.2465** | **0.7109** | **0.8749** |

表 12.8 第二组图像融合质量指标对比

| No.2 | G | SF | $Q^{abf}$ | $L^{abf}$ | MI | $Q^E$ | $Q^W$ |
|---|---|---|---|---|---|---|---|
| LAP | 6.0910 | 12.1238 | 0.5478 | 0.3818 | 3.2140 | 0.6560 | 0.8391 |
| DTDWT | 6.0291 | 11.9994 | 0.5403 | 0.3943 | 3.2444 | 0.6630 | 0.8533 |
| WTSR | 6.1264 | 12.2472 | 0.5410 | 0.3868 | 3.1610 | 0.6530 | 0.8314 |
| FFIF | 3.3196 | 6.1395 | 0.3717 | 0.5767 | **4.2883** | 0.3322 | 0.7248 |
| DCHWT | 6.6173 | 13.3652 | 0.5557 | 0.3556 | 3.5164 | **0.6947** | **0.8660** |
| MGIVF | 6.3283 | 12.0451 | 0.4916 | 0.3514 | 3.2322 | 0.5535 | 0.8058 |
| SWT | 5.9413 | 11.7691 | 0.5284 | 0.4032 | 3.2375 | 0.6403 | 0.8333 |
| PNN | 5.9699 | 12.0637 | 0.4034 | 0.4602 | 2.7280 | 0.3880 | 0.6353 |
| PNN+ | 5.5481 | 11.0688 | 0.3242 | 0.5462 | 2.6696 | 0.2868 | 0.5746 |
| 本章方法 | **7.5126** | **14.9622** | **0.5664** | **0.2611** | 3.5516 | 0.6846 | 0.8589 |

表 12.9 第三组图像融合质量指标对比

| No.3 | G | SF | $Q^{abf}$ | $L^{abf}$ | MI | $Q^E$ | $Q^W$ |
|---|---|---|---|---|---|---|---|
| LAP | 8.1608 | 14.7269 | 0.5562 | 0.3423 | 1.8909 | 0.5809 | 0.7847 |
| DTDWT | 7.8505 | 14.2252 | 0.5499 | 0.3629 | 2.0066 | 0.5856 | 0.7961 |
| WTSR | 8.1487 | 14.7315 | 0.5501 | 0.3471 | 1.8704 | 0.5722 | 0.7827 |
| FFIF | 4.3978 | 8.2598 | 0.3364 | 0.6227 | **2.3652** | 0.2751 | 0.6346 |
| DCHWT | 7.8670 | 14.3398 | 0.5526 | 0.3713 | 2.2493 | 0.6128 | 0.8014 |
| MGIVF | 8.2646 | 14.9383 | 0.4977 | 0.3484 | 2.2279 | 0.6335 | 0.8126 |
| SWT | 7.4972 | 13.5160 | 0.5044 | 0.4152 | 1.8649 | 0.5078 | 0.7230 |
| PNN | 6.6732 | 12.5821 | 0.3556 | 0.5223 | 1.6041 | 0.2689 | 0.5124 |
| PNN+ | 5.2250 | 10.5447 | 0.2251 | 0.6733 | 1.5131 | 0.1359 | 0.3770 |
| 本章方法 | **8.5237** | **15.4355** | **0.5769** | **0.3118** | 2.3396 | **0.6453** | **0.8179** |

表 12.10 第四组图像融合质量指标对比

| No.4 | G | SF | $Q^{abf}$ | $L^{abf}$ | MI | $Q^E$ | $Q^W$ |
|---|---|---|---|---|---|---|---|
| LAP | 3.2169 | 8.6695 | 0.4921 | 0.4284 | 2.6527 | 0.5922 | 0.7821 |
| DTDWT | 3.3164 | 8.8169 | 0.4880 | 0.4218 | 2.4242 | 0.6151 | 0.7973 |

续表

| No.4 | G | SF | $Q^{abf}$ | $L^{abf}$ | MI | $Q^E$ | $Q^W$ |
|---|---|---|---|---|---|---|---|
| WTSR | 3.0861 | 8.6914 | 0.4714 | 0.4568 | 2.5712 | 0.5808 | 0.7597 |
| FFIF | 2.4622 | 5.4478 | 0.3737 | 0.5289 | 2.4086 | 0.3219 | 0.6985 |
| DCHWT | 3.4462 | 9.3394 | 0.4938 | 0.4168 | 2.3032 | **0.6281** | 0.8127 |
| MGIVF | 3.5379 | 8.5831 | 0.4479 | 0.3844 | 2.4337 | 0.5370 | 0.7746 |
| SWT | 3.2190 | 8.5362 | 0.4728 | 0.4428 | **2.7995** | 0.5635 | 0.7497 |
| PNN | 3.4110 | 8.7024 | 0.3718 | 0.4591 | 2.4298 | 0.4141 | 0.6179 |
| PNN+ | 3.0176 | 7.0456 | 0.3117 | 0.5384 | 2.4762 | 0.2786 | 0.5522 |
| 本章方法 | **3.8555** | **10.2613** | **0.4977** | **0.3530** | 2.6144 | 0.6272 | **0.8136** |

综合以上主观评价和客观指标分析，本章方法得到的融合图像能够较好地提取 PAN 图像细节信息和 MS 图像的光谱信息，融合图像具有较好的视觉效果和优异的客观指标，且整体效果总体优于其他融合算法。

## 12.5 小　　结

本章基于 cGAN 和双胞胎网络提出了一种半监督的遥感图像融合方法，所提方法的重要优势在于其不需要标签图像对模型进行训练，即可完成 MS 图像和 PAN 图像的融合，且效果优于传统遥感图像融合方法，具有较好的应用前景。该方法结合彩色空间转换，将 U-Net 结构的跳层连接引入到双胞胎网络中，使其能够较为准确地同时提取两幅源图像的重要特征，从而使融合后的图像能够同时有效保留源图像的细节信息和光谱信息。从主观视觉效果上看，该方法获得的融合图像既具有 PAN 图像的丰富空间纹理信息，又保留了 MS 图像的光谱信息。从客观指标上来看，所提方法的图像质量指标总体优于其他算法。说明本章方法是一种有效且可行的遥感图像融合方法。

但在部分情况下，本章方法得到的融合图像在绿色植被区域可能存在一定的光谱失真问题。下一步研究将针对该问题设计针对性的损失函数与网络结构，以减少融合图像光谱失真的同时更好地保留图像的细节信息，从而获得具有良好的融合质量的图像。针对小样本下的遥感图像融合模型构建与训练研究，也将是下一步工作的重点。

## 参 考 文 献

[1] Pan Y, Pi D, Chen J, et al. Remote sensing image fusion with multistream deep ResCNN[J]. Journal of Applied Remote Sensing, 2021, 15(3): 032203.

[2] 杜晨光, 胡建文, 胡佩. 半监督卷积神经网络遥感图像融合[J]. 电子测量与仪器学报, 2021, 35(6): 63-70.

[3] Yin L, Yang P, Mao K, et al. Remote Sensing Image Scene Classification Based on Fusion Method[J]. Journal of Sensors, 2021(3): 1-14.

[4] 韩彦岭, 刘业锟, 杨树瑚, 等. 利用深度特征融合进行高光谱遥感影像分类[J]. 遥感信息, 2021, 36(2): 13-23.

[5] Zhang H, Sun Y, Shi W, et al. An object-based spatiotemporal fusion model for remote sensing images[J]. European Journal of Remote Sensing, 2021, 54(1): 86-101.

[6] Huang W, Wang Q, Li X. Denoising-Based Multiscale Feature Fusion for Remote Sensing Image Captioning[J]. IEEE Geoscience and Remote Sensing Letters, 2020, 18(3): 436-440.

[7] 杨晓莉, 蔺素珍, 禄晓飞, 等. 基于生成对抗网络的多模态图像融合[J]. 激光与光电子学进展, 2019, 56(16): 40-49.

[8] 蔺素珍, 韩泽. 基于深度堆叠卷积神经网络的图像融合[J]. 计算机学报, 2017(11): 76-88.

[9] Ye F, Li X, Zhang X. FusionCNN: A remote sensing image fusion algorithm based on deep convolutional neural networks[J]. Multimedia Tools and Applications, 2018, 78: 14683-14703.

[10] Mehdi M, Simon O. Conditional generative adversarial nets[J]. Computer Science, 2014: 2672-2680.

[11] Arjovsky M, Chintala S, Bottou L, et al. Wasserstein GAN[J]. arXiv:1701.07875, 2017. https://arxiv.org/abs/1701.07875.

[12] Goodfellow I, Pouget-Abadie J, Mirza M, et al. Generative adversarial nets[J]. Advances in Neural Information Processing Systems, 2014: 2672-2680.

[13] Emami H, Aliabadi M M, Dong M, et al. SPA-GAN: Spatial attention gan for image-to-image translation[J]. IEEE Transactions on Multimedia, 2020, 23: 391-401.

[14] 胡德敏, 王揆豪, 林静. 渐进式生成对抗网络的人脸超分辨率重建[J]. 小型微型计算机系统, 2021, 42(9): 1955-1961.

[15] Valencia-Rosado L O, Guzman-Zavaleta Z J, Starostenko O. Generation of synthetic elevation models and realistic surface images of river deltas and coastal terrains using cGANs[J]. IEEE Access, 2020, 9: 2975-2985.

[16] Oliver R. Pixel-Level Image Fusion and the Image Fusion Toolbox[EB/OL]. 1999. http://www.metapix.de/fusion.htm.

[17] Renza D, Martinez E, Arquero A. Quality assessment by region in spot images fused by means dual-tree complex wavelet transform[J]. Advances in Space Research, 2011, 48(8): 1377-1391.

[18] Liu Y, Wang Z. A practical pan-sharpening method with wavelet transform and sparse representation[C]. Proceedings of the 10th IEEE International Conference on Imaging Systems and Techniques, Beijing, IEEE, 2013: 288-293.

[19] Zhan K, Xie Y G, Wang H B, et al. Fast filtering image fusion[J]. Journal of Electronic Imaging, 2017, 26(6): 063004.

[20] Kumar B. K. S. Multifocus and multispectral image fusion based on pixel significance using discrete cosine harmonic wavelet transform[J]. Signal Image Video Process, 2013, 7(6): 1125-1143.

[21] Bavirisetti D, Xiao G, Zhao J, et al. Multi-scale guided image and video fusion: A fast and efficient approach[J]. Circuits Systems and Signal Processing, 2019, 38(12): 5576-5605.

[22] Liu K, Guo L, Li H, et al. Image fusion algorithm using stationary wavelet transform[J]. Computer Engineering and Applications, 2007, 43(12): 59-61.

[23] Giuseppe M, Davide C, Luisa V, et al. Pansharpening by convolutional neural networks[J]. Remote Sensing, 2016, 8(7): 594.

[24] Scapa G, Vitale S, Cozzolino D. Target-adaptive CNN-based pansharpening[J]. IEEE Transactions on Geoscience and Remote Sensing, 2018, 56(9): 5443-5457.

# 缩 略 词 表

|  |  |  |
|---|---|---|
| 自适应稀疏表示 | Adaptive sparse representation | ASR |
| 平均梯度 | Average gradient | AG |
| 批归一化 | Batch Normalization | BN |
| 复剪切波变换 | Complex-shearlet transform | CST |
| 电子计算机断层扫描 | Computed tomography | CT |
| 条件生成对抗网络 | Conditional generative adversarial nets | cGAN |
| 轮廓波变换 | Contourlet transform | CNT |
| 卷积注意力模块 | Convolutional block attention module | CBAM |
| 卷积神经网络 | Convolutional neural networks | CNN |
| 卷积稀疏表示 | Convolutional sparse representation | CSR |
| 交叉双侧滤波器 | Cross bilateral filter | CBF |
| 曲波变换 | Curvelet transform | CVT |
| 离散余弦谐波变换 | Discrete cosine harmonic wavelet transform | DCHWT |
| 离散余弦变换 | Discrete Cosine Transform | DCT |
| 离散小波变换 | Discrete wavelet transform | DWT |
| 双树复离散小波变换 | Dual-tree complex discrete wavelet transform | DTDWT |
| 经验模态分解 | Empirical mode decomposition | EMD |
| 经验小波变换 | Empirical wavelet transform | EWT |
| 快速滤波图像融合 | Fast filtering image fusion | FIF |
| 基于滤波抽取的金字塔 | Filter-subtract-decimate pyramid | FSDP |
| 点火图 | Firing map | FM |
| 点火统计图 | Firing statistics map | FSM |
| 改进的高斯拉普拉斯能量和 | Gaussian-based sum-modified-laplacian | GSML |
| 生成对抗网络 | Generative adversarial networks | GAN |
| 梯度金字塔 | Gradient pyramid | GAP |
| 基于引导滤波的方法 | Guided filtering-based method | GFF |
| 人类视觉系统 | Human Visual System | HVS |
| 独立成分分析法 | Independent component analysis | ICA |
| 信息熵 | Information entropy | EN |

| 交叉皮层模型 | Intersecting cortical model | ICM |
| 固有模态函数 | Intrinsic mode functions | IMF |
| 拉普拉斯金字塔变换 | Laplacian pyramid transformation | LPT |
| 最小二乘生成对抗网络 | Least squares generative adversarial network | LSGAN |
| 局部空间频率 | Local space frequency | LSF |
| 磁共振成像 | Magnetic resonance imaging | MRI |
| 基于模糊权重的匹配/显著度融合策略 | Match/salience/fuzzy-weighted measure | MSFM |
| 隶属度函数 | Membership function | MF |
| 形态差异金字塔 | Morphological difference pyramid | MDP |
| 多分辨率奇异值分解 | Multi-resolution singular value decomposition | MSVD |
| 多尺度卷积注意力残差块 | Multi-scale convolutional attention residual block | MCRD |
| 多尺度特征提取模块 | Multi-scale Feature Extraction Module | MFEM |
| 多尺度图像与视频融合方法 | Multi-scale guided image and video fusion | MGIVF |
| 多光谱 | Multi-spectral image | MS |
| 互信息 | Mutual information | MI |
| 非下采样的轮廓波变换 | Non-subsampled contourlet transform | NSCT |
| 非下采样的剪切波变换 | Non-subsampled shearlet transform | NSST |
| 全色 | Panchromatic image | PAN |
| 峰值信噪比 | Peak Signal to Noise Ratio | PSNR |
| 正电子发射计算机断层扫描 | Positron Emission Computed Tomography | PET |
| 主成分分析法 | Principal composition analysis | PCA |
| 脉冲耦合神经网络 | Pulse coupled neural network | PCNN |
| 金字塔变换 | Pyramid transform | PT |
| 无参考质量指标 | Quality with No Reference | QNR |
| 残差模块 | Residual module | RM |
| 脊波变换 | Ridgelet transform | RT |
| 鲁棒主成分分析 | Robust Principal Component Analysis | RPCA |
| 剪切波变换 | Shearlet transform | ST |
| 简化脉冲耦合神经网络 | Simplified Pulse Coupled Neural Network | S-PCNNs |
| 平滑平均绝对误差 | Smooth mean absolute error | SMAE |
| 稀疏表示 | Sparse representation | SR |
| 基于多尺度变换的稀疏表示法 | Sparse representation method based on multi-scale transform | MSTSR |
| 空间相关性系数 | Spatial correlation coefficient | SCC |

| 相对无量纲全局综合误差 | Spatial correlation coefficient | SCC |
| 空间频率 | Spatial frequency | SF |
| 光谱角制图 | Spectral Angle Mapper | SAM |
| 通道注意力机制 | Squeeze-and-excitation networks | SENET |
| 标准差 | Standard deviation | SD |
| 静态小波变换 | Stationary wavelet transform | SWT |
| 结构相似性 | Structural Similarity | SSIM |
| 结构相似度 | Structural similarity index | SSIM |
| 迁移学习 | Transfer Learning | TL |
| 小波变换 | Wavelet transform | WT |

# 编　后　记

"博士后文库"是汇集自然科学领域博士后研究人员优秀学术成果的系列丛书。"博士后文库"致力于打造专属于博士后学术创新的旗舰品牌，营造博士后百花齐放的学术氛围，提升博士后优秀成果的学术影响力和社会影响力。

"博士后文库"出版资助工作开展以来，得到了全国博士后管委会办公室、中国博士后科学基金会、中国科学院、科学出版社等有关单位领导的大力支持，众多热心博士后事业的专家学者给予积极的建议，工作人员做了大量艰苦细致的工作。在此，我们一并表示感谢！

"博士后文库"编委会